Informations- und Planungsmodell für Fertigungsmanagementsysteme

Information and Planning Model for Manufacturing Execution Systems

Von der Fakultät für Maschinenwesen
der Rheinisch-Westfälischen Technischen Hochschule Aachen
zur Erlangung des akademischen Grades eines
Doktors der Ingenieurwissenschaften
genehmigte Dissertation

vorgelegt von

Simon Müller

Berichter:

Univ.-Prof. Dr.-Ing. Christian Brecher
Univ.-Prof. Dr.-Ing. Ulrich Epple

Tag der mündlichen Prüfung: 04. November 2018

Bibliografische Information der Deutschen Nationalbibliothek
Die Deutsche Nationalbibliothek verzeichnet diese Publikation in der Deutschen Nationalbibliografie; detaillierte bibliografische Daten sind im Internet über http://dnb.ddb.de abrufbar.

Simon Müller

Informations- und Planungsmodell für Fertigungsmanagementsysteme

1. Auflage 2019

Umschlagseite gestaltet von Dr. Alexander van Laack

Roermonder Str. 312, 52072 Aachen

Internet: www.van-Laack.de, E-Mail: info@van-Laack.de

Druck und Vertrieb durch:

Books on Demand (BoD) GmbH, In de Tarpen 42, 22848 Norderstedt, Fax: +49-40-53433584, info@bod.de, www.bod.de

Printed in Germany

ISBN 978-3-936624-43-4

D 82 (Diss. RWTH Aachen University, 2018)

Vorwort

Die vorliegende Arbeit entstand während meiner Tätigkeit als wissenschaftlicher Mitarbeiter am Werkzeugmaschinenlabor (WZL) der Rheinisch-Westfälischen Technischen Hochschule Aachen. Die Forschung wurde von der Deutschen Forschungsgemeinschaft im Exzellenzcluster „Integrative Produktionstechnik für Hochlohnländer" sowie dem Graduiertenkolleg „Anlaufmanagement" gefördert.

In besonderem Maße danke ich meinem Doktorvater Herrn Prof. Dr.-Ing. Christian Brecher für das mir stets entgegengebrachte Vertrauen und die gewährten Freiräume in der Entwicklung innerhalb der Produktionstechnik. Seine Förderung und thematische Begleitung haben diese Arbeit ermöglicht. Herrn Prof. Dr.-Ing. Ulrich Epple danke ich für die Bereitschaft zur Übernahme des Koreferats und die im Vorfeld meiner Prüfung geführten freundlichen Gespräche. Mein Dank gilt außerdem Herrn Prof. Dr.-Ing. Hubertus Murrenhoff für die Übernahme des Vorsitzes bei meiner mündlichen Prüfung.

Ebenfalls danke ich meinem geschäftsführenden Oberingenieur Herrn Dr.-Ing. Werner Herfs für unsere freundschaftlichen Gespräche und den Rückhalt in der ein oder anderen brenzligeren Situation. Bei meinem ehemaligen Oberingenieur Herrn Dr.-Ing. Wolfram Lohse bedanke ich mich aufrichtig für die kritischen Diskussionen und den Maßstab hinsichtlich der Tiefe von Arbeiten und Korrekturen.

Für die vielen schönen Tage in unserem gemeinsamen Büro und die zahlreichen Hilfestellungen in den Untiefen des Maschinenbaus danke ich herzlich Johannes Nittinger. Max Ellerich spreche ich meinen Dank für die intensiven Diskussionen und den Rückhalt aus. Dankbar für unseren gemeinsamen Weg, die zahlreichen Hilfestellungen bei der Erstellung meiner Dissertation und Diskussion verschiedenster Problemstellungen bin ich insbesondere Dr.-Ing. Sean Humphrey, Dr.-Ing. Alexander van Laack und Dr.-Ing. Kevin Münch.

Für die Durchsicht des Manuskripts und Hilfestellungen möchte ich mich auch bei Dr.-Ing. Denis Özdemir bedanken. Dr.-Ing. Daniel Kolster danke ich dafür, mir als HiWi eine Chance gegeben zu haben, ohne die ich diesen Weg wohl nie eingeschlagen hätte. Mein Dank gilt auch Simon Eck, Rafael Hild und Felix Kaphengst, die mit ihren Umsetzungen der Konzepte und der Unterstützung in vielen Bereichen einen maßgeblichen Beitrag geleistet haben.

Für ihre Unterstützung meiner Ausbildung danke ich meinen Eltern, Hildegard und Wilhelm Müller, die mich auf meinem Weg immer unterstützt haben, auch wenn ich meine Entscheidungen nicht immer erklären konnte. Meiner Schwester Maria Müller danke ich für unseren ständigen Zusammenhalt und insbesondere für die Bereitschaft zum Lektorat sämtlicher meiner Arbeiten.

Zuletzt möchte ich mich noch von ganzem Herzen bei meiner Freundin Katharina Menzel bedanken. Nicht nur für die Durchsicht meiner Arbeit und meines Vortrags, sondern vor allem für den fortwährenden Rückhalt und die Ermutigung weiterzumachen – auch wenn das sicher nicht immer einfach war.

Berlin, im November 2018 Simon Müller

Zusammenfassung

Die Arbeit geht der zentralen Frage nach den Möglichkeiten zur Erhöhung der Produktorientierung in Fertigungsmanagementsystemen und den zugehörigen Nutzungsmöglichkeiten dieser Informationen nach. Die Lösungshypothese sieht durch eine Kombination von einer Produktinformationssammlung mit den zugehörigen Planungs- und Steuerungssystemen einen Übergang von zentralisierten zu semi-heterarchisch strukturierten Fertigungsmanagementsystemen mit einem übergreifenden Informationsmodell vor. Die Kombination der Sammlung von Produktinformationen mit der Produktionsfeinplanung innerhalb des Fertigungsmanagementsystems ermöglicht die Entscheidungsfindung auf verschiedenen Ebenen innerhalb des Produktionssystems. Ziel des Gesamtsystems ist die verbesserte Feinplanung und -steuerung durch Berücksichtigung von Produktinformationen im Planungsprozess.

Zur Entwicklung einer Lösung muss zunächst ein Referenzmodell für die produktorientierte Planung und Steuerung geschaffen werden. Kern dieses Referenzmodells ist dabei das übergreifende Informationsmodell, das alle Prozesse innerhalb des betrieblichen Hallenbodens mit den Teilsystemen des Fertigungsmanagementsystems verknüpft. Hierzu wurden zunächst die Möglichkeiten zur Erfassung von Daten innerhalb der Produktion als Kern der zu betrachtenden Modellierungsaspekte für den betrieblichen Hallenboden untersucht. Die Kernelemente des Informationsmodells stellen die Kommunikationsarchitektur und die Datenmodellierung dar.

Die Nutzung und Umsetzung des entwickelten Referenzmodells ermöglicht die Erstellung eines Feinplanungssystems unter Einbezug von Produktinformationen. Für das Planungssystem sind hierbei insbesondere die detaillierten Abläufe sowie die in der Produktion benötigten Zeiten relevant. Für letztere können im Gegensatz zur klassischen Feinplanung die Verteilungsfunktionen der Zeiten mit einbezogen werden. Hierzu wurde ein wahrscheinlichkeitsbasiertes Feinplanungssystem entwickelt, das die zur Produktion geschätzten Zeiten anhand ihrer Verteilungsfunktion quantisiert und für die resultierenden Szenarien Pläne generiert. Die verschiedenen Szenarien werden anschließend hinsichtlich ihres Erwartungswerts bewertet. Es wurden dabei Metriken entwickelt, mit denen auch die Performanz des Feinplanungssystems evaluiert werden kann.

Die Ergebnisse zeigen, dass der Einbezug von Produktinformationen in den Planungsprozess zu einer Verbesserung des Feinplanungssystems führen kann. Hierzu wurden zunächst die Ergebnisse des wahrscheinlichkeitsbasierten Systems mit denen der klassischen Vorgehensweise in der Arbeitsvorbereitung verglichen. Für die Planung auf Basis der Verteilungsfunktion konnte gezeigt werden, dass die Auswahl auf Basis der internen a-priori-Bewertung der Pläne eine hohe Übereinstimmung mit der a-posteriori-Bewertung in Bezug auf den Optimalplan aufweist. Der entwickelte Klassifikator eignet sich damit zur Auswahl eines Produktionsplans. Die Gesamtperformanz des Systems hängt dabei maßgeblich von der Qualität der zur Verfügung gestellten Daten aus der Produktion ab. Die Erzielung einer dauerhaft hohen Qualität wird bei Umsetzung des produktorientierten Informationsmodells erreicht.

Summary

The research question is derived from the identified need to increase product orientation within Manufacturing Execution Systems as described in the state of the art. Regarding the product orientation, two focus areas must be differentiated: The product-oriented planning and control as well as the product information acquisition. The solution combines the two areas based on the hypothesis that the combination could enable the transition from centralized planning and control systems to semi-heterarchically structured MES with a comprehensive information model. The combination of the product data acquisition with the detailed planning system within the MES should allow for independent decision-making processes on different levels within the production system. The target of the overall system is an enhanced detailed planning and control system that considers product data within the planning process.

To develop the described solution, a reference model for product-based planning and control must be created. The core of this reference model is the information model, that connects all the different processes at the shop floor level with the different systems in the MES. For this purpose, first, the possibilities for data acquisition within the production was investigated as a core of the modeling aspects to be considered for the shop floor. The main elements of the information model are the communication architecture and the data model.

The use and implementation of the developed reference model enables the creation of a detailed planning system that includes product information as a central element. For the planning system in this case the detailed processes and the required production times are relevant. For the latter, the distribution functions of the times can be included in contrast to classical detailed planning. For this purpose, a probability-based scheduling system was developed that estimates production times based on their quantized distribution function and generates plans according to the resulting scenarios. The various scenarios are then evaluated regarding their expected value. For this purpose, metrics were developed that can be utilized to measure the performance of the detailed planning system.

The results show, that the inclusion of product information can result in an improved detailed planning system. For this purpose, first, the results of the probability-based system were compared to those of the classical approach in the planning department. For the planning process based on the distribution function it could be shown, that the selection based on an internal a priori assessment of the plans has a high correlation with the a posteriori assessment regarding the optimal plan. The overall performance of the system depends largely on the quality of data provided by the production environment. Achieving consistently high quality is realized by implementing the product-oriented information model.

Inhaltsverzeichnis

Content

Formelzeichen und Abkürzungsverzeichnis

Formula symbols and abbreviations

Großbuchstaben

C	[€]	Kosten einer Einheit
C_{CO}	[-]	Kern-Kostenfaktor pro kg
C_{RM}	[€/kg]	Einzelkosten des Rohmaterials
D	[mm]	Außen-Durchmesser
E	var.	Erwartungswert
FC	[-]	Fixer Kostenfaktor
H_0	[-]	Nullhypothese
H_1	[-]	Alternativhypothese
LR_+	[-]	Positives Wahrscheinlichkeitsverhältnis
LR_-	[-]	Negatives Wahrscheinlichkeitsverhältnis
M	var.	Variationsbereich eines Parameters
$M_{P,k}$	[-]	Anzahl an Interaktionstermen
N	[-]	Stichprobengröße
N_{CO}	[-]	Anzahl der Kerne
P	[-]	Anzahl an Parametern
Q_p	[-]	Quantil zur Wahrscheinlichkeit p
QP_p	[-]	Quantilplan zum Quantil Q_p
SC	[-]	Ausschussrate
TF	[-]	Material-Umrechnungs-Faktor
Var	var.	Varianz
W	[kg]	Gewicht
X	var.	Zufallsvariable

Kleinbuchstaben

d	[mm]	Innendurchmesser
$d_{Hamming}$	[-]	Hamming-Distanz
d_i	[-]	i-tes Distanz-Maß

$d_{Levensthein}$	[-]	Levensthein-Distanz
$\bar{d}$	[-]	Gewichtete, mittlere Distanz
f_n	[-]	false negative (falsch negativ)
f_p	[-]	false positive (falsch positiv)
i	var.	Iteration
l	[mm]	Länge
k	[-]	Unterteilung der Stichprobengröße
n	[-]	Stichprobengröße
p	[-]	Wahrscheinlichkeit
t_n	[-]	true negative (wahr negativ)
t_p	[-]	true positive (wahr positiv)
u	[-]	Anzahl der Distanz-Maße
x	var.	Regressor
$\tilde{x}$	var.	Erklärende Variable im Regressionsmodell
y	var.	Ergebnisgröße
z_p	[-]	Wert der Verteilung an der Stelle p

Griechische Buchstaben

δ	var.	Infeasibility Tolerance (Unrealisierbarkeits-Toleranz)
ε	[-]	Fehlervariable
ϕ	[-]	Unsicherheit
κ	var.	Reliability Level (Höhe der Zuverlässigkeit)
λ	var.	Regressionsparameter
λ_i	[-]	Gewichtungsfaktor des Distanz-Maßes i
μ	var.	Erwartungswert
θ	var.	Parameter in der parametrischen Optimierung
σ	var.	Standardabweichung

Abkürzungen

ABC	Activity Based Costing
AMRF	Automated Manufacturing Research Facility

B2MML	Business To Manufacturing Markup Language
BLE	Bluetooth Low Energy
BOM	Bill of Materials (Stückliste)
CAD	Computer-Aided Design
CAEX	Computer-Aided Engineering Exchange
CAM	Computer-Aided Manufacturing
CART	Classification and Regression Trees
CBR	Case-Based Reasoning
CIM	Computer-Integrated Manufacturing
CIMOSA	CIM Open System Architecture
CoAP	Constraint Application Protocol
CRM	Customer-Relationship-Management
CSP	Constraint Programming
DDE	Dynamic Data Exchange
D-EW	Deterministischer Ersatzwert
DPWS	Device Profile for Web Services
DS	Datensatz
DZ	Durchlaufzeit
ERP	Enterprise-Resource-Planning
EXI	Efficient XML Interchange
FBS	Funktionsbausteinsprache
FZ	Fertigstellungszeit
HMS	Holonic Manufacturing System (Holonisches Fertigungs-System)
IEC	International Electrotechnical Commission
IETF	Internet Engineering Task Force
ISA	International Society of Automation
IA	Interaktion
IT	Informationstechnologie
JSON	JavaScript Object Notation
KNN	Künstliches Neuronales Netz
LS	Least Squares

MAPE	Mean Absolute Percentage Error
MAS	Multi-Agenten-System
MDA	Model Driven Architecture (Modellbasierte Architektur)
MdAPE	Median Absolute Percentage Error
MES	Manufacturing Execution System (Fertigungsmanagementsystem)
ML	Machine Learning (Maschinelles Lernen)
MLE	Maximum-Likelihood Estimation
MLP	Multi-Layer Perceptron
MSI	Manufacturing System Integration
NC	Numerical Control (Numerische Steuerung)
OCR	Optical Character Recognition
OPC UA	OPC Unified Architecture
PAC	Production Activity Control
PCA	Principal Component Analysis
PCE	Production Cost Estimation (Produktionskostenschätzung)
PDM	Produktdaten-Management
PIT	Product Identification Tag
PLM	Produkt-Lebenszyklus-Management
PLS	Partial Least Squares
PROSA	Product Resource Order Staff Architecture
QR	Quick Response
QS	Qualitätssicherung
RBF	Radial Based Function
REST	Representational State Transfer
RFID	Radio Frequency Identification
RMP	Reduced Multivariate Polynomial Models
RMSE	Root Mean Squared Error
SAL	Smart Automation Lab
SCM	Supply-Chain-Management
SIFT	Scale Invariant Feature Transformation
SLD	Sampling based Local Descriptor

SOA	Serviceorientierte Architektur
SOAP	Simple Object Access Protocol
SPS	Speicherprogrammierbare Steuerung
ST	Strukturierter Text
STEP	STandard for the Exchange of Product model data
SVM	Support Vector Machine
UMCM	Universal Machine Connectivity for MES
UPLI	Ubiquitous Product Lifecycle Information highway
VSM	Viable System Model
WSDL	Web Service Description Language

Abbildungsverzeichnis

List of figures

Tabellenverzeichnis

List of tables

1 Einleitung

Introduction

Die Herstellung von Produkten in kleinen Stückzahlen stellt Unternehmen vor produktionstechnische Herausforderungen – sowohl im Umfeld von Geschäfts- als auch Privatkunden. Diesen Herausforderungen wird auf organisatorischer Ebene, bspw. durch Lean Manufacturing [WILD13] oder One-Piece-Flow [PROT15], hinsichtlich der Produktionsmittel, bspw. durch flexible oder rekonfigurierbare Produktionssysteme [BREC15], und vor allem im informationstechnischen Bereich begegnet.

Die letztgenannte Kategorie wurde bereits früh in einer der größeren Bewegungen zur kundenorientierten Fertigung – dem sog. Mass Customization – als einer der herausforderndsten, aber auch chancenreichsten Bereiche erkannt [DASI01]. Innerhalb des Mass Customization steht informationstechnisch eine digitale Repräsentation des Produkts als Ergänzung des realen Elements häufig im Betrachtungsfokus.

In der betrieblichen Realität stellt sich die digitale Repräsentation von Produkten jedoch sehr heterogen und wenig zusammenhängend dar. In den Bereichen der Entwicklung und Produktion beinhalten die verwendeten IT-Systeme bzgl. des Produkts jeweils meist eigene Informationsmodelle zur domänenspezifischen Repräsentation von Produktinformationen. Während ERP-Systeme bspw. eher die Stückliste oder Konfiguration von Produkten adressieren, verwenden CAD-Systeme Produktmodelle in Form von 3D-CAD-Daten. Zur Verknüpfung dieser Daten existieren in den verschiedenen Phasen der Produktentstehung (d. h. Entwicklung, Produktion, Nutzung etc.) noch weitergehende IT-Systeme, die innerhalb einer Phase die Produktinformationen miteinander verknüpfen. Innerhalb der Produktentwicklung haben sich in den letzten Jahren bspw. zunehmend PDM-/PLM-Systeme zur entweder produkt- oder prozessbezogenen Verknüpfung von Systemen etabliert.

In gewisser Ähnlichkeit zu den PDM-/PLM-Systemen für die Phase der Entwicklung stellen in der Phase der Produktion sog. Fertigungsmanagementsysteme (engl. Manufacturing Execution Systems, MES) in der ursprünglichen Intention eine Verknüpfung des betrieblichen Hallenbodens mit den überlagerten IT-Systemen (meist ERP-Systemen) dar. Durch die Erweiterung der informationstechnischen Möglichkeiten wird allerdings eine zunehmende Anbindung an weitere IT-Systeme (bspw. SCM- oder auch PDM-/PLM-Systeme) erwartet oder bereits heute erkannt. Ähnlich wie in der Phase der Entwicklung wird auch in der Produktion die Verknüpfung von IT-Systemen über Produktmodelle als Möglichkeit gesehen, domänenübergreifend zu kommunizieren. In diesem Zusammenhang haben sich in den letzten Jahren verschiedene Forschungsrichtungen mit dieser Verknüpfung beschäftigt: „Intelligente Produktmodelle“ und „produktgetriebene Steuerung“ sind nur zwei, nicht unbedingt trennscharfe Richtungen, die dieses Gebiet adressieren.

Die Produktorientierung im Fertigungsmanagementsystem birgt einige Vorteile für die Erweiterung der bestehenden Systeme innerhalb und im Umfeld der Produktion. Insbesondere hinsichtlich der Produktionszeiten können die neuartigen Informationen zur Verbesserung von bestehenden Prozessen und Plänen verwendet werden. Es können vor allem Herausforderungen, die durch Anwendung von Methoden der Serienfertigung entstehen, potenziell reduziert werden.

In der Serienfertigung dienen feste Arbeitspläne für die bestehenden Produkte als Basis zur Bestimmung der notwendigen Produktionszeiten [GUEN06]. Die Bestimmung dieser Zeiten für die einzelnen Prozessschritte erfolgt einmal durch Experten. Bei der Einzel- und Kleinserienfertigung können die Produkte und somit auch deren Arbeitspläne hingegen stark variieren, sodass hier ein hoher Aufwand bei einer manuellen Bestimmung der Produktionszeiten entsteht (vgl. [EVER02] oder [GUEN06]). Zudem sind – vor allem durch Unsicherheiten in Rüst- und Fertigungsprozessen – in der variantenreichen Produktion und Einzelfertigung die benötigten Zeiten ungenau. Dies resultiert bspw. aus den wechselnden zuvor gefertigten Produkten und den Umständen in der Produktion wie Maschinenstillständen oder Materialschwankungen. Eine manuelle Berechnung der Prozesszeiten und Bestimmung der Unsicherheiten für jedes Produkt ist somit sehr aufwendig. So erfolgt meist nur eine grobe Abschätzung, die selten die Realität darstellt [EVER02].

Realitätsnahe Pläne der Produktionsabläufe können aufgrund der ungenau geschätzten Bearbeitungszeiten nicht generiert werden. Die Konsequenzen der niedrigen Planungsqualität werden in Betrieben mit Einzelfertigung und großer Prozessvarianz deutlich [RITT12]. Umplanung und die Steuerung der Produktionsaufträge bedeuten Mehraufwand sowie eine Nichterreichung der gesetzten Ziele in der Einzelfertigung, wie bspw. einer hohen Termintreue [GIEH10].

Informationstechnische Hilfsmittel können bei der Bestimmung der Produktionszeiten sinnvolle Unterstützung bieten, um den genannten Herausforderungen entgegenzuwirken. Die Bestimmung der Planzeiten wird, bspw. durch Anbindung der Werkzeuge aus dem Produktions-Entwicklungsprozess, beschleunigt. Die realen Abweichungen von den Planzeiten müssen durch die Beschreibung der Unsicherheiten im Produktionsprozess erfasst, zugeordnet und mit den Planzeiten verknüpft werden.

In dieser Arbeit wird zunächst ein Überblick über die Möglichkeiten zur Produktorientierung für Fertigungsmanagementsysteme gegeben. Dazu werden im Stand der Technik entsprechende Informationsmodelle, die Möglichkeiten zur Informationsgewinnung und -bereitstellung sowie zur Produktionssteuerung aufgezeigt (Kapitel 2). Anschließend werden mögliche Ansatzpunkte für weitergehende Entwicklungen identifiziert (Kapitel 3) und als Grundlage für ein Referenzmodell zur Produktorientierung für Fertigungsmanagementsysteme verwendet (Kapitel 4). Auf Basis dieses Modells wird ein produktorientiertes Fertigungsmanagementsystem erstellt. (Kapitel 5). Diese Entwicklung wird auf konkrete Anwendungsfälle übertragen und validiert (Kapitel 6). Den Abschluss bilden die Zusammenfassung und ein Ausblick auf mögliche weitergehende Forschungsarbeiten (Kapitel 7). Die Arbeit gliedert sich damit thematisch in den Teilbereich „Selbstoptimierende Produktionsnetzwerke“ des Exzellenzclusters „Integrative Produktionstechnik für Hochlohnländer“ ein.

Introduction

The production of small quantities presents companies with production-related challenges – both in the field of business and private customers. These challenges are usually addressed at the organizational level (e.g. Lean Manufacturing [WILD13] or One-Piece-Flow [PROT15]), regarding the production systems (e.g. flexible or reconfigurable production systems [BREC15]) and especially in information technology.

The latter category was early recognized as one of the most challenging but also one of the most promising areas in one of the larger movements for customer-oriented production – the so-called Mass Customization [DASI01]. Due to focus on the individual customer and thus the individual product, the product orientation within the Mass Customization is considered as the combination of a digital element and a real element, that is in some way connected to the IT element.

Regarding the digital representation used in the development and production of a product, each of the corresponding IT systems usually has its own information model for the domain-specific representation of product information. While ERP systems rather address e.g. the BOM or configuration of products, CAD systems use product models in the form of 3D CAD data. To link these data, that exist in the various phases of product development (development, production, use etc.), even further, IT systems have been developed that connect the product information within a phase. Within the product development PDM/PLM systems have gained popularity in recent years, both for product and process related linking of systems.

In the phase of production so called Manufacturing Execution Systems (MES) – in their original intent – link the shop floor to the superimposed IT systems (mostly ERP systems). Through the expansion of information technology opportunities, however, an increasing connectivity from the MES to other IT systems (e.g. SCM or PDM/PLM systems) is expected or already perceived. Like the phase of development and thus the PDM/PLM systems, the connection of IT systems on product models is a way in the production to communicate across domains. In this context, several lines of research have engaged in recent years regarding this link: "intelligent product models" and "product-driven control" are just two – not necessarily separable – directions that address this area.

The product orientation in the MES has some advantages for the expansion of existing systems within and around the production. Particularly considering the production time, the new information can be used to improve existing processes and plans. Regarding the planning process for the existing planning and control systems, the currently utilized timeframes for manufacturing processes in the highly-varied production and individual production are mostly imprecise.

For series production, solid work plans for the existing products are the basis for the determination of the necessary production times [GUEN06]. This determination is just performed once for the individual process steps by experts. For single and small series production, the products and therefore their work plans can vary significantly

[EVER02] resulting in great efforts for a manual determination of production times [GUEN06]. The production times are also fraught with uncertainty due to the changing products and the circumstances in production (machine stoppages, material variations etc.). The manual calculation of the process times and determination of the uncertainties for each product is very time-consuming. Therefore, usually only a rough estimate, that rarely corresponds to the reality, is used in the planning process [EVER02].

The inaccurately estimated processing times prevent the generation of realistic plans for production processes. The impact of the low quality of planning is significant in companies with individual production and large process variance [RITT12]. The results are high costs of re-planning and control for production orders. The primary goal of many companies in the individual production – adherence to delivery dates – may not be complied with, resulting in additional costs [GIEH10].

For some of these challenges IT tools can provide support to determine the production times appropriately. The first step is to accelerate the determination of the planned production times e.g. by utilizing various sources of information. Then, the real deviations must be combined with the planned times using uncertainty descriptions for every production process.

In the beginning of this work, an overview of the possibilities for product orientation for MES will be given. The state of the art addresses cross-domain product-related information models in the production area, the possibilities for product-related information acquisition and provisioning as well as product-driven control (Chapter 2). Then, possible starting points for further developments are identified (Chapter 3) and used as a basis for a reference model for product orientation of production management systems (Chapter 4). Based on this reference model, a product-oriented MES is developed. (Chapter 5). This development is applied to specific use cases and validated (Chapter 6). The work concludes with a summary and an outlook for further research (Chapter 7). Thus, the work affiliates in “Self-Optimizing Production Networks” within the Cluster of Excellence “Integrative Production for High-Wage Countries”.

2 Stand der Technik in Forschung und Industrie

State of the art in research and industry

2.1 Fertigungsmanagementsysteme

Manufacturing Execution Systems

Der Bereich der operativen Produktionsplanung und -steuerung (PPS) umfasst die Methoden und Systeme, mit der eine Produktion bis hinunter zur Ebene des betrieblichen Hallenbodens geplant und gesteuert wird. Die verwendeten Systeme können dabei je nach Technisierung und Art der Produktion sehr verschieden sein. Klassische Beispiele für verwendete IT-Systeme sind ERP-Systeme und Fertigungsmanagementsysteme (engl. Manufacturing Execution Systems, MES). Während erstere auch bei kleineren Unternehmen in reduzierter Form zur Anwendung kommen, sind letztere vor allem für automatisierte Anlagen im Einsatz.

Zunächst wird ein Überblick über die verschiedenen Systeme aus theoretischer Sicht gegeben. Hierbei werden die verschiedenen Ebenen der Produktionsplanung erläutert. Anschließend werden mögliche Richtungen der Interaktion als strukturgebende Komponenten des Systems vorgestellt. Als wichtiger Aspekt für die Sammlung von Daten und die Abstimmung über Entscheidungsprozesse gilt der Informationsaustausch. Die notwendige Kommunikation kann in ihrem grundlegenden Aufbau verschiedene Formen annehmen und deren Anwendung auch einen Einfluss auf den Aufbau des Gesamtsystems haben. Abschließend erfolgt eine Darstellung von Datenformaten, mit denen die Komponenten innerhalb eines MES bzw. allgemein für die Planung modelliert werden können.

2.1.1 Ausprägungen und Unterscheidungen von PPS-Systemen

Types of and differences between PPC systems

Bild 2.1 zeigt die Hierarchie der Struktur von PPS-Systemen in allgemeiner Form (vgl. bspw. [ISO22400]). Während die Produktionsplanung (Level 4) die langfristige Planung und strategische Ausrichtung der Produktion vornimmt, beinhaltet die Produktionssteuerung (Level 3) die kurzfristige Umsetzung von Produktionsaufträgen. In der produktionswirtschaftlichen Literatur werden als Aufgaben der Produktionssteuerung die mengen-, kapazitäts- und terminbezogene Steuerung der Montage- und Fertigungsprozesse benannt (vgl. [EVER06], [SCHN97] oder [DYCK06]). Die Produktionssteuerung setzt in dieser Definition die Pläne der Produktionsplanung um. In begrenztem Maße können zudem kurzfristig Planungsfehler ausgeglichen werden [BEGE05]. Ähnlichen Überlegungen folgend unterteilt [HACK96] die Aufgaben der Produktionssteuerung in Auftragsfreigabe und -überwachung.

Aus technischer Sicht wird in der sog. Automatisierungspyramide ebenso zwischen kurzfristiger und langfristiger Planung der Produktion unterschieden. Die verschiedenen Ebenen werden auf Basis der verwendeten Systeme in Planungs-, Leit-, Zellen-, Steuerungs-, Feld- und Prozessebene kategorisiert. Hinsichtlich der Aufgaben werden die langfristigen Planungsaufgaben in Analogie zur Produktionsplanung auf der Planungsebene eingeordnet. Die Leitebene umfasst die Kapazitäts-, Ressourcen- und Betriebsmittelplanung und somit die Aufgaben der Produktionssteuerung. Diese Ebene wird durch ihren hohen Bezug zum zugehörigen System auch als „MES-Ebene“ bezeichnet [FRUE09].

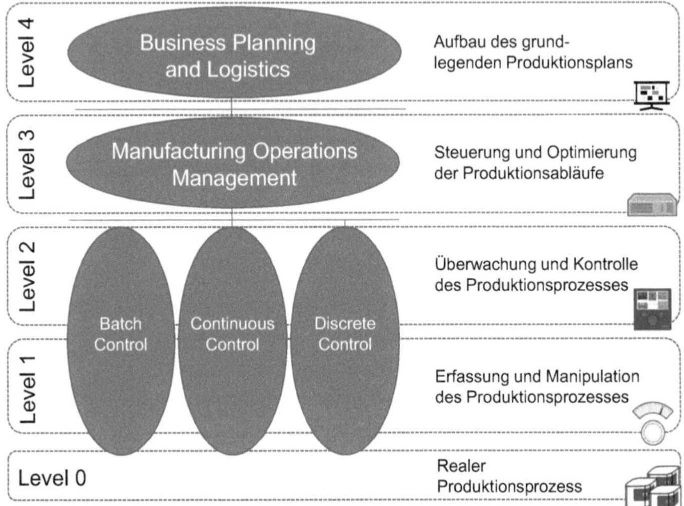

Bild 2.1: Struktur von PPS-Systemen (nach [ISO22400])
Structure of PPC systems (see [ISO22400])

Die bestehenden Modelle aus Schichten und Ebenen werden jedoch aufgrund der Vernetzung technischer Komponenten im Produktionsprozess zunehmend kritisch betrachtet. Während die Planungsebene aufgrund ihres langfristigen bis strategischen Charakters in ihrer Form weitgehend Bestand haben könnte, ist von der Leitebene abwärts eine zunehmende Verschmelzung der Ebenen zu erwarten [BREC13]. Durch die wesentlich größere Menge an Informationen über jeden einzelnen Produktionsprozess kann in kürzerer Zeit auf Störungen reagiert werden. Eine Erhöhung der Informationsmenge ergibt sich in der beschriebenen Entwicklung für jede der bisherigen Ebenen. Dieser Effekt wird dabei auch als „Auflösung der Automatisierungspyramide“ [SCHE13] bezeichnet und bereits in bestehenden Produktionen festgestellt [VOGE09].

2.1.2 Struktur von Fertigungsmanagementsystemen

Structure of Manufacturing Execution Systems

Eines der zentralen Kriterien beim Aufbau eines Fertigungsmanagementsystems stellt die Strukturierung des Aufbaus dar. Als Grundformen der Strukturierung lassen sich folgende nennen: hierarchisch, heterarchisch und semi-heterarchisch. Bild 2.2 zeigt exemplarisch den grundlegenden Aufbau und die Interaktionsmöglichkeiten zwischen einzelnen Entitäten innerhalb der jeweiligen Grundstruktur.

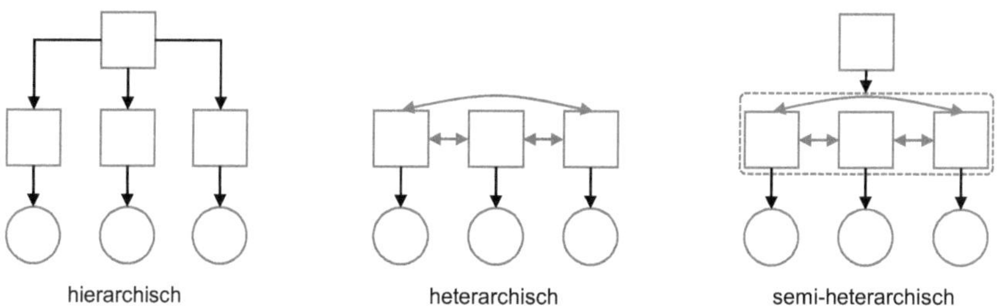

Bild 2.2: Hierarchische, heterarchische und semi-heterarchische Struktur
Hierarchical, heterarchical and semi-heterarchical structure

Hierarchisch

Bei den hierarchischen Strukturen wird das Gesamtsystem in mehrere Schichten unterteilt, um die Komplexität auf der obersten Ebene zu reduzieren. Die Kommunikation und Interaktion folgt dabei dem strikten Weg von oben nach unten und führt zu Master-Slave-Beziehungen zwischen über- und untergeordneter Struktur. Die Aufgaben und Entscheidungsbefugnisse werden so auf jeder Ebene limitiert [TORO00]. Auf der obersten Ebene werden alle Entscheidungen für den gesamten Planungshorizont getroffen. Die untergeordneten Einheiten nehmen primär eine ausführende Rolle ein und aggregieren jeweils die Informationen der unterlagerten Ebenen [SETH12]. Hierdurch kann eine stückweise Entwicklung auf Basis eines sukzessiven Aufbaus der Schnittstellen erfolgen. Insbesondere bei größeren Anlagen bietet die Struktur die Möglichkeit, auf den niedrigeren Ebenen schneller zu reagieren, ohne dabei immense Anforderungen an die Rechenkapazität der überlagerten Einheiten zu stellen.

Die hierarchische Strukturierung ist die in der Praxis am häufigsten anzutreffende Strukturierungsmethode für Systeme zur Produktionsplanung und -steuerung. In der englischsprachigen Literatur sind als Entwicklungen diesbezüglich die Architekturen Automated Manufacturing Research Facility (AMRF) [JONE86], Manufacturing System Integration (MSI) [SENE94] oder Production Activity Control (PAC) [BROW88] zu nennen. Die meisten Entwicklungen im europäischen Raum fokussieren sich auf die im Computer Integrated Manufacturing (CIM) entwickelte Architektur CIM Open System Architecture (CIMOSA) [SCHO06]. Auch hinsichtlich der Standardisierung von Kommunikation und Aufgaben in Fertigungsmanagementsystemen ist die Strukturierung häufig als geschichtete Architektur aufgebaut.

Neben den dargestellten Vorteilen weist die starre Struktur eine Reihe von Nachteilen auf. Als eines der Hauptargumente gegen eine derartige Strukturierung wird genannt, dass eine korrekte Planung und Optimierung auf der obersten Ebene nur bei deterministischem Verhalten auf den unteren Ebenen erzielt werden kann [TREN09]. Die strikte Trennung von Verantwortlichkeiten führt zudem dazu, dass bei unvorhergesehen Störungen nur bedingt auf den unteren Ebenen reagiert werden kann. Die Reaktion auf solche Ereignisse führt zu einer Weiterleitung der Ereignisse auf die oberste Ebene, wodurch Zeitverzögerungen entstehen und die Belastung ggf. noch erhöht wird [PARN01]. Da dies meist bereits beim Entwurf der Systeme bekannt ist, muss ein großer Zeitanteil für die Implementierung von Maßnahmen zur Reaktion auf Störungen vorgesehen werden [BONG00]. Auch eine Veränderung der Struktur bspw. durch zusätzliche Maschinen geht mit einer Anpassung auf allen überlagerten Ebenen einher, sodass dies meist mit einem hohen Aufwand verbunden ist.

Heterarchisch

Die Nachteile der hierarchischen Strukturen wurden früh von der Forschung erkannt [DILT91]. Als alternatives Konzept wurden dezentrale Strukturen vorgeschlagen, die auf einer Verteilung von Informationen und Kooperation zwischen den einzelnen Einheiten basieren. Die dezentralen Einheiten werden dazu befähigt, selbstständig Entscheidungen zu treffen und mit anderen dezentralen Einheiten zu interagieren. Bei der Strukturierung muss darauf geachtet werden, die dezentralen Einheiten so aufzubauen, dass nur ein Minimum an Informationen ausgetauscht werden muss und zeitkritische Entscheidungen in den lokalen Einheiten getroffen werden können. Die heterarchische Strukturierung zeichnet sich somit durch kurze Entscheidungswege, eine hohe Flexibilität sowie eine Robustheit gegenüber Störungen aus [OSTG12].

Die initialen Arbeiten wurden im Laufe der Zeit bestärkt durch den Aufschwung von dezentralen Kommunikationsnetzwerken, die auf offenen Architekturen und dem Angebot von Diensten basieren [CAST13]. Heterarchische Strukturen sind vor allem in Bereichen zu finden, die eine hohe Varianz in Produkten und Produktionsabläufen aufweisen. In der industriellen Praxis finden sie damit vor allem in der Einzel- und Kleinserienfertigung Anwendung [TOUN12]. Als Beispiel für Fertigungsmanagementsysteme sind die agentenbasierten Systeme zu nennen. Hierbei wird bspw. einzelnen Maschinen jeweils ein Agent zugewiesen und die einzelnen Agenten kooperieren eigenständig zur Herstellung von Produkten [BARB12].

Im Vergleich zu hierarchischen Strukturen ist die Anzahl der heterarchischen Systeme in der Praxis allerdings marginal. Die Gründe hierfür werden häufig zwei Kategorien zugeschrieben: Schwierigkeiten bei der Entwicklung oder bei der Konzeptionierung für industrielle Rahmenbedingungen des Systems [LEIT09]. Die Probleme in der Entwicklung bzw. dem Engineering der Systeme liegen aufgrund der Dominanz der hierarchischen Systeme vor allem in fehlenden industriellen Standards und unterstützenden Produkten. Während zwar in der Forschung bspw. Protokolle zur agentenbasierten Kommunikation bestehen (FIPA [POSL00]), sind diese nur bedingt auf die industrielle Kommunikation zugeschnitten und werden daher auch nicht von kommerziellen Steuerungssystemen unterstützt. Gleiches gilt für die Softwareplattformen, auf die die meisten der dezentralen Steuerungssysteme aufbauen. Vonseiten der Konzeptionierung für industrielle Rahmenbedingungen ist vor allem die Unvorhersehbarkeit der Systeme zu nennen. Viele Forschungsansätze basieren auf emergenten Agenten, deren grundsätzliche Einsetzbarkeit in den jeweiligen Arbeiten positiv bewertet wird, deren Verhalten jedoch nicht von Beginn an zuverlässig abgeschätzt werden kann [KEMP10]. Zusätzlich wird die Optimierbarkeit des Gesamtsystems als kritisch bewertet. Durch die Reduktion von globalen Informationen und die

Struktur der Agenten kann nicht sichergestellt werden, dass ein globales Optimum für die Produktion gefunden wird, sondern lediglich ein lokales [POSS06]. Diese lokalen Optima können letztlich sogar dazu führen, dass eine größere Interaktion zwischen den lokalen Einheiten durchgeführt werden muss und ein weiterer Vorteil des Gesamtsystems verloren geht [BRUS99].

Semi-heterarchisch

Einen Mittelweg zwischen den hierarchischen und heterarchischen bilden die sog. semi-heterarchischen Strukturen. Je nach Ausrichtung oder Anwendungsgebiet werden diese auch als modifiziert-hierarchisch [DILT91] bzw. hybrid [OSTG12] bezeichnet. Aus Sichtweise der hierarchischen Strukturen ist zwar weiterhin die Kommunikation und Steuerung über mehrere Schichten vorgesehen, jedoch mit einer erhöhten Autonomie auf jeder Ebene. Die Hauptaufgabe der übergeordneten Ebenen ist dabei die Beseitigung von Konflikten zwischen mehreren untergeordneten Einheiten und die Sicherstellung einer globalen Optimierung unter Einbezug aller Einheiten. Die untergeordneten Einheiten sind primär für die Sicherstellung der Reaktionsfähigkeit – vor allem im Störungsfall – verantwortlich. Für die praktische Anwendung der semi-heterarchischen Systeme gegenüber heterarchischen sind insbesondere zwei positive Aspekte zu nennen: Kontrolle und Migrationsfähigkeit [BONG00]. Durch die Möglichkeit der Vorgabe von übergeordneten Einheiten ist in der Anwendung eine Sicherstellung des Verhaltens bis zu einem gewissen Grad garantiert. Hinsichtlich der Migration ist der Schritt von den am häufigsten in der industriellen Praxis anzutreffenden hierarchischen Systemen zu semi-heterarchischen kleiner, als der zu den heterarchischen.

In der Forschung stellt die Entwicklung der semi-heterarchischen Systeme eine vergleichsweise neue Richtung dar, daher ist sie bis jetzt nur in geringem Umfang in praktischen Anwendungen zu finden. Da der Übergang vor allem zu den hierarchischen Entwicklungen nicht trennscharf ist, kann vor allem die Einführung von „intelligenten Geräten“ [BORA09] auf der untersten Ebene als ein Schritt in diese Richtung gesehen werden [IVAN12]. In der Forschung wurden in der jüngeren Vergangenheit die Ansätze der semi-heterarchischen Strukturierung zur Reduktion der „Kurzsichtigkeit“ flexibler Fertigungssysteme [REYG14] oder für die Entwicklung einer „Produktbasierten Steuerung“ [OSTG12] angewendet.

Durch die Ableitung von den hierarchischen und heterarchischen Prinzipien ergeben sich nicht nur deren Vorteile, sondern je nach Fokus auch deren Nachteile in die eine oder andere Richtung [LEIT09]. Als insgesamt problematisch ist vor allem die Spezifikation des Anteils an Autonomie für die dezentralen Einheiten zu sehen. Zudem müssen bei der Hinzunahme neuer Einheiten auch in der semi-heterarchischen Strukturierung alle überlagerten Einheiten bedacht werden.

Spezielle Ausprägungen

Jedes der genannten Systeme kann spezielle Ausprägungen aufweisen, die diese wiederum als neue Struktur bzw. mit veränderten Eigenschaften erscheinen lassen.

An dieser Stelle seien zwei weitere Formen erwähnt, die in der Vergangenheit häufiger im Forschungsfokus standen: die zentrale und die holonische Struktur.

Die zentrale Struktur ist eine Sonderform der hierarchischen, bei der es keine Zwischenebene gibt. Somit kontrolliert die zentrale Instanz direkt das gesamte unterlagerte System [MEHR12]. Hierbei kann die globale Planung und Optimierung sichergestellt werden und die Entwicklung von Zwischenebenen entfällt. Durch die Aufgaben, die das zentrale System eigenständig mit kurzer Reaktionszeit erfüllen muss, ist diese Form nur für sehr kleine Anwendungsfälle praktikabel.

Als Kombination der zentralen Struktur mit der heterarchischen stellt die sog. „holonische" Struktur eine Sonderform der semi-heterarchischen Strukturen dar [SALL10]. Es entfällt damit auch hier die Zwischenebene, ansonsten kommen die Prinzipien der semi-heterarchischen Struktur zur Anwendung. Der Entwicklung der holonischen Struktur kommt vor allem seit dem Ende der neunziger Jahre im europäischen Raum eine große Bedeutung zu [DOMI12]. Als Beispiel ist vor allem die Product Resource Order Staff Architecture (PROSA) zu nennen [BRUS98]. In der jüngeren Vergangenheit zielen jedoch auch viele der Forschungsarbeiten zu PROSA in die allgemeine semi-heterarchische Richtung, wobei die resultierende Struktur in dem Kontext meist als „generisch-holonische" Form bezeichnet wird.

2.1.3 Kommunikation und Datenaustausch

Communication and data exchange

Für die industrielle Kommunikationstechnik haben sich im Laufe der Zeit einige Standards und de-facto-Standards etabliert. In Anlehnung an das ISO-OSI-Schichtenmodell [FACC95] lassen sich die Standards verschiedenen Schichten zuordnen. Für die industrielle Kommunikationstechnik lassen sich die Hauptentwicklungsrichtungen auf den Ebenen der Computernetzwerke, Feldbussysteme und Geräteschnittstellen unterscheiden. Als jeweilige Beispiele können LAN (Computernetzwerke), CAN (Feldbussysteme) und I^2C (Geräteschnittstellen) angeführt werden [SAUT14].

Die genannten Systeme stellen die unterlagerten Standards für die industrielle Kommunikationstechnik dar und zeigen durch die Vielfältigkeit vor allem, dass die überlagerten Protokollschichten vereinheitlicht werden müssen, um mit verschiedenen Applikationen darauf zugreifen zu können. Da auf der für das MES relevanten Applikationsschicht von den unterlagerten Protokollen abstrahiert wird, müssen die einzelnen Protokolle nicht im Detail beschrieben werden. Auf der Applikationsebene selbst lässt sich zwischen der syntaktischen und der semantischen Ebene differenzieren. Im Folgenden werden für beide Aspekte jeweils aktuelle Entwicklungsrichtungen in der industriellen Kommunikationstechnik beschrieben.

Serviceorientierte Architekturen (SOA)

Die serviceorientierten Architekturen stellen eine Überkategorie für eine Reihe von Architekturen dar (bspw. auch OPC UA), sind jedoch in der Vergangenheit primär aus Sicht der Geschäftsprozesse entwickelt worden. Serviceorientierte Architekturen werden dabei definiert als Framework zur Erstellung von Informationssystemen durch eine Kombination von Diensten [KOMO06]. Ein Dienst ist dabei ein Programmteil, der von standardisierten Prozeduren aufgerufen werden kann und eine vordefinierte Funktion ausführt. Ein Dienst muss so gestaltet sein, dass er unabhängig von einer unterlagerten Umgebung, bspw. der verwendeten Hardware oder des Betriebssystems, ausgeführt werden kann. Der Umfang bzw. die Granularität eines Dienstes kann sehr unterschiedlich sein und von elementaren Operationen bis zu ganzen Geschäftsprozessen reichen.

Es existiert eine große Anzahl an Techniken und Standards zur Realisierung von SOA. Die in der Praxis am häufigsten anzutreffende Art von Dienst sind die sog. Web Services. Zum Aufruf eines Web Service kommen unterlagerte Web-Technologien zum Einsatz. Am verbreitetsten ist dabei der Aufruf durch das Simple Object Access Protocol (SOAP) in Kombination mit der Web Service Description Language (WSDL) zur Beschreibung des Dienstes [WANG13]. Eine Klasse von Spezifikationen, die auf SOAP/WSDL aufbauen und für diese eine Reihe von weiteren Standards definieren, sind die von der W3C und OASIS entwickelten WS-*-Spezifikationen [PAUT08]. Als einfachere Alternative mit ähnlichen Eigenschaften gelten die Strukturen des Representational State Transfer (REST) [KOHL12].

Für den Einsatz von SOA im industriellen Umfeld sind die besonderen Randbedingungen zu beachten. Im EU-Projekt SOCRADES wurde eine umfangreiche Liste an Anforderungen an industrielle SOA entwickelt, bspw. die Notwendigkeit der zeitlichen Orchestrierung oder die Fähigkeit zur Erkennung des aktuellen Kontextes [CANN08]. Die grundsätzliche Anwendbarkeit von SOA zur Anbindung von MES und ERP-Systemen wurde forschungsseitig auch in Projekten wie SIRENA [BOHN06] oder SODA [CAND09] belegt. Auch für andere technische Systeme im Fabrikkontext existierten und existieren noch zahlreiche Projekte auf europäischer Ebene, bspw. auf Ebene der Automatisierungstechnik mit PLANTCockpit [DENN13], ActionPlanT [BUFA13] oder ARTEMIS [FOST13] oder auf Ebene der SCADA-Systeme mit IMC-AESOP [COLO14]. Eine Hürde zur Einführung von SOA-Systemen im industriellen Umfeld stellt häufig die Migration der bestehenden Strukturen dar, zu deren Bewältigung aber auch bereits erste forschungsseitige Lösungsansätze bestehen (vgl. [DELS12] oder [JAMM12]).

Hinsichtlich der Protokolle für den Einsatz im industriellen Bereich existiert eine Reihe von Möglichkeiten. Einige von diesen werden im Folgenden vorgestellt. Hierbei handelt es sich nicht um eine vollständige Auflistung, sondern lediglich um eine Zusammenstellung von Lösungen, die in den letzten Jahren entwickelt wurden und sich grundsätzlich für den Einsatz im industriellen Umfeld eignen.

Device Profile for Web Services (DPWS) mit Efficient XML Interchange (EXI)

DPWS wurde mit dem Ziel entwickelt, einen Standard zu schaffen für Geräte, die eine Hardware mit sehr eingeschränkten Ressourcen, bspw. eingebettete Systeme, aufweisen [JAMM14]. Hierzu wurden einige der WS-*-Spezifikationen kombiniert und mit Erweiterungen zu einem neuen Profil zusammengefasst. Der Einsatz von DPWS bringt eingebetteten Systemen damit Fähigkeiten wie Interoperabilität, Plug-and-Play-Mechanismen und Integrationsmöglichkeiten. Durch den Aufbau auf den SOAP-Mechanismen ist ein alleiniger Einsatz des Profils für echtzeitfähige Anwendungen im Millisekunden-Bereich allerdings nicht möglich [ALNO10]. Es existieren hierzu aber Entwicklungen, die DPWS mit EXI verknüpfen, um auch echtzeitfähige Anwendungen zu realisieren.

EXI ist ein Format für die binäre Repräsentation von XML-Dokumenten, das vom W3C vorgeschlagen wurde [PEIN09]. Neben EXI existiert noch eine Reihe an Formaten für die binäre Repräsentation, wie bspw. WBXML [TEIX12], die jeweils für unterschiedliche Bereiche entwickelt wurden, bspw. für den Mobilfunkbereich. Die Kodierung im Binärformat reduziert primär die zu übertragende Datenmenge und insbesondere den Overhead, den XML aufweist. Somit werden ein schnellerer Datenaustausch und damit auch echtzeitfähige Anwendungen ermöglicht.

Constraint Application Protocol (CoAP)

Mit einem ähnlichen Ziel wie DPWS wurde CoAP von der Internet Engineering Task Force (IETF) entwickelt. Hierbei handelt es sich um ein Softwareprotokoll, mit dem primär noch ressourcenärmere Geräte als eingebettete Systeme, wie Sensoren oder Schalter, adressiert werden sollen [KOVA13]. Im Gegensatz zu DPWS basiert CoAP auf REST-Methoden und soll somit einfacher zu verwenden bzw. implementieren sein als DPWS. Für die Kommunikation wird statt TCP auf UDP gesetzt, um geringeren Overhead in der Datenübertragung zu haben und Multicast zu ermöglichen. Nachteilig für den Einsatz in der industriellen Umgebung sind fehlende Sicherheits- und Quality-of-Service-Mechanismen [GUIN11].

OPC UA

Als Nachfolger des industriell weit verbreiteten OPC steht seit 2006 die OPC Unified Architecture (OPC UA) zur Verfügung [HANN08]. In dieser wurden verschiedene Teilspezifikationen des ursprünglichen OPC-Standards (Data Access, Alarms & Events etc.) in einer neuen Struktur zusammengeführt. Als wesentliche Konzepte standen dabei die Objektorientierung und der Aufbau auf SOA im Vordergrund. Das Informationsmodell ermöglicht, beliebig komplexe Informationen über alle Ebenen – vom Sensor bis zum ERP-System – auszutauschen. Über binäre Kommunikationskanäle können auch Informationen in Echtzeit ausgetauscht werden. OPC UA kann plattformunabhängig implementiert werden und bietet Funktionalitäten zur Absicherung der Kommunikation über Zertifikate [SCHL08]. Die grundsätzliche Architektur von OPC UA ist gemäß der Client-Server-Systematik aufgebaut. Ein Server stellt dabei Daten und Methoden in seinem Adressraum (engl. Namespace) zur Verfügung. Die Clients können anschließend Informationen abrufen, Methoden aufrufen oder sich bei Events benachrichtigen lassen.

Zur Vereinfachung der Programmierung können für OPC UA Toolkits verwendet werden. Zur Implementierung von OPC UA stellt die OPC Foundation ein Software Development Kit (SDK) für C/C++, .NET und Java zur Verfügung, in dem jedoch nur

Basis-Funktionalitäten realisiert sind. Kommerzielle Anbieter für Client und Server SDK sind u. a. die Firmen Unified Automation und Softing [FARN11]. Im Bereich der Hardware, insbesondere der Speicherprogrammierbaren Steuerungen (SPS), gibt es bisher noch keine umfassende Unterstützung für OPC UA [BUER14]. Dies wird von verschiedenen Anbietern für die nächsten Jahre angestrebt.

2.1.4 Datenmodellierung von Systemen auf Fertigungs- bzw. Fertigungsmanagement-Ebene

Data modelling for systems on the shopfloor and manufacturing operations layer

Die genannten Kommunikationsstandards dienen primär dazu, eine standardisierte Kommunikation zu ermöglichen. Es fehlt ihnen allerdings entwurfsbedingt die Möglichkeit, Geräte domänenspezifisch zu beschreiben. Für die Ebene der Fertigung bzw. des Fertigungsmanagements existiert eine Reihe von Standards, mit der die beteiligten Systeme beschrieben werden können. Nachfolgend werden die neueren Entwicklungen für diesen Bereich beschrieben.

AutomationML

Das Ziel von AutomationML ist die möglichst vollständige, disziplinübergreifende Beschreibung von Anlagen und Komponenten im Engineering-Prozess [WEID10]. Die Beschreibung ist XML-basiert und nutzt die bestehenden XML-Spezifikationen des W3C bspw. zur Definition von Datentypen wie Zeitstempeln. Der Standard legt dabei bewusst keinen Wert auf eine vollständige Semantik, um auch frühe Phasen des Engineerings einzubeziehen. Es werden verschiedene existierende Datenformate mittels AutomationML verknüpft, um disziplinspezifische Entwicklungen übergreifend zu berücksichtigen. Vorrangig wird dabei mit Computer-Aided Engineering Exchange (CAEX) das Objektmodell erstellt, die Geometrie und Kinematik mit COLLADA beschrieben sowie die Abläufe in PLCopenXML kodiert. Durch die Wahl dieser Formate und des Namens ist leicht ersichtlich, dass der Fokus auf automatisierten Anlagen liegt. Durch die Interoperabilität der Spezifikation auf XML-Basis eignet sie sich jedoch nicht nur im Engineering, sondern bspw. auch in der simulationsbasierten Inbetriebnahme [FALT12] oder zur Beschreibung von Interaktion zwischen Produkten, Prozessen und Ressourcen [SCHL09]. Im Bereich der MES konnte der Einsatz von AutomationML für den Datenaustausch zwischen verschiedenen MES bzw. zur Kombination des Anlagenwissens demonstriert werden [SCHL09]. In Kombination mit OPC UA konnte die vereinfachte Erstellung eines OPC-UA-Informationsmodells durch Extraktion von AutomationML-Daten gezeigt werden [HENS14].

MTConnect

MTConnect ist ein offener Standard zur Verknüpfung von Werkzeugmaschinen mit überlagerten Applikationen wie bspw. der Fertigungsüberwachung und wird auch als „Bluetooth“ für die Fertigung bezeichnet [EDST14]. MTConnect ist hierzu an REST als Kommunikationsmittel gebunden. Die Kommunikation zwischen der Werkzeugmaschine und den Applikationen läuft über sogenannte „Agenten“, die zwischen den beiden Einheiten bzw. ggf. noch zwischengeschalteten „Adaptern“ übersetzen. Einer der zentralen Aspekte von MTConnect liegt in der Beschreibung der Maschine mittels des sog. „Data Dictionary“. Dieses liefert die Datentypen, Komponenten und Datenelemente zur Beschreibung der Maschinen.

Der Standard ist auf eine feingranulare Beschreibung der Maschinen ausgelegt und dient primär der Überwachung der Maschinen, z. B. zur Durchführung von Ressourceneffizienzanalysen [SHIN14].

UMCM / VDI 5600-3

Die Norm VDI 5600 „Fertigungsmanagementsysteme“ bzgl. der Aufgaben von MES wurde in den letzten Jahren um die Beschreibung einer logischen Schnittstelle zwischen Maschinen und MES, einer Verortung der MES-Relevanz für verschiedene Arten von Produktionssystemen sowie einer Verknüpfung von MES-Daten mit allgemeinen Optimierungsansätzen [VDI5600] erweitert.

Insbesondere auf Basis des Teils zur logischen Schnittstelle zwischen Maschinen und MES in der VDI 5600 wurde vom MES D.A.CH. Verband mit „Universal Machine Connectivity for MES“ (UMCM) eine Schnittstelle zur Verknüpfung zwischen Maschine und MES definiert [DEIS15]. Die entwickelte Spezifikation beschreibt sowohl die Transport- als auch die Anwendungsschicht. Um ein möglichst breites Anwendungsspektrum zu erzielen, wurde auch auf die Kompatibilität zu verbreiteten Kommunikationsmechanismen, wie OPC, geachtet. Dies schränkt allerdings die Flexibilität und die nutzbaren Fähigkeiten der neuen Kommunikationsmechanismen entsprechend ein. Zudem ist der Standard – ähnlich wie MTConnect – auf die reine Erfassung von Daten ausgerichtet und damit nicht zur Steuerung geeignet.

IEC 62264 / ISA 95

Die Norm ISA 95 „Enterprise-Control System Integration“ wurde von der International Society of Automation (ISA) erarbeitet und in mehreren Teilen veröffentlicht [ISA95]. Diese wurden von der International Electrotechnical Commission (IEC) in den Standard IEC 62264 größtenteils übernommen [SCHL12]. Der Standard wurde mit der Intention entwickelt, eine einheitliche Kommunikation zwischen der ERP-Ebene und der Manufacturing-Management-Ebene – typischerweise in Form eines MES – zu schaffen. Des Weiteren werden Elemente zur Beschreibung der Kommunikation innerhalb der Manufacturing-Management-Ebene spezifiziert. Der Standard gliedert sich in sechs Teile, wobei der sechste Teil bisher noch nicht publiziert wurde [IEC62264]. Im Folgenden wird dieser einheitlich als IEC 62264 bezeichnet. Zu den nach IEC 62264 ausgetauschten Informationen zählen die Produktdefinition, Kapazitäten und Verfügbarkeiten der Produktion, die Ablaufpläne sowie die Ergebnisse der Produktion. Die kommunizierten Inhalte bauen dabei auf einem einheitlichen Modell aus Anlagen, Material und Personal auf. Die Modellierung auf Basis von UML-Diagrammen ermöglicht eine Adaption für die Implementierung in verschiedenen Programmiersprachen. Mit der Business To Manufacturing Markup Language (B2MML) steht eine Erweiterung des Standards zur Kommunikation der Inhalte in

Form von XML-Dokumenten zur Verfügung [SCHU04]. Der Austausch von Daten nach IEC 62264 wird von nahezu allen kommerziellen Fertigungsleitsystemen unterstützt [KLET15].

NAMUR NA 94 / NA 110

In der Prozessindustrie baut das Namur-Arbeitsblatt NA 94 „MES: Funktionen und Lösungsbeispiele der Betriebsleitebene" [NA94] auf der ISA 95 bzw. IEC 62264 auf. In der NA 94 wird ein Datenmodell hinsichtlich der Funktionalitäten und zugehörigen Informationsflüsse eines MES definiert [THIE08]. Eine ähnliche Aufgabenbeschreibung von MES wie in VDI 5600 Blatt 1 ist in NA 110 „Nutzen, Planung und Einsatz von MES" [NA110] zu finden. In diesem Dokument werden neben dem Vorteil des Einsatzes von MES auch die zu einem erfolgreichen Einsatz notwendigen Funktionen aufgezeigt. Um eine Schnittstelle für chargenorientierte Systeme zu schaffen, wurde die Namur-Empfehlung NE 141 „Schnittstelle zwischen Batch- und MES-Systemen" [NE141] entwickelt.

Verwaltungsschale der Industrie-4.0-Komponente

Die Verwaltungsschale der Industrie-4.0-Komponente als Bestandteil der „Referenzarchitektur Industrie 4.0" [ADOL15] stellt u. a. die neueste der genannten Strukturierungsmöglichkeiten für den Austausch von Produktinformationen mit dem Fertigungsmanagementsystem dar. Hierbei wird ein wesentlich höherer Informationsgehalt auf den unteren Ebenen im Sinne der IEC 62264 angenommen bzw. angestrebt. Dies führt entsprechend auch zu der Notwendigkeit, diese Informationen über das Teilmodell „MES Anbindung" durch das Fertigungsmanagementsystem bereitstellen zu können. Der Informationsaustausch baut dabei auf den erweiterten Möglichkeiten einer Datendefinition auf Basis des OPC-UA-Informationsmodells auf. [ZVEI16]

2.2 Produktorientierung für Fertigungsmanagementsysteme

Product orientation for Manufacturing Execution Systems

Den Stand der Technik zu Produktmodellen für die Fertigungsmanagementsysteme allumfassend zu beschreiben, gestaltet sich bereits durch die Vielzahl der zu verknüpfenden Entitäten (Maschinen, Prozesse, Geräte etc.) als schwierig. Die im Folgenden beschriebenen Aspekte sind daher als repräsentative, jedoch nicht vollständige Liste zu verstehen. Der Überblick über die Konzepte, Architekturen und Informationsmodelle soll zunächst darstellen, welcher Detaillierungsgrad und welche Herangehensweisen zur Beschreibung von Produkten im Kontext von MES existieren. Die Beschreibung der Produktinformationen für einzelne Prozesse gibt anschließend einen Überblick über die in den einzelnen Prozessen benötigten Informationen bzw. die Möglichkeiten zur Bereitstellung von Produktinformationen. Der Unterschied zwischen den übergreifenden und den spezifischen Informationsmodellen schafft damit die Grundlage für die Ermittlung von Ansatzpunkten zur weitergehenden Informationsbereitstellung im dritten Kapitel. Der letzte Bereich des Stands der Technik adressiert primär die aktuellen Referenzarchitekturen, die zur produktorientierten

Steuerung entwickelt wurden. Die Modelle und Vorgehensweisen legen das Fundament für die Ableitung der Referenzarchitektur dieser Arbeit.

2.2.1 Konzepte, Architekturen und Informationsmodelle für Produkte

Concepts, architectures and information models for products

In Bezug auf die Konzepte, Architekturen und Informationsmodelle werden im Folgenden die unterschiedlichen Paradigmen zur Entwicklung aufgezeigt. Hierbei ist eine trennscharfe Einteilung der Forschungsarbeiten nur schwer möglich, da die jeweiligen Kategorien in Teilaspekten komplementär sind und die Forschungsarbeiten demgemäß auf Teilen von mehreren Entwicklungen aufbauen. Die Einteilung erfolgt auf Basis des Fokus der jeweiligen Arbeiten.

Digitaler Zwilling

Das Konzept von „Zwillingen" geht zurück bis auf das Apollo-Programm der US-amerikanischen NASA, bei dem zwei identische Raumfahrt-Schiffe gebaut wurden, um die Situationen während des Einsatzes auf der Erde nachstellen zu können. In diesem Sinne stellt in der Fertigung jede (reale oder digitale) Repräsentation der Elemente des betrieblichen Hallenbodens, an dem deren reale Einsatzbedingungen nachvollzogen werden können, einen „Zwilling" dar. Die Digitalisierung des Zwillings in seiner ursprünglichen Bedeutung kann übertragen werden als „integrierte multi-physikalische, multi-skalierte, wahrscheinlichkeitsbasierte Simulation eines realen [...] Systems, das die bestmöglichen physikalischen Modelle, Sensor-Aktualisierungen [...] etc. verwendet um den realen [...] Zwilling zu spiegeln" (übersetzt aus [GLAE12]).

Das Konzept des digitalen Zwillings ist in den letzten Jahren auch zunehmend im Bereich der Produktion aufgenommen und adaptiert worden, teilweise als Konsequenz mit abgewandelten Begrifflichkeiten wie „Digitales Ebenbild" [NICO05] oder „Digitaler Schatten" [WAHL13]. [CERR14] verwendet den „Digitalen Zwilling" primär zur Erstellung von Modellen für die reale Fertigungs-Geometrie von Produkten (im Vergleich zu der geplanten Geometrie). [NICO05] beschreiben die Kombination aller zu einem Produkt zugehörigen Informationen – wie die Daten in der Produktion oder die Marketing-Daten – als „Digitales Ebenbild". Das reale Produkt hat dabei nach [NICO05] zwei Verbindungen zur virtuellen Welt:

1. „Connectivity One": Produkte können über interne Kommunikationsmodule mit der realen Welt kommunizieren. Hierbei handelt es sich um „passive" Kommunikationskanäle, die das Produkt in der realen Welt identifiziert, bspw. über passives RFID.
2. „Connectivity Two": Das digitale Ebenbild verbindet sich über eine Reihe an möglichen Kommunikationskanälen wie Ethernet oder WLAN zu anderen Systemen oder Objekten.

Im Zusammenhang mit dem „produkt-zentrierten Informationsmanagement" verweist [ROME12] auf die Vorteile dieses Ansatzes zur Vereinfachung der Datenzusammenführung über den „digitalen Schatten" eines Produkts. Während die ursprünglichen

Ansätze im Bereich der Zusammenführung von Produktdaten die Integration von vielen verschiedenen Datenquellen adressieren, sollen die digitalen Schatten im neuen Ansatz als zentrales Element einen vereinfachten Zugangspunkt zu verschiedenen Daten bieten. Ein ähnliches Ziel verfolgen die intelligenten Produkte in Form von „Produkt-Avataren" gemäß [HRIB13], wobei hier noch ein zusätzlicher Fokus auf dem Angebot weiterer Dienste im gesamten Lebenszyklus liegt.

Intelligente Produkte

Die Ursprünge der sog. „intelligenten Produkte" werden den Entwicklungen der holonischen Fertigungssysteme aus dem Ende der neunziger Jahre zugeschrieben. Als Konsequenz wurde 2002 die Idee der Intelligenz von Produkten als alternative Vision für die Zukunft von Lieferketten vorgestellt [MCFA12]. Während eine Reihe an verschiedenen Ausprägungen und Ideen zur Produktintelligenz in der industriellen Produktion vorgestellt wurde, beruht der Grundgedanke jedoch weiterhin auf der Verknüpfung eines realen Produkts oder Auftrags mit Informationen und Regeln zu dessen Herstellung, Lagerung oder Transport. Eine Zusammenstellung der Entwicklungen der letzten zehn Jahre findet sich bspw. in [MCFA13]. Die Unterschiede beziehen sich primär auf die notwendigen Eigenschaften bzw. Charakteristika und die sich daraus ergebenden Ebenen der Produktintelligenz. Bild 2.3 zeigt beispielhaft die in einer der am häufigsten zitierten Definition gelisteten Charakteristika und Intelligenz-Ebenen [WONG02]. Während diese Darstellung noch keine Beschreibung des Informationsmodells von intelligenten Produkten im eigentlichen Sinne ist, legen die Eigenschaften jedoch das Fundament für die Entwicklung der Strukturen.

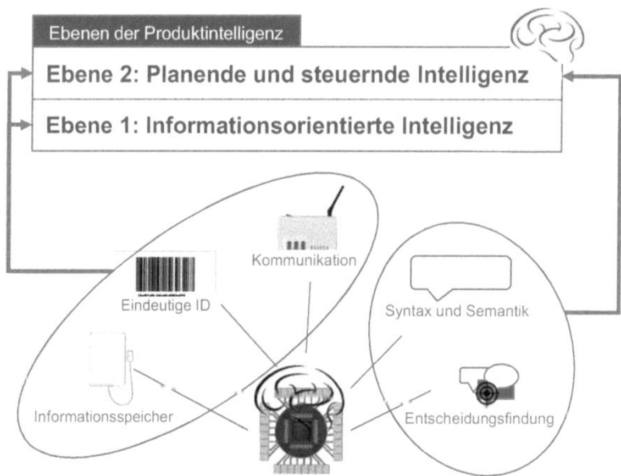

Bild 2.3: Eigenschaften und Ebenen der Produktintelligenz (nach [WONG02])

Features and levels of product intelligence (see [WONG02])

In [BAIN06] wird bspw. zwar ein Konzept basierend auf Holonen erstellt, dieses jedoch primär mit den Mitteln einer Ontologie auf Basis eines intelligenten Produkts abgeleitet. Die Struktur eines Produkts wird über die drei Elemente „Konzept des Produkts", „Greifbares Produkt" und (informationstechnische) „Repräsentation des Produkts" beschrieben. Das Gesamtmodell für das Produkt wird formal in Form von UML-Diagrammen dargestellt [BAIN08].

[PACH11] entwickelt ein als Multi-Agenten-System ausgelegtes Gesamtmodell für intelligente Produkte. Der Fokus liegt allerdings auf dem Rollenmodell von Produkten bestehend aus Wissen – insbesondere hinsichtlich der Daten, die das Produkt zu seiner Produktion beinhaltet – und Regeln bzgl. individueller und globaler Ziele.

Holonische und Multi-Agenten-Systeme

Die weitaus meisten Referenzarchitekturen für Produktmodelle im Produktionsbereich existieren im Gebiet der holonischen Systeme und Multi-Agenten-Systeme (MAS). Holonische-Fertigungs-Systeme (Holonic Manufacturing Systems, HMS) bezeichnen wörtlich die „einzelnen Elemente als Teil eines Ganzen" [KOES01], während ein (Software-)Agent sich durch die Eigenschaften „Autonomie", „Soziale Fähigkeiten", „Reaktivität" und „Proaktives Verhalten" auszeichnet [POSS06]. Es handelt sich zumindest in der Theorie somit um verschiedene Betrachtungsweisen. Praktisch beinhalten die meisten Arbeiten bzgl. der Produktorientierung jedoch beide Aspekte, sodass diese hier gemeinsam betrachtet werden und im Einzelfall auf das Fehlen eines der Aspekte verwiesen wird.

PROSA

Eine zu Beginn des letzten Jahrzehnts sehr verbreitete und bis heute weiterentwickelte Architektur ist PROSA. Das Akronym bezeichnet die Elemente „Product", „Resource", „Order", „Staff" und die Zusammensetzung als „Architecture".

Das sog. Produkt-Holon enthält das Wissen zum Produkt und Prozess zur Sicherstellung der Herstellung in der angestrebten Qualität. Die Inhalte sind konsistente und aktuelle Informationen, bspw. zum Produktlebenszyklus, zu Prozessplänen oder Stücklisten. Somit handelt es sich nicht um ein Modell des aktuell in der Fertigung befindlichen Produkts – auch Produkt-Status-Modell genannt – sondern vielmehr um ein Modell des Produkttyps [BRUS98].

Die Informationen zur Ausführung im realen Fertigungssystem werden vom Auftrags-Holon übernommen. Dieses verwaltet das real gefertigte Produkt, das Produkt-Status-Modell sowie alle logistischen Informationen im Zusammenhang mit dem Arbeitsauftrag. Es wird häufig als Werkstück mit Steuerungsfähigkeiten betrachtet [BRUS98].

Zwischen den Holonen werden drei Arten von Wissen ausgetauscht:

1. Prozess-Wissen: Informationen und Methoden zur Ausführung eines Prozesses auf einer bestimmten Ressource (d. h. bspw. Prozessfähigkeiten)
2. Produktions-Wissen: Informationen und Methoden zur Herstellung eines bestimmten Produkts durch bestimmte Ressourcen (d. h. bspw. Prozesspläne)
3. Prozess-Ausführungs-Wissen: Informationen und Methoden zur Ansteuerung und Kontrolle der Ausführung von Prozessen auf Ressourcen [BRUS98]

In der Anwendung der Entwicklung von PROSA auf MES definiert [BLAN08] konkreter die produkt- und die prozessrelevanten Daten für die Produkt- bzw. Auftrags-Holone. Hierbei enthält ein Produkt-Holon die zum Zeitpunkt der Produktion statischen Daten wie die Geometrie des zu fertigenden Produkts, während die Auftrags-Holone als Zustandsgraphen primär die Steuerungslogik adressieren. In einer neueren Entwicklung in Bezug auf PROSA gestalten [OUNN12] die Gesamtstruktur „flach" und mit mehr Autonomie in den einzelnen Entitäten.

PABADIS'PROMISE

Eine Erweiterung des 2004 abgeschlossenen EU-Projekts Plant Automation BAsed on Distributed Systems (PABADIS) stellt das EU-Projekt PABADIS'PROMISE (PABADIS based Product Oriented Manufacturing Systems for Re-Configurable Enterprises) dar. Der Namenszusatz stellt die noch stärkere Ausrichtung des Projekts auf produktorientierte Fertigungssysteme gemäß dem Leitsatz „Der Produktionsauftrag ist die Steuerungsapplikation" [LUED08] dar. Die wesentlichen Ergebnisse des Projekts umfassen ein Rollenmodell, eine Ontologie (P2Ontology) sowie eine Sprache zur Beschreibung von Produkt und Prozess (P5DL).

Das Rollenmodell ist primär eine Sammlung von Entwurfsmustern zur Beschreibung der Architektur des Gesamtsystems als Multi-Agenten-System. Den Kern des Systems bilden die Auftragsmanager (Order Managers). Diese werden durch das Anlegen eines neuen Auftrags im ERP-Modul erstellt und den elementaren Produktionsschritten zugewiesen. Die Produkte sind in diesem Zusammenhang eher passive Datenquellen, bspw. für die Auftragsmanager.

Die P2Ontology soll formale und eindeutige Definitionen aller Komponenten und deren Beziehungen im industriellen Kontext bereitstellen, um so ein gemeinsames Verständnis aller zum Austausch und zur Beschreibung notwendigen Informationen auf Ebene des betrieblichen Hallenbodens zu etablieren [DIEP07].

Die Ontologie dient der Formalisierung folgender Informationen:

1. Ressourcen, die in einer Produktionslinie genutzt werden können (d. h. Maschinen, Equipment, Steuerungssysteme, Materialien etc.)
2. Produkte, die in dieser Produktionslinie hergestellt werden können
3. Operationen, die durch die Beschreibung aller Prozesse (d. h. Bohren, Transportieren, Warten etc.) definiert werden

Diese drei Bereiche bilden den Kern des Meta-Modells und sind in UML abgebildet. Mithilfe von Transformationsregeln lässt sich dieses Modell in eine Ontologie (die P2Ontology) übertragen.

Die PABADIS'PROMISE Product and Production Process Description Language (P5DL) basiert auf den Konzepten und Mechanismen der P2Ontology. Hierbei wurde allerdings kein einheitliches Format zur Beschreibung der ausgetauschten Informationen (also eine standardisierte Sprache) entwickelt, sondern lediglich ein Sprachenkonzept für systemkonforme Sprache und deren Verbindung. P5DL beschreibt damit

Transformationskonzepte und Prozesse zur Adaption, um spezifische Sprachen in die Ontologie zu integrieren [DIEP07].

In den letzten Jahren wurden in Bezug auf PABADIS'PROMISE einige Entwicklungen durchgeführt. Hierzu zählen bspw. die Übertragung des Ansatzes auf neue Kommunikationstechnologien wie die Windows Communication Foundation (WCF) in Kombination mit RFID-basierter Identifikation [GAST11] oder die Erweiterung der agentenbasierten Architektur auf Basis der GAIA-MAS-Ontologie [ALEX12].

Viable System Model (VSM)

Die Systemstruktur des VSM nach Beer besteht aus den Elementen Process, Coordination, Auditing, Control, Planning sowie Policy [BEER62]. Das Modell stellt sicher, dass jedes seiner Systeme und Untersysteme nur mit einer bestimmten Menge an Informationen umgehen muss. Die drei Kernprinzipien sind dabei:

1. Rekursivität: Jedes VSM-Element besteht wiederum aus VSM-Elementen.
2. Autonomie: Der Ansatz von Beer hinsichtlich Entscheidungsproblemen ist es, den operativen Einheiten eines Systems so viel Autonomie wie möglich zu geben, dies bedeutet jedoch keine vollumfängliche Unabhängigkeit.
3. Lebensfähigkeit: Jedes System muss für sich genommen lebensfähig sein.

In Bezug auf die Produktorientierung modelliert [HERR11] die Produkte gemäß dem Viable-System-Ansatz. Die Produkte sind Holone, d. h. sie bestehen aus einem physikalischen und einem informationstechnischen Teil. Hierbei kommt dem Ansatz zugute, dass sowohl das VSM als auch die Holone im Kern u. a. auf dem Prinzip der Rekursivität beruhen. Die Rekursionsebenen bilden (von oben nach unten): Produktfamilie, Fertigungsauftrag, Los und Produkt.

Der Ansatz wird von [THOM13] um die Aspekte der intelligenten Produkte erweitert. Hierdurch können die Produkte den verschiedenen Zeithorizonten einer Produktionsplanung und -steuerung zugeordnet werden. In diesem Modell beginnt die (zeitabhängige) Instanziierung erst auf der Ebene der Fertigungsaufträge.

Weitere Architekturen

Die drei detailliert aufgelisteten Architekturen stellen nur einen Ausschnitt der Entwicklungen von produktorientierten Architekturen im Bereich der HMS bzw. MAS dar. Weitere Architekturen in diesem Zusammenhang sind bspw. ADACOR [LEIT06], COBASA [BARA03], GRACE [CAST11], HCBA [CHIR00], IDEAS Architecture [ONOR12], MetaMorph [SHEN00] und ORCA-FMS [PACH14]. Da die detaillierte Beschreibung der Architekturen jedoch den Rahmen dieser Arbeit überschreiten würde, sei an dieser Stelle nur auf die entsprechenden Referenzen verwiesen.

Architekturmuster für die produktorientierte Steuerung

Die Besonderheit der produktorientierten Steuerung im Vergleich zu anderen Systemen mit Produktorientierung stellt die fokussierte Betrachtung des Produkts in Kombination mit steuerungstechnischen Aspekten dar.

Objektorientierte Muster sind aufgrund der Beliebtheit von objektorientierten Sprachen in der Programmierung am weitesten verbreitet. Im Zusammenhang mit Produkten dienen am häufigsten das „Composite"- und das „Observer"-Muster. Während das erstere primär für die Zusammensetzung von Produkten aus Teilprodukten von Bedeutung ist, können mit letzterem Produkte beobachtet und die Vielzahl an relevanten Systemen informiert werden [JUZI14].

Um die Koordination zwischen Produkten zu realisieren, kann in einem der einfachsten Fälle das Master-Slave-Muster verwendet werden. Hierbei empfangen die Produktagenten Anfragen, die wiederum für Unter-Agenten in Teil-Anfragen zerlegt werden. Zur Bereitstellung von Informationen werden aus untergeordneten Quellen die Informationen nach dem gleichen Prinzip aggregiert. Hierdurch ergibt sich eine hierarchische Struktur [MOSE10].

Eines der emergenten Muster ist das sog. Verhandlungs- oder Auktions-Muster. Dieser Ansatz basiert darauf, dass sich aus der Interaktion von einfachen lokalen Entitäten ein korrektes Verhalten ergibt. Als prominentes Beispiel aus diesem Bereich gilt das Contract-Net-Protokoll, das auch im Zusammenhang mit der Produktorientierung auf das industrielle Umfeld übertragen werden konnte [CABR11].

Im Bereich der biologisch inspirierten Systeme findet sich eine Reihe von weiteren Mustern. Schwarm-Intelligenz [NORT14] oder pheromon-basierte Methoden wie Stigmergie [GORG13] sind hierzu Beispiele. Als potenzieller Vorteil wird die Anpassbarkeit an unbekannte Randbedingungen angenommen [PANN12].

2.2.2 Produktinformationen in Produktions- und Logistik-Prozessen

Product information in production and logistical processes

Neben den Modellen zu Produktinformationen existieren auf der Ebene des betrieblichen Hallenbodens in verschiedenen Systemen Informationen zu den Produkten. Diese sind teilweise über die genannten Modelle direkt mit der Architektur bzw. dem Informationsmodell verbunden. Häufiger jedoch sind bei den traditionellen Systemen die Produktinformationen implizit in den Schnittstellen zu den Systemen bzw. innerhalb der Systeme als Abläufe oder Prozesse formuliert. Im Folgenden werden daher sowohl aktuell bestehende als auch mögliche technische Hilfsmittel zur Gewinnung von Produktinformationen vorgestellt.

Explizite Informationsträger

Opto-elektronisch lesbare Schriften

Historisch gesehen wurden in den frühen siebziger Jahren die ersten optischen Scanning-Systeme auf der Basis von Barcodes installiert, um die Transparenz der Produkte in der Lieferkette zu erhöhen sowie die Nachverfolgung der Produkte in den Produktionslinien zu gewährleisten [MEYE09]. Diese Systeme befinden sich aufgrund der Einfachheit und der kostengünstigen Einsetzbarkeit noch heute in angepasster Form im Einsatz.

Der Quick-Response-Code (QR-Code) wurde ursprünglich zur Markierung von Baugruppen in der Logistik des Toyota-Konzerns entwickelt [SOON08]. Der Code besteht aus einer quadratischen Matrix mit weißen und schwarzen Punkten, die den binär kodierten und mit einer Checksumme gesicherten Inhalt darstellen.

Zu den opto-elektronischen Verfahren kann auch die sog. optische Schriftzeichen-Erkennung (engl. Optical Character Recognition, OCR) gezählt werden [KAER03]. Hierbei werden üblicherweise Texte mithilfe von Scannern oder Digitalkameras erkannt und zunächst als Rastergrafiken gespeichert. Mithilfe der Schriftzeichen-Erkennung werden anschließend die über Pixel gespeicherten Buchstaben einer Textcodierung (bspw. ASCII) zugewiesen [FUJI08].

Funkbasierte Verfahren

Zur Eliminierung einiger Schwächen von Barcodes und ähnlichen Technologien wurden die funkbasierten Technologien entwickelt – mit ihrem heute noch am weitesten verbreiteten Vertreter: dem Radio-Frequency-Identification-Verfahren (RFID-Verfahren) [BARE14].

Das RFID-Verfahren ist ein drahtloses Sender-Empfänger-Verfahren auf der Basis von sog. Tags, die aus einer Kombination von Silizium-Chips mit Antennen bestehen und zur Identifikation sowie Lokalisierung eingesetzt werden können. Die Vorteile, gegenüber bspw. den opto-elektronischen Verfahren, liegen in der berührungslosen Funktionsweise und der fehlenden Notwendigkeit des Sichtkontakts.

Die Nutzung der RFID-Technologie stellt aktuell für die produktorientierte Steuerung noch das am häufigsten angewendete Verfahren dar. In [GAMB13] wird RFID eingesetzt, um an Produktionsmaschinen eine reaktive Steuerung unter Nutzung von PROSA zu realisieren. Mit deren Hilfe kann zum letztmöglichen Zeitpunkt eine Entscheidung getroffen werden. [GAST11] implementieren die RFID-Technologie auf ihrem „Product Identification Tag (PIT)", um auf Basis der PADABIS'PROMISE-Architektur eine Verbindung zwischen realem und virtuellem Produkt herzustellen. Zur Identifikation von Logistik- und Produktionszeiten wenden [REIN11] ein RFID-basiertes-Tracking der Produkte an. Im sog. „Ubiquitous Product Lifecycle Information highway (UPLI)" wird die RFID-basierte Verknüpfung von virtueller und realer Welt sogar über den betrieblichen Hallenboden hinaus bis auf den gesamten Produktlebenszyklus übertragen [YOON12].

Die breite Nutzung der Technologie basiert grundsätzlich ebenso wie bei den opto-elektronischen Verfahren auf den niedrigen Kosten sowie (zumindest bei den passiven Verfahren) auf der geringen Energieumwandlung in den Tags. Neuere Technologien, wie Bluetooth Low Energy (BLE), kombinieren eine ähnlich geringe Energieumwandlung mit der zusätzlichen Möglichkeit zu weitergehender Kommunikation und Datenverarbeitung [GUPT13]. Breitbandverfahren in höheren Frequenzspektren bieten den Vorteil einer genaueren Ortung innerhalb der Fabrik zu jedem Zeitpunkt [SILV14]. Weitere Verfahren, die jeweils Vorteile einer genaueren oder weitergehenden Ortung bei Nachteilen hinsichtlich der Kosten oder verwendeten Energie aufweisen, beinhalten auch WLAN- oder Mobilfunk-basierte Lokalisierung, Indoor-GPS bspw. über Ultraschall-Technologie oder Laser-Tracker-basierte Ansätze [RUST15].

Bildbasierte Verfahren

Innerhalb von Prozessen werden zur Identifikation von Produkten häufig auch bildbasierte Verfahren eingesetzt [AZIZ15]. Der Prozess basiert auf der Erkennung von markanten Charakteristika. Das Training kann entweder über vordefinierte oder über datentechnisch generierte Bilder erfolgen. Möglich ist eine zuverlässige Erkennung allerdings nur bei charakteristischen Unterschieden von zu erkennenden Produkten bspw. in Form, Größe oder Oberflächenbeschaffenheit. Die bildbasierte Erkennung weist in den Fällen, bei denen eine derartige Eindeutigkeit gegeben ist, den Vorteil auf, dass keinerlei Marker oder Codes zur Identifikation benötigt werden. Die bildbasierten Identifikationsmerkmale können teilweise direkt aus den CAD-Daten abgeleitet werden [GAUS03].

Prominente Verfahren im Bereich der Bilderkennung basieren grundsätzlich auf der Extraktion von Deskriptoren, mit denen Elemente von Bildern unabhängig von Drehungen, Verschiebungen und Skalierungen erkannt werden können. Die von [LOWE04] entwickelte skaleninvariante Merkmalstransformation (engl. Scale Invariant Feature Transformation, SIFT) ist eines der ersten Verfahren in diesem Bereich. Anwendung findet es in der Roboternavigation, Kartenerstellung oder auch Objekterkennung. In der Weiterentwicklung werden die noch existierenden Schwächen adressiert, bspw. durch Erhöhung der Robustheit mittels stichproben-basierten lokalen Deskriptoren (Sampling-based Local Descriptor, SLD) [ZHOU14]. Während die Technologie aktuell vorwiegend im Konsumentenbereich zur Identifikation von Produkten für Produktvorschläge im Online-Bereich erfolgreich eingesetzt wird, existieren auch industrielle Ansätze für die Kommissionierung oder Wareneingangsprüfung [MAHA16].

Implizite Informationsträger

Automatisierte Systeme

Automatisierte Systeme werden generell von einer bestimmten Art von Steuerungssystem kontrolliert, in den meisten Fällen entweder eine speicherprogrammierbare Steuerung (SPS) oder eine computerbasierte Steuerung. Die Programmierung dieser Steuerungen erfolgt meist durch konventionelle Programmiersprachen mittels Funktionsbausteinen (FBS) oder strukturiertem Text (ST) nach IEC 61131-3 [IEC61131], in neueren Alternativen auch objektorientiert nach IEC 61499 [IEC61499]. Die Programmierung ist auf die Logik der Abläufe ausgerichtet und nicht auf die Bereitstellung von Produktinformationen. Implizit lassen sich jedoch aus den angesteuerten Aktoren und den ausgelesenen Sensoren Informationen zu Produkten ablesen. Simple Lichtschranken (als häufig eingesetzte Sensorik) können bspw. auf die Ankunft eines neuen Produkts an einem bestimmten Ort hinweisen. Während diese Information nicht gesichert ist (es könnte sich um einen fehlerhaften Sensor oder die Präsenz eines anderen Objektes handeln), wird sie auf automatisierungstechnischer

Ebene auch als ein solches Signal interpretiert, da meist von vorbestimmten Abläufen ausgegangen wird. Gleiches gilt für die Aktorik bei der nach der Ausführung einer Aktion (bspw. der Öffnung einer Schranke) die Präsenz eines Objekts an einer anderen Stelle oder die Änderung des Objekts hinsichtlich seiner Form erwartet wird.

Industrieroboter

Industrieroboter werden üblicherweise mit einer hersteller-spezifischen oder hersteller-neutralen Sprache programmiert, bspw. in der KUKA Robotics Language (KRL) als hersteller-spezifische oder Industrial Robot Language als hersteller-neutrale Sprache. Die Programmierung erfolgt meist textbasiert und prozedural mit einem Fokus auf den Aktuatoren und Sensoren des Roboters. Die Art und Weise kann sowohl offline (d. h. bspw. an einem entfernten PC) als auch online (d. h. direkt am Roboter bspw. über das sog. Teach-In-Verfahren) erfolgen. Im Sinne einer möglichen Produktorientierung sind Ähnlichkeiten zu den allgemeinen automatisierten Systemen erkennbar, insbesondere durch die Orientierung an der Aktorik und Sensorik des Roboters. Der Unterschied liegt primär in der nahezu ausschließlichen Fokussierung auf das Werkzeug am Endeffektor beim Roboter gegenüber einer breiteren Ausrichtung im automatisierten System. Die Art des Werkzeugs macht in Kombination mit der Programmierung des Roboters die Art und Weise aus, wie ein Produkt beeinflusst wird. Während die Kombination aus Roboterbewegung und Greiferoperation zum Transport von Produkten führen kann, kann die Bewegung in Kombination mit einer Frässpindel zur Bearbeitung eines Produkts genutzt werden. Es ist somit in jedem Fall die Kombination aus Bewegungs- und Werkzeugwissen notwendig, um auf Produktinformationen schließen zu können.

Neuartige Systeme, insbesondere mit modernen Teach-In oder Programmierverfahren, fokussieren neben der zunehmenden Orientierung am Werker auch die vereinfachte produktorientierte Inbetriebnahme. Der Bosch apas erlaubt bspw. eine ansatzweise produktorientierte Programmierung durch Nutzung einer Kamera in Kombination mit einem universellen, adaptiven Greifsystem. Das Gesamtsystem kann anschließend bspw. erkennen, ob Bauteile an einem bestimmten Platz liegen und entsprechende Transportoperationen durchführen [NAUM15]. Eine andere Weiterentwicklung ist die Orientierung mittels markerbasierten Verfahren zur Roboter-Programmierung. Während dabei zwar klassische Roboterprogramme entstehen, ist das überlagerte Programmiersystem jedoch in der Lage, das Produkt und damit auch die produkt-zugehörigen Prozesse zum Zeitpunkt der Programmierung zu identifizieren [GOEB12].

Maschinen

Die Vielfalt der möglichen Maschinen und technischen Ausprägungen resultiert in einer Vielzahl an möglichen Produktinformationen. Die Schnittmenge mit den beschriebenen automatisierten Systemen ist aufgrund des internen Aufbaus der Maschinen sehr groß. Dementsprechend bietet sich eine Betrachtung der Besonderheiten in den Produktinformationen bei den Maschinen an.

Für CNC-basierte Werkzeugmaschinen dienen die NC-Programme zur Beschreibung der Bearbeitungsoperationen. Hiermit werden die Operationen und verwendeten Werkzeuge beschrieben. Die CAD-Modelle eines Produkts sind meist in der Erstellung der NC-Programme relevant. Dabei werden die Programme in der Regel über eine werkstattorientierte Programmierung oder unter Nutzung eines CAM-Systems auf Basis von CAD-Daten bzw. Fertigungszeichnungen erstellt.

Eine weitergehende Produktorientierung ist bspw. durch die Überprüfung der geplanten mit der realen Bewegungsführung realisierbar. Da sowohl mithilfe der geplanten Bewegungsführung als auch mit einer Aufzeichnung der tatsächlich realisierten Bewegungsführung bspw. eine Abtrags-Simulation realisierbar ist, kann so bereits eine erste Abschätzung für das digitale Abbild eines Produkts, bspw. hinsichtlich der realisierten Oberflächenbeschaffenheit [TUNC16], geschaffen werden. Während es sich dabei meist um einfach zugängliche Informationen handelt, können weitere Sensorinformationen zu Temperaturen oder Kräften zusätzlich das digitale Abbild verbessern.

Mithilfe der CAM-NC-Kopplung kann ein erhöhtes Informationsniveau an der Maschine bereitgestellt werden. Zur Prozessverbesserung oder Benutzerunterstützung wird insbesondere die Verfügbarkeit von Geometrie- oder Feature-Informationen als relevante Datenquelle betrachtet. Dies adressiert somit Produktinformationen, die primär dem Bereich der Konstruktion entstammen, allerdings im Produktionsprozess an der Maschine wertschöpfend eingesetzt werden können (vgl. bspw. [VITR12] oder [LOHS14]).

Qualitätssicherungssysteme

Qualitätssicherungssysteme dienen der Überprüfung von Produkten hinsichtlich der Einhaltung der Vorgaben aus der Produktentwicklung bzw. dem Qualitätsmanagement, bspw. gemäß der Einhaltung von Vorgaben zur Fertigungstoleranz oder der Oberflächenbeschaffenheit. Diese Systeme arbeiten üblicherweise entweder bildbasiert (bspw. Rastermikroskope) oder häufiger taktil. Dabei wird den taktilen Systemen ein 3D-CAD-Modell des Bauteils bereitgestellt, mit deren Hilfe die relevanten Antastpunkte identifiziert werden können. Das Resultat ist meist ein Vergleich zwischen der geplanten und der realen Ausprägung eines Bauteils. Die Informationen werden im Anschluss zur Identifikation von fehlerhaften Bauteilen und Prozessen verwendet.

In der Qualitätsprüfung sind u. a. folgende Prüfschritte typisch:

1. Messung der Bauteilgeometrie – Maße, Form und Lagepositionen
2. Konturprüfung
3. Erkennung von Unterschieden bei Produkt-Varianten [HEHE11]

Die verschiedenen Prüfschritte verdeutlichen bereits die unterschiedlichen, notwendigen Informationen an den Prüfstationen. Während bei der Messung der Bauteilgeometrie bspw. CAD-Informationen aus der Konstruktion benötigt werden, sind für die Variantenprüfung auch die Stücklisten aus einem ERP-System von Bedeutung. Ebenso können die durch das Prüfungssystem gewonnenen Informationen natürlich auch den jeweiligen Systemen wiederum bereitgestellt werden.

2.3 Produktionszeitenerfassung und -verarbeitung

Production time tracking and processing

Neben den produktindividuellen Abläufen innerhalb der Produktion sind in der Einzel- und Kleinserienfertigung insbesondere die einzelnen Zeitintervalle für ein MES von Interesse. Zur Interpretation der Zeiten innerhalb der Produktion haben sich in der Vergangenheit einige wenige Zeitenmodelle etabliert, die zunächst gelistet und unterschieden werden. Ein beispielhafter Überblick soll Klarheit über die Methoden zur Bestimmung von Planzeiten innerhalb der Systeme der Produktentwicklung verschaffen. Im Fokus stehen dabei Methoden, mit deren Hilfe die Realdaten so interpretiert werden können, dass sich die Unsicherheiten für einzelne Prozesse oder Produkte extrahieren lassen.

2.3.1 Zeitenmodelle in der Produktion

Time models for the production environment

Zeitenmodell nach REFA

Eine einheitliche Definition der Zeiten gewährleistet die Grundlage einer korrekten Erfassung von Produktionszeiten. Das Zeitenmodell nach REFA gilt als etabliert und Standard zur Ermittlung von Planzeiten in der Produktion (vgl. Bild 2.4). Rüstzeit und Ausführungszeit bzw. Bearbeitungszeit bilden zusammen die Auftragszeit. Grundzeiten, Verteilzeiten und Erholungszeiten werden im REFA Zeitenmodell ebenfalls abgebildet [REFA95].

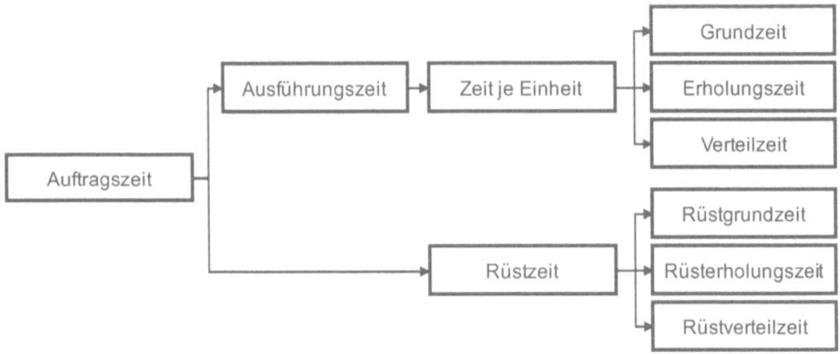

Bild 2.4: Zeitenmodell nach REFA [REFA95]

Time model according to REFA [REFA95]

Zeitenmodell nach ISO DIS 22400-2

Speziell für MES wurde das Zeitenmodell nach ISO DIS 22400 entwickelt [ISO22400]. Die vorhandenen Zeiten in der Produktion für eine einzelne Maschine werden in Bild 2.5 aufgezeigt. Die Größe der einzelnen Zeiträume ist aus Darstellungsgründen gewählt. Es wird dabei keine Aussage über das Verhältnis der Zeiträume zueinander getroffen.

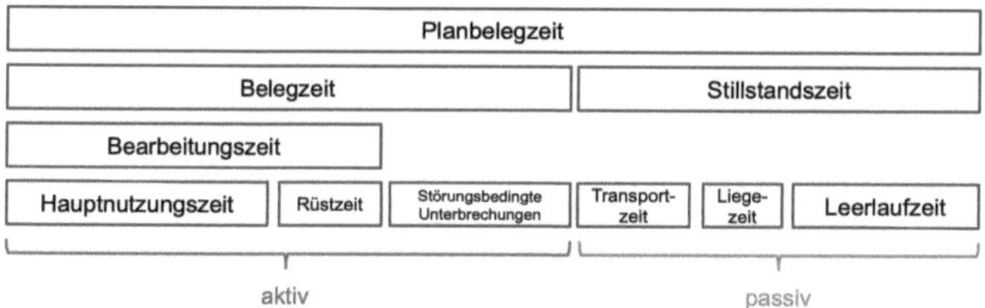

Bild 2.5: Zeitenmodell nach ISO DIS 22400-2 [ISO22400]
Time model according to ISO DIS 22400-2 [ISO22400]

Die Hauptnutzungszeit beschreibt den Zeitraum, in der eine Maschine wertschöpfende Tätigkeiten durchführt. Die Zeit, in der eine Maschine zur Bearbeitung vorbereitet wird, nennt sich Rüstzeit. Unter den störungsbedingten Unterbrechungen werden alle ungeplant auftretenden Störungen zusammengefasst. Der Zeitraum, der für den Transport von Materialen benötigt wird, nennt sich Transportzeit. Befindet sich Material im Prozess, ohne dass es bearbeitet oder transportiert wird, handelt es sich um Liegezeit. Die Leerlaufzeit beschreibt den Zustand der Maschine als eingeschaltet, jedoch ohne einen Auftrag zu bearbeiten.

2.3.2 Methoden zur prozessbezogenen Bestimmung von Produktionszeiten

Methods for process-related determination of production times

Das Ziel der Bestimmung von Produktionszeiten ist es, eine bessere Planung der Produktionsprozesse zu ermöglichen. Forschungsseitig existiert eine enge Beziehung zwischen der Problemstellung der Schätzung von Produktionszeiten und der Produktionskostenschätzung (engl. Production Cost Estimation, PCE). Der steigende Konkurrenzdruck in Hinblick auf die optimale Preisgestaltung für den Kunden resultiert in einer hohen Relevanz von PCE, insbesondere für kleine und mittlere Unternehmen in der Einzel- und Kleinserienfertigung. Wurden die internen Produktionskosten zu hoch geschätzt, so ist auch der Produktpreis zu hoch und der Kunde entscheidet sich vermutlich für die Konkurrenz. Bei zu niedrig geschätzten Kosten drohen Verluste [FLOR12]. Ansätze zu PCE wurden aufgrund der Relevanz bereits umfangreich untersucht. [LAYE02] und [NIAZ06] geben dazu einen Überblick. Die Zusammenführung von Produktionszeiten- und Produktionskostenschätzung ergibt sich in der Methodik der Prozesskostenrechnung (engl. Activity Based Costing, ABC) [TSEN00]. Produktkosten werden hier durch die Nutzung verschiedener Ressourcen – darunter bspw. einzelne Maschinen oder auch die Entwicklungsabteilung – bestimmt. Kostentreiber eines Produkts lassen sich durch diesen detaillierten Ansatz besser ausmachen [ANDR99]. Daraus resultiert für die PCE die Herausforderung, dass für neue Produkte die erwartete Nutzung der Ressourcen bestimmt werden muss [CHEN07]. Die enge Beziehung zwischen der Schätzung von Produktionszeiten und den Produktionskosten führt dazu, dass die in der Literatur beschriebenen Methoden beider Bereiche meist gemeinsam vorgestellt werden. Es erfolgt eine Einteilung der Methoden in verschiedene Kategorien. In Anlehnung an [LAYE02] ergeben sich analytische Methoden sowie analogiebasierte Methoden.

Analytische Methoden

Zeiten und Kosten werden bei den analytischen Methoden dadurch bestimmt, dass der Prozess in seine elementaren Bestandteile zerlegt wird [LAYE02]. Dies ist nicht nur mit einem großen Aufwand verbunden, sondern setzt zugleich auch fundierte Kenntnisse über den Prozess voraus. In der folgenden Abbildung wird das CAD-Modell eines Fräsbauteils in Merkmale zerlegt (vgl. Bild 2.6) [JUNG02]. Die Zeiten zur Generierung dieser Merkmale durch Abtragung des Materials können aus dem abzutragenden Volumen abgeschätzt werden. Weitere Variablen zur Berechnung können bspw. die Schnittgeschwindigkeit, der Vorschub, das Material oder die Werkzeugbeschaffenheit sein.

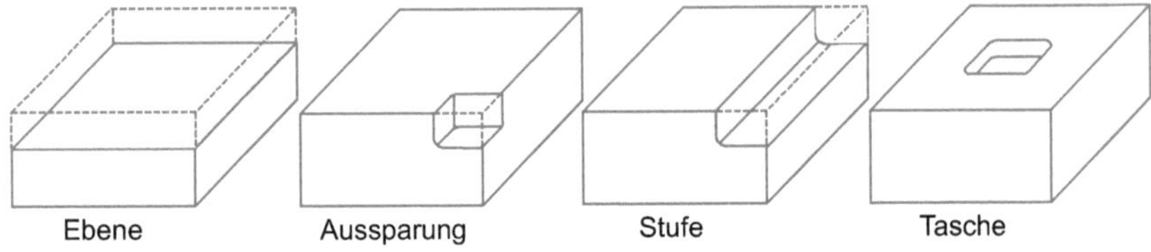

Bild 2.6: CAD-Merkmale eines Fräsbauteils (nach [JUNG02])
CAD features of a milling part (see [JUNG02])

Ein ähnlicher Ansatz findet sich in [OUYA97] unter besonderer Betrachtung einzelner Prozessschritte. Die Gesamtzeit kann durch die Addition der einzelnen Zeiten, unter Berücksichtigung von Rüstzeiten, bestimmt werden. Zeiten verschiedener Prozessschritte – wie bspw. Bohren, Schruppen oder Schlichten – werden durch Gleichungen in Abhängigkeit der Merkmalsabmessungen bestimmt.

Prozessspezifische Simulationen fallen ebenfalls unter die analytischen Methoden. Die im NC-Bereich verwendeten Systeme für Computer-Aided Manufacturing (CAM) bieten solche Verfahren. Der Bearbeitungsprozess kann unter Berücksichtigung von Werkstoff- und Maschineneigenschaften vorab digital geplant werden. Hieraus lassen sich auch Bearbeitungszeiten bestimmen.

Analytische Methoden haben den Vorteil, dass sie von historischen Daten bereits gefertigter Produkte unabhängig sind. Sie werden aus diesem Grund auch „Offline-Methoden" genannt. Der analytische Ansatz garantiert eine höhere Genauigkeit als andere Schätzmethoden. Bei der analytischen Bestimmung handelt es sich – wie in [JUNG02] und [OUYA97] aufgezeigt – um eine idealisierte Betrachtung, da die realen Zeiten teilweise deutlich von den Planzeiten abweichen. Darüber hinaus ist eine solche Bestimmung aufwendig und prozessspezifisch.

Analogiebasierte Verfahren

Methoden, die Vergleiche zwischen bereits gefertigten Produkten und dem neuen Produkt ziehen, heißen analogiebasierte Methoden [LAYE02]. Die intuitive Vorgehensweise eines menschlichen Experten kann bspw. zu diesen Methoden gezählt werden. Ein Experte kann basierend auf seiner Erfahrung mit bisherigen Produkten sowie impliziten Vergleichskriterien zum neuen Produkt die Zeiten oder Kosten abschätzen. Künstliche Intelligenz oder Expertensysteme können diese „menschliche" Methodik unterstützen oder sogar ersetzen [NIAZ06]. Explizite, vordefinierte Vergleichskriterien werden hierzu eingesetzt.

Das fallbasierte Schließen (engl. Case-Based Reasoning, CBR) stellt ein solch analogiebasiertes Verfahren dar. Das menschliche Problemlösungsverhalten kann durch diese Methodik auf potenziell „intelligente" Systeme übertragen werden [AAMO94]. CBR zur Kostenschätzung im Werkzeugbau wird in [FICK05] aufgezeigt. Die Vorgehensweise in der CBR-Prozesskette verdeutlicht Bild 2.7.

Das zu lösende Problem wird zunächst abstrahiert und das zu fertigende Werkstück liegt in Form einer CAD-Zeichnung vor. Ein Vektor von definierten Merkmalen, bspw. Abmessungen, Material, Anzahl und Größen von Oberflächen, wird extrahiert. Der Vektor aus den Merkmalen bildet die Basis, um eine Notation der Ähnlichkeiten zu vorherigen Fällen zu bilden. Eine solche Ähnlichkeit lässt sich bspw. durch den Abstand der Vektoren im euklidischen Raum bilden.

Zur Lösungsfindung für den neuen Prozess werden die Fälle mit der größten Ähnlichkeit ausgewählt [FICK05]. Mithilfe eines genetischen Algorithmus wird eine Kostenfunktion generiert, die den Merkmalsvektor auf die Endkosten abbildet. Der Einsatz von CBR als analogiebasiertes Verfahren stellt eine Kostenfunktion her, die nicht für alle Fälle gültig sein muss, sondern nur für ähnliche.

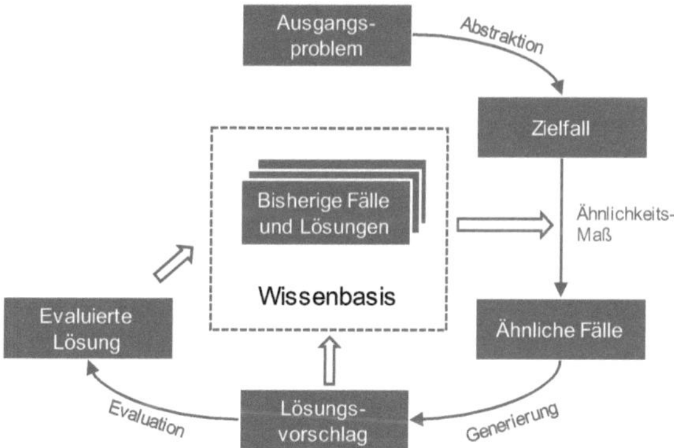

Bild 2.7: Vorgehensweise des fallbasierten Schließens
Approach for Case Based Reasoning

Bei diesen analogiebasierten Methoden kann auch von einer Art Mittelweg zwischen analytischen und statistischen Methoden gesprochen werden. Auf Basis von historischen Daten werden Kosten aus bisherigen Fällen abgeleitet und nicht analytisch berechnet. Die analogiebasierten Methoden unterscheiden sich von den statistischen Methoden insoweit, als dass die Vergleichsmerkmale festgelegt sind und diese Festlegungen und entsprechende Bewertungen durch Menschen vorgenommen werden müssen. Eine automatisierte Anwendung auf verschiedene Prozesse wird dadurch maßgeblich erschwert.

2.3.3 Methoden zur Schätzung von Produktionszeiten

Methods for the estimation of production times

Zur Schätzung der Zeiten werden auch statistische Methoden angewendet. Sie basieren ganz oder teilweise auf historischen Daten zu Produkten, deren Merkmalen und bisherigen Zeiten bzw. Kosten. Unterschieden werden kann in Regressionsmethoden der Statistik, analytisch-parametrische Methoden und Methoden des maschinellen Lernens. Als Größen zum Vergleich von verschiedenen Schätzungsmethoden existieren einige statistische Kenngrößen, bspw. der sog. Mean Absolute Percentage Error (MAPE). Eine Übersicht dieser Größen und der Berechnungsmethoden findet sich im Anhang „Statistische Größen zur Bewertung von Schätzungsmethoden".

Regressionsanalyse

Die Anwendung von Verfahren der Regression aus dem Bereich der Statistik wird unter dem Begriff der Regressionsanalyse zusammengefasst. Eine Zielvariable y wird in Abhängigkeit der Kovariablen, der sog. Regressoren $x_i \ldots x_k$, beschrieben [FAHR09]. Um den Zusammenhang beschreiben zu können, stehen Observationen der Zielvariablen, mit den zugehörigen Werten der Regressoren (y_i, $x_{i1},\ldots,x_{ik}$ i=1..n), aus Experimenten oder Datensätzen zur Verfügung. Praktisch steht häufig nur eine begrenzte Anzahl an Observationen zur Verfügung. Die Anzahl an Observationen muss allerdings signifikant höher sein als die Anzahl der verwendeten Parameter. Die Verwendung von höheren Ordnungen sorgt zudem häufig für Instabilitäten des Schätzmodells, insbesondere am Rand des betrachteten Wertebereichs der Regressoren [FAHR09]. Eine detaillierte Beschreibung der linearen Regression findet sich im Anhang „Lineare Regression".

Hinsichtlich der Schätzung von Produktkosten handelt es sich bei den Produktmerkmalen um die möglichen Regressoren und bei den Kosten um die Zielvariable. In der Literatur zur Produktkostenschätzung wird die Regressionsanalyse häufig als Vergleichswert zur Bewertung der Genauigkeit von Vorhersagen durch Methoden des maschinellen Lernens herangezogen. Die Regressionsanalyse erzielt dabei meist keine besseren Ergebnisse als andere Methoden.

[DENG11] vergleicht hinsichtlich der Vorhersagegenauigkeit für die Kosten von Flugzeugrumpfbauteilen Least-Squares-Support-Vector-Machines (LS-SVM), Künstliche Neuronale Netze (KNN) und zwei Regressionsansätze. Im genannten Sinne erreichen LS-SVM und KNN eine höhere Genauigkeit als die Regressionsansätze. [DURA12] vergleicht die lineare Regression mit KNN zur Kostenschätzung von Rohrelementen, bei denen KNN ebenfalls bessere Resultate erzielen. Ähnliche Ergebnisse finden sich auch in [SMIT97] und [VERL08], bei denen KNN jeweils eine höhere Vorhersagegüte erreichen als Regressionsmodelle.

Problematisch bei der Anwendung der Regressionsanalyse ist die meist explorative Vorgehensweise, d. h. die Modelle werden durch einen Menschen schrittweise angepasst und erweitert [FAHR09]. Durch eine fehlende Methodik zur Auswahl der Regressoren, der zu berücksichtigenden Ordnung sowie möglicher Interaktionsterme ist die automatisierte Anwendbarkeit meist nur bei Annahme von simplen Modellen mit linearen Regressoren möglich [SMIT97].

Analytisch-parametrische Methoden

Die analytisch-parametrischen Methoden kombinieren analytische mit statistischen Methoden ähnlich der Regressionsanalyse. Die Methoden eignen sich vor allem dann, wenn wesentliche Kostenfaktoren einfach identifizierbar sind, ihr genauer Einfluss aber quantifiziert werden muss [NIAZ06]. Hinsichtlich der Produktkosten werden in [CAVA04] die Kosten für Bremsscheiben geschätzt. Gl. 2.1 beschreibt dabei die Kosten C in analytischer Form in Abhängigkeit der Kostenfaktoren N_{Co} (Anzahl der Kerne) und W (Gewicht) sowie weiterer Parameter FC, C_{Co}, C_{rm}, SC und TF.

$$C=FC+\left(C_{Co}N_{Co}+\frac{C_{rm}TF}{1\text{-}SC}\right)W \tag{2.1}$$

Auf Basis historischer Daten, bei denen die Kosten sowie N_{Co} und W bekannt sind, werden dann die den MAPE minimierenden Werte der Parameter für Gl. 2.1 ermittelt (s. Anhang „Statistische Größen zur Bewertung von Schätzungsmethoden"). Mithilfe der Gleichung und den Werten der Parameter können anschließend die Produktkosten für weitere Bremsscheiben vorhergesagt werden. Für die Testfälle konnte durch die parametrische Methode ein MAPE von 6 % erreicht werden. Der Einsatz von KNN führte zu noch besseren Vorhersage-Ergebnissen [CAVA04].

[QIAN08] nutzt ebenfalls parametrische Methoden zur Bestimmung des Einflusses von Kostenfaktoren – z. B. Bearbeitungszeiten oder die Anzahl von Rüstvorgängen – auf die Gesamtkosten für Drehteile im Kontext des ABC (gemäß der Definition des ABC in Kap. 2.3.2). Zudem wird ein parametrischer Ansatz zur Schätzung der Bearbeitungszeit eines Bauteils anhand seiner Geometrie verfolgt. Dies erfordert zunächst die Formulierung von Abhängigkeiten zwischen den Zeiten zur Realisierung verschiedener Geometrien (vgl. Bild 2.8) und den geometrischen Größen (D, d, L, l) mit einzelnen Gleichungen und Parametern. Die Ermittlung der Parameter erfolgt mithilfe von realen Bearbeitungszeiten unter Nutzung statistischer Verfahren. Die Schätzung der Bearbeitungszeiten resultiert in einem MAPE von 17 % und die der Kosten in einem MAPE von 11,7 %.

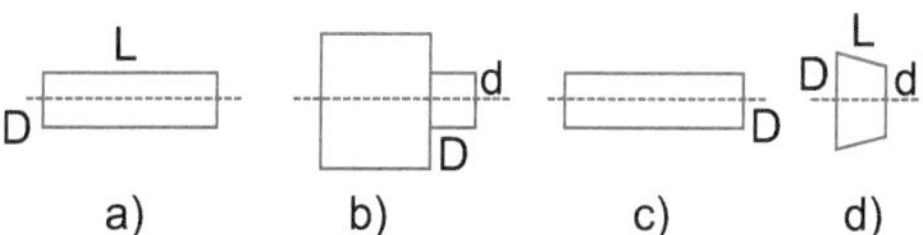

Bild 2.8: Anwendung analytisch-parametrischer Methoden (nach [QIAN08])
Application of analytical-parametric methods (see [QIAN08])

Die parametrischen Methoden sind, als Erweiterung der analytischen Methoden durch die Nutzung historischer Daten, eine realitätsnähere Methode zur Schätzung von Kosten oder Bearbeitungszeiten. Sie setzen jedoch voraus, dass ein Experte die wesentlichen Kostentreiber identifiziert und eine analytisch-parametrische Form für die Kostenfunktion aufstellt.

Methoden des maschinellen Lernens

In der Literatur zur Schätzung von Produktkosten oder Produktionszeiten sind KNN (gemäß der Definition von KNN aus Kap. 2.3.2) die am häufigsten eingesetzte Methode aus dem Bereich des maschinellen Lernens. Als universelle Methode zur nichtlinearen Funktionsapproximation bzw. Regression konnte die Einsetzbarkeit von KNN bereits in verschiedenen Szenarien zur Kosten- und Zeitenschätzung gezeigt werden [NIAZ06]. Hinsichtlich der Beschreibung der Funktionsweise von KNN sei auf die diversen Quellen verwiesen (vgl. bspw. [WUBO92]). An dieser Stelle wird nur der KNN-Modellierungsprozess aufgezeigt, wie er bspw. in [FLOR13] Anwendung findet (vgl. Bild 2.9).

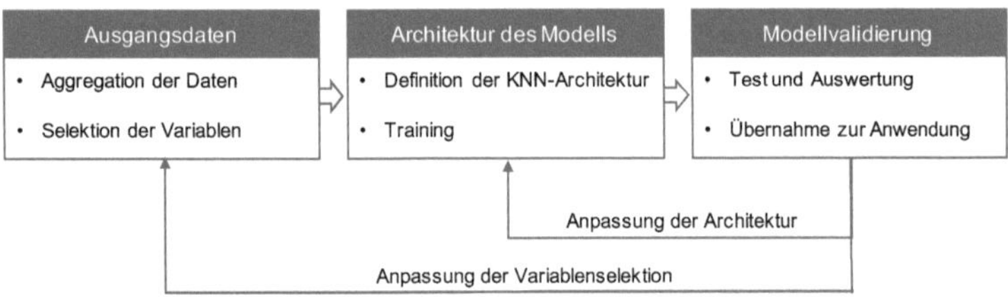

Bild 2.9: Modellierungsprozess für KNN (nach [FLOR13])
Modelling process for ANN (see [FLOR13])

Von [BODE00, CAVA04, DURA09, SMIT97, UYSA99] werden KNN zur Schätzung von Produktkosten eingesetzt und mit Regressionsanalyse-Methoden verglichen. In der jüngeren Literatur werden neben den KNN weitere Methoden aus dem Bereich des maschinellen Lernens angewendet und die Ergebnisse mit denen von KNN verglichen. Tabelle 2.1 zeigt als Beispiel hierzu in der Spalte „Zielvariable" die zu schätzende Größe und unter „Methode" den angewendeten Ansatz oder Algorithmus aus dem maschinellen Lernen. Zusätzlich sind unter „Feature-Auswahl" die Methoden zur Auswahl der relevanten Regressoren angegeben und unter „Algorithmen-Parameter" die Vorgehensweise, um Einstellgrößen für die Algorithmen (z. B. die Anzahl der Schichten bei KNN) zu wählen. In der Spalte „Ergebnisse" wird schließlich die zentrale Aussage über die Effektivität der verwendeten Methoden aufgezeigt. Dabei beschreibt die Relation „A > B" die Aussage, dass Methode A bessere Ergebnisse als Methode B liefert.

Hinsichtlich der „Feature-Auswahl" gilt es vor allem dann entsprechende Methoden einzusetzen, wenn eine größere Anzahl an möglichen Regressoren zur Verfügung steht, diese aber teilweise keine vorhersagerelevanten Informationen beinhalten. Für die Methoden PCA und „Korrelations-Koeffizient" wird bei der Auswahl eine lineare Korrelation der Regressoren mit der Zielvariable angenommen. Anschließend werden allerdings auch nichtlineare Methoden wie KNN eingesetzt, was der Regressoren-Auswahl nach linearen Gesichtspunkten entgegensteht. Lediglich [DENG11] zeigt als positives Gegenbeispiel einen Grid-Search-Algorithmus zur Auswahl der relevanten Regressoren.

In der Spalte „Algorithmen-Parameter" wird ein wesentliches Defizit der KNN deutlich: Aufgrund fehlender allgemeingültiger, automatisiert einsetzbarer Richtlinien für die Parameterbestimmung der KNN werden die Parameter vornehmlich durch Ausprobieren (engl. „Trial and Error") bestimmt. In der Praxis manifestiert sich dies als Erstellung verschiedener neuronaler Netze mit diversen Kombinationen der Parameter. Letztendlich wird das Netz mit den besten Kennwerten ausgewählt. Seltener wird die ein wenig systematischere Methode der sog. Kreuzvalidierung angewandt, die eine Unterteilung der Daten in ein Trainings-, Validierungs- und Test-Set vorsieht.

Tabelle 2.1 zeigt zusammengefasst, dass mit den Methoden des maschinellen Lernens gute Vorhersagegenauigkeiten realisiert werden können. Der MAPE liegt je nach Anwendung und Methode in einem Bereich von 5 % bis 15 %. Als neuartige KNN-Methoden erzielen [DENG11] mit LS-SVM und [RODR13] mit Reduced Multivariate Polynomial Models (RMP) jeweils gute Ergebnisse. Es ist anzumerken, dass kein für alle Anwendungen gleich geeigneter Algorithmus existiert. Der Erfolg einzelner Ansätze hängt bspw. von den zu modellierenden Zusammenhängen sowie der Qualität und dem Umfang der zugrundeliegenden Daten ab. Häufig ist zudem die Erfahrung des Anwenders im Umgang mit den Methoden erfolgsrelevant [BISH06].

Tabelle 2.1: Ergebnisse der Methoden des maschinellen Lernens
Results of the application of machine learning

Quelle	Zielvariable	Methoden	Feature-Auswahl	Algorithmen-Parameter	*Ergebnisse*
[DENG11]	Kosten Flugzeug-Rumpf	LS-SVM BP-KNN	Grid Search Grid Search	Grid-Search Trial-Error	*LS-SVM > KNN*
[DURA12]	Kosten Rohrelemente	MLP-KNN RBF-KNN	Korr.-Koeff. Korr.-Koeff.	Trial-Error Trial-Error	*MLP > RBF*
[FLOR13]	Herstellungszeit Werkzeugbau	KNN	-	Trial-Error	*MAPE = 13,3 %*
[HART12]	Kosten U-Boote	Kriging PLS	PCA PLS	Trial-Error -	*Kriging > PLS*
[KIMG13]	Kosten Gebäude	KNN SVM	- -	Kreuzval. Nicht angeg.	*KNN > SVM*
[KUTS08]	Maschinenzeiten Zahnräder	KNN	-	Kreuzval.	*SDR = 0,21..6,74*
[LINZ12]	Kosten Werkzeugmaschine	KNN	PCA	Nicht angeg.	*MAPE ~5 %*
[RODR13]	Kosten Rohrelemente	RMP MLP-KNN	Korr.-Koeff. Korr.-Koeff.	Min. Komplex. Min. Komplex.	*RMP > KNN*
[VERL08]	Kosten Blechbearbeitung	KNN SVM	- -	Trial-Error Nicht angeg.	*KNN = SVM*

Verschiedene Methoden aus dem Bereich des maschinellen Lernens wurden in der Literatur neben der Kosten- und Zeitenschätzung auf andere Fragestellungen in der Produktionsplanung angewandt. [WAUT12] nutzen Methoden wie KNN, Model Trees und k-nearest-neighbours, um unter Verwendung von historischen Daten Maschinen nach ihrer Bearbeitungszeit für Aufträge zu klassifizieren. In [JABE07] wird die Anwendung von genetischen Algorithmen zur Fabrikplanung aufgezeigt. [PFIN07] beschreibt den Einsatz von Algorithmen des maschinellen Lernens für die Kopplung von Produkt- und Prozessgestaltung bei der Massenproduktion. Mittels Daten-Analyse und Einsatz von Gauß-Prozessen bei der Modellierung soll der Entwurf eines Produkts schon in der Entwicklungsphase gegenüber erwarteten Prozessschwankungen abgesichert werden. [WUBO92] und [SUKT05] geben einen Überblick, in welchen Bereichen KNN zur Modellierung von Produktionsprozessen eingesetzt wurden. [MONO03] gibt einen generellen Überblick über die Anwendung von künstlicher Intelligenz und Methoden des maschinellen Lernens im Umfeld der Produktion.

2.3.4 Beschreibung von Unsicherheiten

Characterization of uncertainties

Zur Beschreibung von Unsicherheiten existieren verschiedene Notationen, deren jeweilige Eignung sich nach der vorliegenden Unsicherheit, der Datenbasis und der anzuwendenden Optimierungsmethode richtet. Der Überblick an dieser Stelle wird durch den Anhang „Beschreibung von Unsicherheiten“ ergänzt.

Im einfachsten Fall kann die Unsicherheit über den Wert einer Größe ϕ durch eine untere und eine obere Grenze beschrieben werden, innerhalb derer ϕ liegen kann. Die Wahl einer derartigen Form erfolgt meist dann, wenn die Wahrscheinlichkeitsdichte der Größe ϕ nicht bekannt ist.

Sofern eine geeignete Stichprobe zu der Verteilung einer Größe vorliegt, können daraus allgemeingültige, deskriptive Parameter bestimmt werden. Hierzu gehören der Mittelwert, der Median, die Varianz und die Standardabweichung [DORM13].

Bei Annahme eines zufälligen Prozesses können zur Beschreibung von Unsicherheiten die Methoden der Wahrscheinlichkeitstheorie verwendet werden. Diese eignen sich vor allem dann, wenn eine große Anzahl an Beobachtungen für eine bestimmte Größe vorliegt. Für eine vorliegende Stichprobe existieren grundsätzlich verschiedene Möglichkeiten, um die zugrundeliegende Verteilungsdichtefunktion zu bestimmen.

Oftmals sind jedoch nicht die Verteilungsdichtefunktionen an sich interessant, sondern in welchem Bereich der Wert einer Verteilung mit einer bestimmten Wahrscheinlichkeit liegt. In diesem Fall besteht die Möglichkeit, die Verteilung durch Quantile zu beschreiben. Entsprechend Gl. 2.2 gibt das Quantil Q_p bei der Existenz einer Wahrscheinlichkeitsdichtefunktion den Anteil p der Werte an, der kleiner ist als Q_p. Einen Sonderfall stellt dabei der Median dar. Dieser entspricht dem $Q_{0,5}$-Quantil.

$$F(Q_p) = \int_{-\infty}^{Q_p} f(x)dx = p, \quad p \in (0,1) \tag{2.2}$$

Die Quantile können beliebig feingranular angegeben werden. Sie entsprechen einer Abtastung der Verteilungsdichtefunktion. Die Quantile erlauben eine Interpretation ohne die Betrachtung der eigentlichen Verteilungsdichtefunktion und somit auch die einfache Kombination mehrerer Verteilungsfunktionen. Zudem kann aus der Differenz von zwei Quantilen, bspw. der des $Q_{0,75}$- und des $Q_{0,25}$-Quantils, der Wertebereich bestimmt werden, in dem der Wert einer Verteilung mit einer vorgegebenen Wahrscheinlichkeit – in diesem Fall 50 % – liegt.

Eine weitere Möglichkeit zur Beschreibung von Unsicherheiten wurde in der sog. Fuzzy-Logik durch die Definition der unscharfen Mengen (engl. fuzzy sets) von [ZADE65] dargelegt. Die unscharfen Mengen stehen im Kontrast zur klassischen Mengenlehre, bei der ein Element entweder Teil oder nicht Teil einer Menge ist. Die unscharfen Mengen hingegen erlauben eine teilweise Zugehörigkeit zu einer Menge [LIZU08]. Aufbauend auf der Theorie der unscharfen Mengen können Wertebereiche von unsicheren Parametern bzw. Toleranzbereiche für Zielgrößen angegeben werden.

2.4 Methoden zur Planung und Optimierung unter Unsicherheit

Methods for planning and optimization under uncertainty

Zur Berücksichtigung von Unsicherheiten der Eingangsgrößen in der Ablaufplanung finden sich in [LIZU08] und [VERD10] breite Übersichten der in der Literatur verwendeten Methoden. Im Folgenden wird die Funktionsweise der Methoden kurz zusammengefasst. Zur Verknüpfung der Unsicherheitsbeschreibung mit den Planungsmethoden zeigt Tabelle 2.2 eine Übersicht, welche Beschreibungsform für die jeweiligen Methoden als Eingangsgröße verwendet werden kann.

Tabelle 2.2: Anwendbarkeit von Unsicherheitsbeschreibungen

Applicability of different description methods for uncertainty

Methode	Verteil.-Fkt.	O./U. Grenze	Fuzzy-Mengen
Reaktive Planung	-	-	-
Stochastische Optimierung	x	-	-
Parametrische Optimierung	x	-	-
Robuste Optimierung	x	x	-
Fuzzy-Methoden	-	x	x

Reaktive Planung

Bei der reaktiven Planung handelt es sich um eine deterministische Vorgehensweise ohne Berücksichtigung der Unsicherheiten. Stattdessen erfolgt eine Planänderung, sobald eine Abweichung vom ursprünglichen Plan erkannt wird [LIZU08]. Als Argument für diese Vorgehensweise wird angeführt, dass die stochastische Modellierung oder robuste Planung Optimierungspotenziale nicht effizient nutzen können [RITT12].

Stochastische Optimierung

Die Methoden der stochastischen Optimierung wurden mit dem Ziel entwickelt, Entscheidungen bei unsicheren Eingangsgrößen treffen zu können. Dabei wird angenommen, dass die Eingangsgrößen Zufallsvariablen sind. Die realisierten Werte der Eingangsgrößen sind daher zwar zufällig, können jedoch durch bekannte Wahrscheinlichkeitsverteilungen beschrieben werden. Auf dieser Basis wird das deterministische Optimierungsproblem in ein stochastisches Modell umformuliert. Die Optimierung der Entscheidungsvariablen erfolgt anschließend hinsichtlich des Erwartungswertes einer definierten Zielfunktion [LIZU08]. Das bedeutet u. a., dass die Verteilung der Zufallsvariablen und nicht der Erwartungswert in die Optimierung eingeht.

Da die Methoden der stochastischen Optimierung häufig sehr rechenintensiv sind, wurden in der Vergangenheit bspw. Verfahren zur Verwendung von probabilistischen Nebenbedingungen (engl. chance constraint programming) entwickelt. In diesen Verfahren erfolgt eine Zuordnung von Wahrscheinlichkeiten zu den Nebenbedingungen des Optimierungsproblems. Dies ermöglicht teilweise, das stochastische Problem in ein weniger rechenintensives, deterministisches Problem umzuwandeln [LIZU08].

Parametrische Optimierung

Innerhalb der sog. „parametrischen Optimierung" erfolgt die Optimierung auf Basis von parametrischen Modellen. Dem klassischen Optimierungsproblem

$$\min_{(x)} f(x) \tag{2.3}$$

werden hierbei weitere Parameter θ hinzugefügt. Diese können in einem definierten Bereich M variieren:

$$\min_{(x)} f(x,\theta), \quad \theta \in M \subset \mathbb{R}_n \tag{2.4}$$

Ziel der parametrischen Optimierung ist es, optimale Lösungsräume für x in Abhängigkeit der Parameter θ zu finden [ZLOB00]. Am Beispiel der Ablaufplanung kann x als die Möglichkeiten einer Bearbeitungsfolge und θ als die (mit Unsicherheiten behafteten) Bearbeitungszeiten gewählt werden. Nachteilig ist die Anwendung der parametrischen Optimierung dadurch, dass zur Bestimmung der optimalen Wahl der Entscheidungsvariablen x den Parametern θ ein expliziter Wert zugewiesen werden muss. Dieser Wert ist jedoch tendenziell vorab nicht bekannt, bspw. wenn der Prozess Unsicherheiten beinhaltet. Auf Basis einer Art Szenariotechnik stellt die parametrische Optimierung jedoch eine Vorgehensweise bereit, mit der sich mehere Ablaufpläne für verschiedene Werte der mit Unsicherheit behafteten Parameter generieren lassen. Anschließend können mithilfe einer Sensitivitätsanalyse die Lösungen hinsichtlich einer Schwankung in θ untersucht werden [ZLOB00]. Für die Ablaufplanung kann dies besonders zur Identifikation kritischer Eingangsgrößen oder von Engpässen im Prozess genutzt werden. Da es sich um ein kombinatorisches Problem handelt, wird der Einsatz bei diskreten Ablaufplänen jedoch erschwert [LIZU08].

Robuste Optimierung

Das Ziel der robusten Optimierung ist die Generierung von Lösungen, die für eine große Schwankungsbreite von Eingangsgrößen gültig und hinsichtlich einer Zielfunktion optimal sind. Während [SOYS73] erste Grundlagen zur robusten Optimierung legte, wurde die robuste Optimierung in den letzten Jahren verstärkt auch auf Problemstellungen zur Ablaufplanung unter Unsicherheit angewandt [LIZU08]. [SCHO01] beschreibt dabei die formellen Grundlagen der robusten Optimierung und Planung. Unter der Weiterentwicklung der grundsätzlichen Methoden haben [LINX04] und [JANA07] einen Methodenbaukasten erstellt, der die robuste Planung der Produktion bei Unsicherheiten in Verarbeitungszeiten, Nachfrage und Rohstoffpreisen sowie weiteren Eingangsgrößen ermöglicht.

Die Beschreibung der Unsicherheiten kann auf verschiedene Arten erfolgen, bspw. sowohl durch eine obere und untere Grenze als auch durch Verteilungsfunktionen. Verschiedene Ansätze hierzu zeigt [VERD09] in einem realen Anwendungsszenario. In [GEBH09] werden robuste Optimierungsmethoden auf die hierarchische Planung im Supply Chain Management angewandt.

Grundsätzlich basieren die Methoden auf der Verwendung von drei Größen zur Beschreibung der Unsicherheit: ϕ, δ und κ. Die Höhe der Unsicherheit (engl. uncertainty level) ϕ beschreibt, wie groß die Unsicherheit eines Werts ist, analog bspw. zu der Beschreibung durch eine obere/untere Grenze. Die Unrealisierbarkeits-Toleranz (engl. infeasibility tolerance) δ spezifiziert, wie weit die aufgestellten Grenzen ggf. verletzt werden dürfen. Darauf aufbauend kann mit der Höhe der Zuverlässigkeit (engl. reliability level) κ angegeben werden, mit welcher Wahrscheinlichkeit eine Verletzung der Grenzen um δ akzeptiert wird. Eine Optimierung mit κ=0 % und δ=0 % entspricht somit einer Evaluierung des Worst-Case-Szenarios. Der dabei resultierende Plan darf keinerlei Abweichungen zeigen, auch wenn die Eingangsgrößen um bis zu ϕ schwanken [LINX04].

Durch die Nutzung von ϕ, δ und κ lässt sich die wahrscheinlichkeitstheoretische Beschreibung der möglichen Schwankungsbreiten in deterministische Nebenbedingungen umformulieren. Als Resultat kann das robuste Optimierungsproblem auf ein deterministisches Optimierungsproblem mit zusätzlichen Nebenbedingungen zurückgeführt werden. Die Lösung dieses Optimierungsproblems kann anschließend mit gängigen numerischen Verfahren erfolgen, was einen Vorteil bei der Verwendung von robusten Optimierungsmethoden darstellt.

Ein weiterer Vorteil liegt darin, dass eine Trennung der Beschreibung der Unsicherheit ϕ von der Beschreibung der Risikobereitschaft durch die Parameter δ und κ erfolgt. Dies verhindert eine Unterschätzung der Unsicherheit mit dem Ziel einer besseren Lösung.

Fuzzy-Methoden

Der Einsatz von Fuzzy-Methoden kann als eine Abwandlung der Wahrscheinlichkeitstheorie (engl. probability theory) hin zu einer „Möglichkeitstheorie“ (engl. possibility theory) gesehen werden und soll den Umgang mit unbekannten Unsicherheiten ermöglichen. Fuzzy-Methoden eignen sich vor allem dann, wenn nur wenige Daten über die Verteilung von unsicheren Parametern bekannt sind. Im Bereich des Scheduling unterscheidet [DUBO03] zwei Formen zur Modellierung von Unsicherheiten im Zusammenhang mit Fuzzy-Methoden:

- Flexible Bedingungen, z. B. ein Fertigstellungsdatum
- Ungenaue Informationen, z. B. die Bearbeitungszeit

In [SAKA00] findet sich eine ausführliche Beschreibung zur Anwendung von Fuzzy-Methoden für die Produktionsplanung. Die Grundlage bildet dabei ein „Agreement Index“ (vgl. Bild 2.10) als Überdeckung zweier Fuzzy-Zugehörigkeits-Funktionen (engl. Fuzzy Membership Functions). Das Ziel dieser Vorgehensweise ist die Optimierung des Agreement Index zwischen gesamter Bearbeitungszeit und Fertigstellungsdatum über alle Aufträge hinweg.

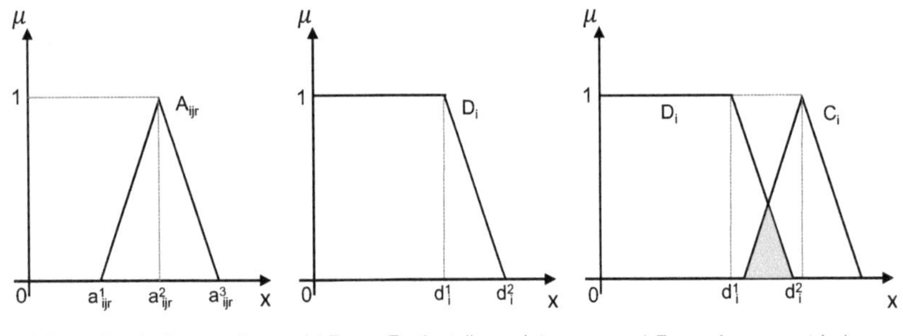

Bild 2.10: Entwicklung des Fuzzy-Agreement-Index (nach [SAKA00])

Development of the Fuzzy Agreement Index (see [SAKA00])

3 Zielsetzung, Aufgabenstellung und Vorgehensweise

Objective, task and approach

3.1 Zielsetzung und Aufgabenstellung

Scientific objectives and resulting task

Die starre Struktur von aktuellen MES steht im Widerspruch zu den Anforderungen in der Einzel- und Kleinserienfertigung. Geringe Stückzahlen erfordern dabei Systeme, die das einzelne Produkte in den Vordergrund stellen und zugleich den dynamischen Fertigungskontext berücksichtigen.

Hinsichtlich der Produktorientierung zeigt der Stand der Technik bereits einige Defizite bestehender MES und Ansatzpunkte zur Entwicklung auf. In Bezug auf die Systemarchitektur lässt sich ableiten, dass eine zentrale Systemstruktur für produktorientierte MES nicht zielführend ist. Dies begründet sich zum einen in der Tatsache, dass ein solches System die Informationen vieler verschiedener Systeme miteinander vereinen müsste, um eine adäquate Produktionsplanung und -steuerung durchzuführen. Zum anderen kann die mehrdimensionale Optimierung nur durch erheblichen Rechenaufwand geleistet werden. Letzteres schließt jedoch ebenso die Nutzung einer rein dezentralen Struktur aus, da hierbei kein globales Optimum in der Lösungsfindung garantiert werden kann. Als Zielsetzung muss somit ein System angenommen werden, das die Vorteile der beiden Ansätze miteinander vereint. Die konstituierenden Merkmale eines solchen Systems bilden die technischen Systeme mit Bezug zur Produktionsplanung, d. h. die fertigungsrelevanten IT-Systeme. Im Gesamtsystem müssen die unterschiedlichen Aufgaben je nach Sinnhaftigkeit der Durchführung aufgeteilt werden. Während die Durchführung der prozessnahen Planungsaufgaben, wie die Zeitenschätzung und bspw. die Optimierung der Ressourcennutzung, eher in dezentralen Einheiten zu gruppieren ist, muss die Optimierung der gesamten Produktion bzgl. der Termintreue in einer übergeordneten Einheit erfolgen.

Einerseits verdeutlicht die Analyse der bisherigen Ansätze zur produktorientierten Steuerung den klaren Fokus auf die Logistik und die RFID-Technologie als Informationsmedium. Andererseits weist der Stand der Technik wesentlich mehr direkt oder indirekt verfügbare Informationen auf, die für eine produktorientierte Steuerung auf Ebene des MES verwendet werden können. Hierzu müssen allerdings zunächst die Systeme auf der Ebene des betrieblichen Hallenbodens dazu befähigt werden, die Informationen des MES in erweitertem Maße zu interpretieren und die intern verfügbaren Informationen für das MES aufzubereiten.

Die Anforderungen an die Befähigung der Maschinen hinsichtlich der Produktinformationen gliedern sich folglich in drei Kategorien:

1. Eingabe: Für individualisierte Produktionsprozesse müssen Informationen aufgenommen werden. Hierbei handelt es sich um Informationen, die im Prozess benö-

tigt werden. Während dies in der Vergangenheit meist über spezielle Prozessparameter oder die Auswahl von Programmen realisiert wurde, gilt es zukünftig weitergehende Informationen wie CAD-Daten zur Verfügung zu stellen, sodass eine höhere Flexibilität im Produktionsprozess erreicht werden kann.

2. Prozess: Als Prozess sind alle Abläufe innerhalb eines Systems zu verstehen, die direkt oder indirekt mit dem Produkt in Zusammenhang stehen. Dabei gilt es, Verknüpfungen zwischen den realen Prozesssignalen und deren Zusammenhang zum Produkt zu schaffen. Die gezeigte technische Breite an direkt und indirekt verfügbaren Informationen muss sinnvoll mit den Produktinformationen verbunden werden.
3. Ausgabe: Die gewonnenen Informationen über das Produkt müssen so aufbereitet werden, dass sie dem Fertigungsmanagementsystem und den nachfolgenden Prozessen zur Verfügung gestellt werden können. Es handelt sich im Gegensatz zur Eingabe sowohl um Signale zum Produktstatus, bspw. Lokalisation, als auch um Informationen zum realen Zustand, bspw. Geometrie, des Produkts.

In dem skizzierten System könnte die grundsätzliche Planung der Fertigungsfolgen und die Bestimmung der einzelnen Produktionszeiten von einem zentralen System durchgeführt bzw. koordiniert werden. Hierbei handelt es sich allerdings wiederum um Aufgaben, die mit hohem Aufwand verbunden sind und die insbesondere im Fehlerfall zu einer hohen Systemlast führen können. Als bisher nicht betrachtetes Element, das in diesem Zusammenhang eine übergreifende Funktion einnimmt, kann das Produkt gesehen werden. Es kann sich bei entsprechender Gestaltung ebenso wie ein zentrales System für die genannten Aufgaben eignen. Eine virtuelle Repräsentation des Produkts kann so aufgebaut sein, dass es mit verschiedenen dezentralen Systemen interagiert und dem zentralen System entsprechende Rückmeldungen gibt – somit wäre die Möglichkeit zur Rückmeldung über die Auftragserfüllung gegeben. Hierbei bietet sich aus der Literatur die Wahl zwischen heterarchischen und semi-heterarchischen Systemen an, bei denen vom Produkt initial eine explorierende Funktion und, bspw. im Fehlerfall, auch eine problemlösende Rolle eingenommen werden kann.

Produktorientiertes Informations- und Kommunikationsmodell

Die zentralen Aspekte des Fertigungsmanagementsystems stellen das Informations- und das Kommunikationsmodell dar. Zur Bestimmung der Anforderungen gilt es, sowohl die Aktivitäten des Systems als auch den Aufbau des Informationsmodells entsprechend zu charakterisieren.

Die Aktivitäten müssen hinsichtlich der verschiedenen Kriterien untersucht werden. Insbesondere gilt es festzustellen, inwieweit die verschiedenen Aktivitäten für die verschiedenen Aspekte (Planung, Rückverfolgung etc.) des zu entwickelnden Systems benötigt werden bzw. welche Rolle die Aspekte in Hinsicht auf die Ausdetaillierung der Aktivitäten spielen. Insbesondere müssen die klassischen Aktivitäten eines Fertigungsmanagementsystems vor dem Aspekt der Produktorientierung untersucht und ggf. neu interpretiert werden.

Das Informationsmodell muss gewährleisten, dass jede am PPS-Prozess beteiligte Einheit Informationen in dieses einspeisen und aus diesem extrahieren kann. Dies stellt sowohl Anforderungen an die Struktur bspw. hinsichtlich der Hierarchieebene als auch an die Notwendigkeiten zur Modellierung von komplexen Informationen. Die Darstellung der Informationen muss dabei einerseits hinsichtlich der aktivitätenübergreifenden Repräsentation so generisch sein, dass sie von mehreren verschiedenen Systemen interpretiert werden kann. Andererseits müssen die Repräsentationen so erweitert werden können, dass die spezifischen Informationen für einzelne Systeme verlustfrei dargestellt werden.

Eine zentrale Herausforderung stellt zudem die Verknüpfung von realer und virtueller Welt dar. Die in der realen Welt entstehenden Informationen innerhalb von Sensoren und Aktoren müssen in ein entsprechendes Informationsmodell der virtuellen Welt übersetzt werden. Die Erfassung und Zuordnung der Signale innerhalb einzelner Einheiten ist der erste Schritt. Anschließend gilt es, die Signale in einen entsprechenden Kontext zur Interpretation der Produktionsplanung und -steuerung zu bringen. Die reinen Signale müssen hierzu um eine semantische Komponente mit Bezug zum Fertigungsmanagementsystem angereichert werden.

Zur Berücksichtigung der Anforderungen in der Einzel- und Kleinserienfertigung zeigt der Stand der Technik die Vorteile einer erhöhten Produktorientierung auf. Die Produktorientierung hat dabei sowohl Auswirkungen auf das Informationsmodell des Fertigungsmanagementsystems als auch auf die Beschreibung der Informationen, die aus der Anlagentechnik gewonnen werden.

Die leitende Forschungsfrage bzgl. des Informationsmodells lautet:

Wie können der betriebliche Hallenboden und ein MES im Sinne einer Produktorientierung miteinander vernetzt werden?

System zur Produktionszeitenbestimmung unter Abschätzung der Unsicherheit

Die zusätzlichen Informationen über die Anlagentechnik und die Produkte können genutzt werden, um die im Produktionssystem vorhandenen Unsicherheiten zu bestimmen.

Hierzu gilt es, die vorab bekannten Informationen zu Produktionszeiten – wie bspw. die aus einer Simulation oder Berechnung ermittelten Werte für die Produktionszeit – mit den realen Zeiten zu vergleichen und die Abweichungen zu bestimmen. Ziel ist dabei die Bestimmung von wahrscheinlichkeitsbasierten Funktionen, mit deren Hilfe die Produktionsplanung eine Optimierung der Produktion durchführen kann. Beispielhaft könnte es sich bei der wahrscheinlichkeitsbasierten Funktion um einen Erwartungswert und eine obere/untere Grenze für die Produktionszeit handeln. Bei der Optimierung hinsichtlich der Termintreue würde die Einplanung anschließend bspw. auf Basis der oberen Grenze erfolgen.

Um das System auch auf bestehende Produktionsumgebungen und vergangene Produktionsdaten anwenden zu können, gilt es, einen datengetriebenen Ansatz zu entwickeln. Die bestehenden Daten müssen ggf. aufbereitet, gefiltert und in eine interpretierbare Form gebracht werden. Zur Realisierung eines derartigen Systems müssen zunächst eine Systematik zur Vorgehensweise entwickelt und anschließend die einzelnen Stufen aufgebaut werden. Prägendes Paradigma dieser Entwicklungen ist dabei initial die Anwendbarkeit für Vergangenheitsdaten und zukünftige Produktionsdaten in Erweiterung des Informationsmodells. Zudem muss die Interpretierbarkeit sowohl hinsichtlich der Maschinen als auch in Bezug auf die Produkte ermöglicht werden, damit auch die produktorientierten Ansätze berücksichtigt werden können. Zuletzt müssen die Elemente der Produktionszeitenschätzung vor dem Hintergrund der Verknüpfung der berechneten Produktionszeiten aus der Produktentwicklung mit den realen Daten aus der Produktion entwickelt werden.

Als Forschungsfrage ergibt sich für diese Entwicklungen:

Wie können zukünftige Bearbeitungszeiten aus Produktions- und Arbeitsvorbereitungsdaten abgeschätzt werden?

System zur Produktionsplanung und -optimierung unter Unsicherheit

Die größte Herausforderung hinsichtlich der Planungs- und Optimierungskomponente des Fertigungsmanagementsystems ist die Berücksichtigung der innerhalb der Produktionszeitenschätzung ermittelten Unsicherheiten. Hierzu müssen die Einflüsse der Unsicherheiten auf die jeweiligen Ziele ermittelt werden. Die ermittelten Einflüsse können anschließend in entsprechende Stellhebel für die Produktionsplanung und -optimierung übersetzt werden. Auf dieser Basis können bspw. mithilfe von Szenario-Techniken Planungsmechanismen entwickelt werden, die dann auf Basis eines gewichteten Zielsystems agieren können.

Hinsichtlich der Planung und Optimierung lautet die Forschungsfrage:

Wie kann die Unsicherheit von geschätzten Bearbeitungszeiten in die Planung und Optimierung von Produktionsabläufen einbezogen werden?

3.2 Vorgehensweise

Scientific approach

Die Bearbeitung erfolgt in Anlehnung an den allgemeinen Softwareentwicklungsprozess in den vier Schritten „Analyse und Planung“, „Entwurf und Gestaltung“, „Realisierung und Implementierung“ sowie „Test und Evaluierung“ [GOLL11].

Grundelement für die Entwicklung eines Fertigungsmanagementsystems muss ein entsprechendes Modell sein. Hierzu werden bestehende Referenzmodelle aus dem Produktionsumfeld untersucht.

In der Gestaltungsphase wird aus den betrachteten Modellen eine Referenzarchitektur aufgebaut, die den genannten Anforderungen entspricht. Als zentrales Modul wird zudem das Modell für die operative Produktionsplanung und -steuerung unter Unsicherheit mit mehrdimensionalen Zielgrößen innerhalb der Referenzarchitektur entwickelt.

In der Realisierung wird die Architektur softwaretechnisch umgesetzt. Dazu erfolgt zunächst die Auswahl von geeigneten Technologien und anschließend die Implementierung aller Softwarekomponenten.

Zur Evaluierung der Funktionsfähigkeit werden sowohl reale als auch simulative Anwendungsfälle gebildet. Die reale Validierung erfolgt am Beispiel eines industrienahen Anwendungsszenarios am Werkzeugmaschinenlabor der RWTH Aachen – des sog. Smart Automation Lab (SAL). In der Simulation werden Anwendungsfälle in der metallverarbeitenden Industrie abgebildet.

4 Referenzmodell für produktorientierte Fertigungsmanagementsysteme

Reference model for product oriented Manufacturing Execution Systems

Zur Realisierung einer übergreifenden Kommunikation für MES definiert die IEC 62264 in der Normenreihe eine Vielzahl an Aktivitäten und Datenmodellen zur Verknüpfung der übergeordneten ERP-Ebene mit der Ebene des betrieblichen Hallenbodens. Das hier dargestellte Referenzmodell baut auf dieser Ebene auf und ergänzt die Modelle um eine geeignete Kommunikationsarchitektur. Die Kommunikation mittels OPC UA weist die Möglichkeit zur Verteilung des Informationsmodells und die Verständigung mittels objektorientierter Mechanismen auf.

Um die Implementierung des Konzepts sowohl innerhalb des Leitsystems als auch auf der Ebene des betrieblichen Hallenbodens zu strukturieren, ist ein geeignetes Engineering-Vorgehen notwendig. Dieses wird auf Basis der Vorgehensweise zur modellbasierten Architektur (engl. Model Driven Architecture, MDA) entwickelt. Ein derartiges Vorgehen hat sich bereits bei der Entwicklung von dezentralen, agentenbasierten und zentralen, workflow-basierten Systemen für die Fertigungsleittechnik bewährt [BUCH08].

4.1 Entwicklung des Informationsmodells

Development of the information model

Der Fokus bei der Betrachtung des Informationsmodells der IEC 62264 liegt auf dem Produktmodell sowie den Mechanismen zur Produktionsplanung und -ausführung. Hierbei ist zu trennen zwischen der Sichtweise der beteiligten Systeme bzw. Aktivitätsbereiche und dem Informationsmodell. Während sich bzgl. der Systeme eine möglichst klare Trennung anbietet, um einen hohen Grad an Flexibilität bei der Ausgestaltung der Systeme zu gewinnen, müssen im Informationsmodell die verschiedenen vorhandenen Informationen miteinander verknüpft werden. Zwar ist auch eine unstrukturierte Sammlung von Informationen möglich und wird in einigen datentechnischen Bereichen auch erfolgreich fokussiert, die Vorab-Strukturierung bietet jedoch den Vorteil einer erhöhten Kenntnis von bereits vorhandenen Beziehungen und eine vereinfachte Auswertung von Daten.

4.1.1 Aktivitätsbezogenes Modell der Systeme

Activity-related model of the systems

Um ein übergeordnetes Modell auf Basis der Norm erstellen zu können, müssen zunächst die produktrelevanten und die planungsrelevanten Aktivitätsbereiche identifiziert werden. Anschließend gilt es, die Systeme zu trennen. Im letzten Schritt werden die getrennten Systeme wieder in einem übergeordneten Modell zusammengeführt (vgl. Bild 4.1)

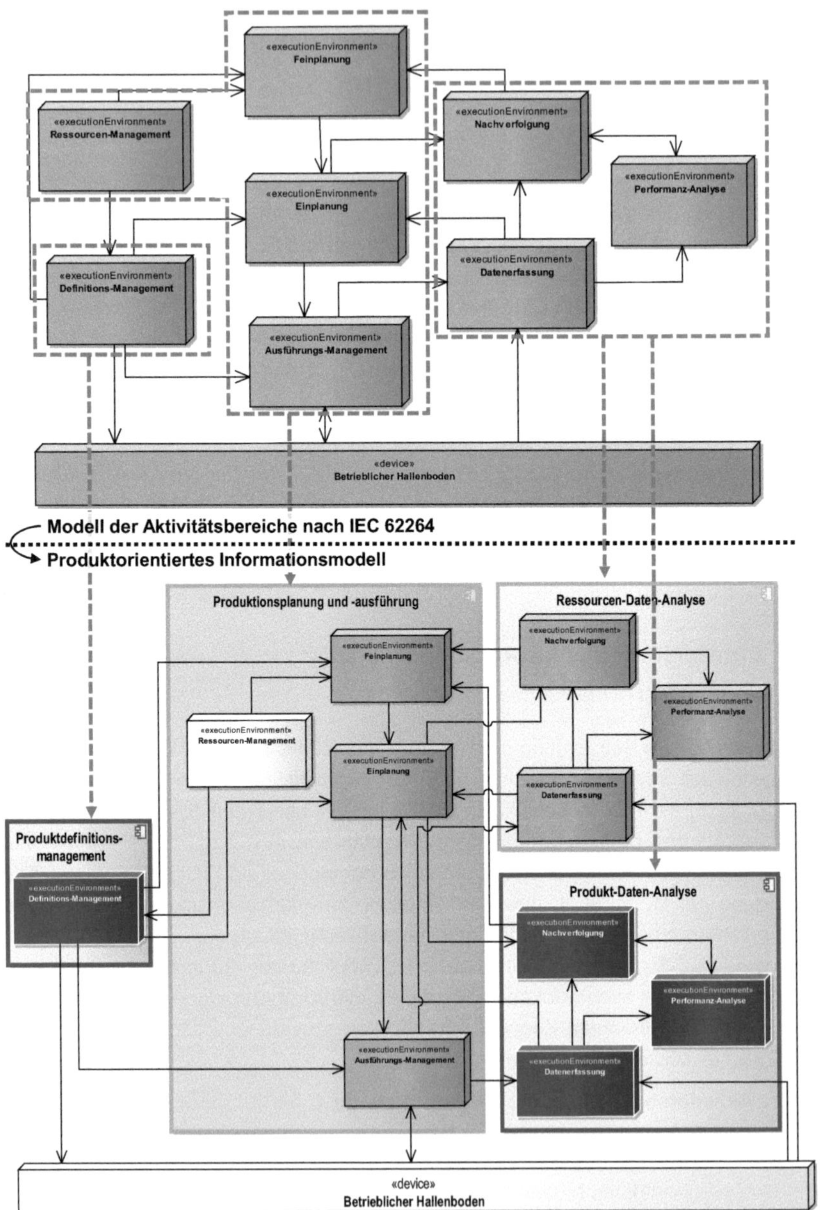

Bild 4.1: Entwicklung des produktorientierten Informationsmodells

Development of the product-oriented information model

Die Darstellung der Systeme erfolgt mittels der Beschreibung im UML-Verteilungsdiagramm. Die einzelnen Aktivitätsbereiche sind als „Ausführungsumgebung“ modelliert. Auch wenn es sich bei diesen nicht um Ausführungsumgebungen im klassischen Sinne – wie bspw. einen Applikations-Server – handelt, werden innerhalb eines Bereichs verschiedene Aktivitäten und somit potenzielle Programme ausgeführt. Die Ebene des betrieblichen Hallenbodens ist vereinfacht als „Gerät" modelliert, auch wenn sich dieser in der Realität aus einer Menge von verschiedenen Ressourcen zusammensetzt. Die durchgehenden und dünn dargestellten Pfeile in Bild 4.1 stellen die Kommunikationspfade dar. Die Inhalte der Kommunikation können zwischen den verschiedenen Aktivitätsbereichen sehr unterschiedlich sein und werden aus Darstellungsgründen zunächst vernachlässigt. Die grundsätzliche Beschreibung der Kommunikationsinhalte ist jedoch ein Teil des zu entwickelnden Informationsmodells.

Im oberen Teil von Bild 4.1 ist ein generisches Abbild der verschiedenen Aktivitätsbereiche eines MES dargestellt. Es lassen sich acht Aktivitäten-Bereiche unterscheiden:

1. Definitions-Management: Verwaltung aller Produktinformationen, die zur Fertigung benötigt werden
2. Ressourcen-Management: Verwaltung aller Informationen über Ressourcen (Maschine, Werkzeuge, Material etc.), die zur Fertigung benötigt werden
3. Feinplanung: Entwicklung eines Plans zur Produktion auf Basis der überlagerten Grobplanung bzw. Aufträge und der vorhandenen Ressourcen
4. Einplanung: Verteilung des Produktionsplans auf die einzelnen Ressourcen
5. Ausführungs-Management: Verwaltung der Aktivitäten des betrieblichen Hallenbodens hinsichtlich der auszuführenden Tätigkeiten
6. Datenerfassung: Aufzeichnung und Vorverarbeitung der Daten des betrieblichen Hallenbodens
7. Nachverfolgung: Zusammenführung und Aufbereitung der aufgezeichneten Produktionsdaten für die überlagerten Schichten
8. Performanz-Analyse: Analyse und Aufbereitung der Daten hinsichtlich der von den überlagerten Geschäftsprozessen angegebenen relevanten Aspekten

Die grobe Beschreibung der Aktivitätsbereiche zeigt bereits, dass diese in Teilen sowohl auf Produktdaten als auch auf Maschinen- bzw. Planungsdaten agieren. Ein Beispiel stellt das Element der Datenerfassung dar. Hierbei werden zum einen maschinenbezogene bzw. rein planungsrelevante Daten erfasst, bspw. der Ausfall einer Maschine. Zum anderen werden auch produktorientierte Daten erfasst, bspw. die Präsenz eines bestimmten Produkts an einer Maschine. Um allerdings eine Produktorientierung im angestrebten Sinne verfolgen zu können, besteht der Bedarf, die Verarbeitung der Produktdaten gesondert zu betrachten. Beispiele für die relevanten Aktivitäten in diesem Bereich sind in IEC 62264-4 dargestellt [IEC62264].

In unteren Teil von Bild 4.1 findet sich das zusammengeführte Modell. Mehrere Aktivitätsbereiche werden zudem zu „Komponenten" im Sinne der UML-Modellierung kombiniert, um die Zugehörigkeit zu den Aspekten Produkt bzw. Planung zu verdeutlichen. Die dunkelgrau hinterlegten Ausführungsumgebungen bzw. die dunkelgrau umrandeten Komponenten sind in einer Zugehörigkeit zum Produkt zu sehen. Für die hellgraue Variante gilt dies analog in Hinsicht auf die Planungs- bzw. Ressourcenorientierung. Die sich ergebenden vier Komponenten sind die folgenden:

1. Produkt-Definitions-Management: Erstellt und verwaltet die Produktdefinitionen
2. Produktionsplanung und -ausführung: Erstellt die Produktionspläne und koordiniert die Produktion
3. Produktdatenanalyse: Erfasst und verarbeitet alle in der Produktion anfallenden produktorientierten Daten
4. Ressourcendatenanalyse: Erfasst und verarbeitet alle in der Produktion anfallenden ressourcenbezogenen Daten

Für das Produktmodell ist der Bereich des Produkt-Definitions-Managements von Bedeutung. Hierunter sind alle Aktivitäten zu verstehen, die die Informationen über das Produkt hinsichtlich seiner Fertigung verwalten. Das zentrale datentechnische Element im Produkt-Definitions-Management ist die Produktdefinition. Zwar handelt es sich primär um die aus Gründen der Abwärtskompatibilität übernommene Version aus der ISA 95, allerdings ist sie in der aktuellen Fassung noch im Anhang enthalten und primär durch das Operations-Definitions-Modell ersetzt. Letzteres legt den Fokus mehr auf die Bedeutung der Produktinformationen für die Operationen auf der Maschinenebene. Um jedoch die Produktorientierung zu fokussieren, sind die auf der Produktdefinition basierenden Modelle besser geeignet.

Die Liste an Aktivitäten, die das Produkt-Definitions-Management umfassen kann, beinhaltet u. a.:

1. Die Verwaltung von Dokumenten wie Fertigungsinstruktionen, Produktstruktur-Diagrammen, Fertigungsstücklisten und Definitionen von Produktvarianten
2. Die Verwaltung neuer Produktdefinitionen und der Änderungen von Produktdefinitionen
3. Anbieten von Produktionsregeln für den betrieblichen Hallenboden, wie bspw. Fertigungsschritte oder Prozessabläufe
4. Verwaltung des Austauschs von Produktinformationen mit den überlagerten Systemen
5. Optimierung der Produktionsregeln

Für die Entwicklung des MES stellt das Produkt-Definitions-Management somit die Komponente dar, über die der gesamte produktorientierte Austausch erreicht werden kann. In Bezug auf die Interaktion mit anderen Komponenten tauscht das System sich mit den Bereichen der Produktions-Ablaufplanung, der Produktionseinplanung sowie dem Produktions-Ausführungs-Management hinsichtlich der spezifischen Produktionsregeln sowie der Führung der Produkte durch die Produktion aus. Die Produktionsregeln werden zudem prozessspezifisch für die Systeme auf der Ebene des betrieblichen Hallenbodens aufbereitet.

Zum Aufgabenbereich der Produktionsplanung und -ausführung gehören die Feinplanung, Einplanung und das Ausführungsmanagement. Hierbei finden eine detaillierte Planung und Synchronisation der Gesamtabläufe statt. Es werden die übergeordneten Aufträge entgegengenommen, in Produktionsschritte aufgelöst und eine

Planung der notwendigen Prozesse auf den Maschinen durchgeführt. Die entstehenden Pläne werden unter Verwendung der bestehenden Ressourcen optimiert. Im Ausführungsmanagement werden entsprechend dem Arbeitsplan die Aufträge an den jeweiligen Arbeitsplätzen gestartet. Nach Abschluss des gesamten Produktionsprozesses erfolgen entsprechende Rückmeldungen an überlagerte Systeme. Auch das Ressourcen-Management ist diesem Aufgabenbereich zugehörig (weiß hinterlegt). Da die Optimierung von Personal oder Werkzeugen nicht im Fokus dieser Betrachtung steht, wird hierauf nicht genauer eingegangen.

Für das Management der Rückmeldedaten des betrieblichen Hallenbodens sind die Module der Produkt- bzw. Ressourcendatenanalyse vorgesehen. Vom internen Aufbau sind die Komponenten gleich, ihre Betrachtungsspektren jedoch sehr verschieden. Während die Produktdatenanalyse bspw. die Erfassung eines Produkts über mehrere Maschinen durchführt bzw. entsprechend analysiert, fokussiert die Ressourcendatenanalyse bspw. eine einzelne Maschine über den gesamten Zeitraum – d. h. insbesondere auch hinsichtlich verschiedener Produkte. Die Produktdatenanalyse dient dem Ziel der Produktorientierung, indem bspw. Abweichungen erkannt werden und das Planungssystem entsprechend informiert werden kann. Die Betrachtung einer Maschine hinsichtlich ihrer Performanz über einen gewissen Zeitraum dient der Erkennung möglicher Unsicherheiten in der Prozessdurchführung, die bspw. erst durch bestimmte Wechselwirkungen aus Produktfolgen auf einer Maschine entstehen. Hier sind u. a. Abhängigkeiten zwischen den Rüstzeiten für verschiedene Aufträge bspw. bei teilweisem Einsatz des gleichen Spannmittels zu nennen.

4.1.2 Aufbau der Systeme

Structure of the systems

Das aktivitäten-bezogene Modell listet primär die durchzuführenden Aktionen innerhalb des Gesamtsystems auf. Hierbei kann der Eindruck entstehen, dass es sich um ein zentrales System mit zwei Hauptbereichen handelt. Die Analyse der bestehenden Modelle im Kontext von MES im Allgemeinen und für produktorientierte MES im Speziellen zeigt jedoch, dass ein einziges, zentrales Modell nicht sinnvoll zur mehrdimensionalen Optimierung oder zur produktorientierten Fertigung eingesetzt werden kann. Hinsichtlich des planungsbezogenen Teils ist jedoch weder ein zentraler noch ein dezentraler Ansatz zielführend. Während der zentrale Ansatz eine hohe Komplexität hinsichtlich der Modellierung und Programmierung birgt, kann ein dezentraler Ansatz kein globales Optimum garantieren. Eine semi-heterarchische Strukturierung weist in diesem Sinne die größten Vorteile im Kompromiss zwischen den beiden Kriterien auf. Ein populärer Ansatz, der bspw. sowohl in den holonischen als auch in den VSM-basierten Modellen existiert, ist eine rekursive Strukturierung des Systems. Das impliziert eine Gleichheit der Schnittstellen zu den über- und den unterlagerten Schichten. Die Aufteilung kann bspw. entweder an der klassischen Automatisierungspyramide oder auch nach Gesichtspunkten der Komplexitätsreduktion in der Modellierung der Abläufe erfolgen.

4.1.3 Produktorientiertes Informationsmodell

Product-oriented information model

Beim produktorientierten Informationsmodell werden ebenso das bereits vorhandene Modell und dessen existierende Klassen genutzt. Das Informationsmodell wird anschließend hinsichtlich der Möglichkeiten zur optimierten Informationsverknüpfung untersucht und entsprechend angepasst. Die Hauptgründe für die notwendigen Anpassungen sind die Strukturen, die eher auf die Massenproduktion ausgerichtet sind.

Durch den Anspruch einer umfassenden Anwendbarkeit für verschiedene Industriebereiche ist das grundlegende Informationsmodell der IEC 62264 sehr umfangreich. Beispielhaft ist zur datentechnischen Beschreibung des Produktmodells die Produktdefinition in Bild 4.2 dargestellt.

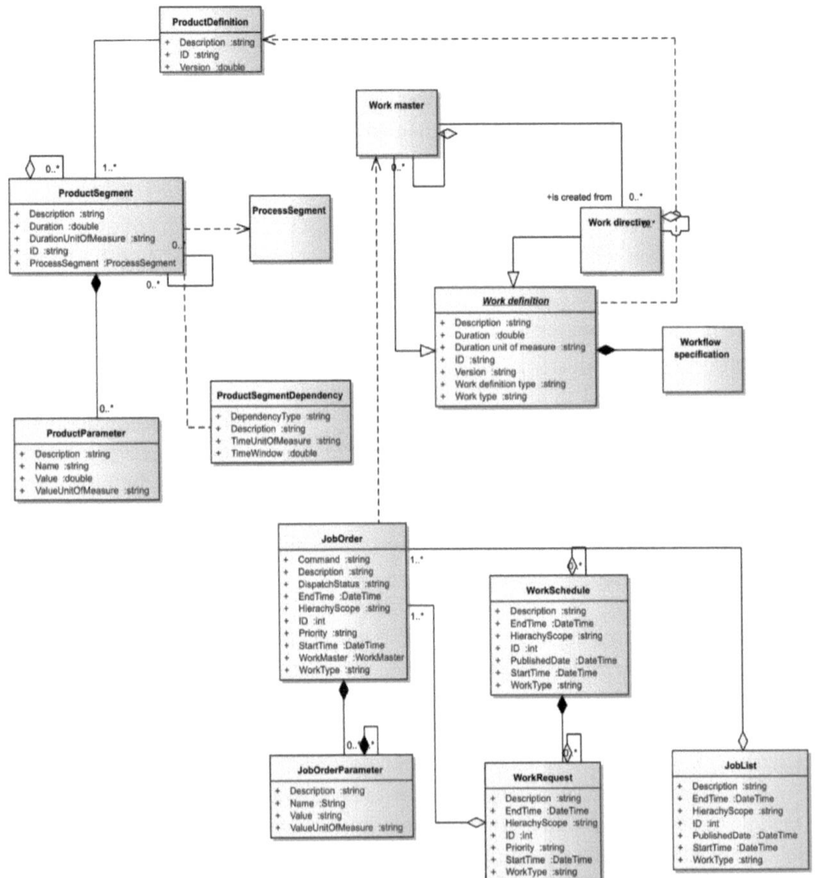

Bild 4.2: Produktdefinition und dessen Kontext nach IEC 62264 [IEC62264]
Product definition and its context according to IEC 62264 [IEC62264]

Die Produktdefinition bildet eine verknüpfende Komponente, über die die unterlagerten Module sowie die Stückliste und die Produktionsregeln miteinander verknüpft sind. Bei dem Begriff der Produktionsregeln handelt es sich nur um einen Verweis auf ein externes Paket – d. h. ein Paket, das nicht Bestandteil der Norm ist – zur Beschreibung der Regeln für die Herstellung eines Produkts. Beispielhaft werden in diesem Zusammenhang logistische Schritte, Montageanleitungen oder auch eine Spezifikation der Herstellung nach ISO 10303 (STEP) genannt. Bei den weiteren externen Paketen handelt es sich um die Stückliste und die Ressourcenliste.

In der direkten Assoziation sind mit der Produktdefinition die Fertigungsliste sowie die Produktsegmente verbunden. Die Fertigungsliste identifiziert alle für die Produktion zu verwendenden Materialien bzw. Materialklassen. Mit einem Produktsegment werden die Teilfertigungsschritte für ein spezifisches Produkt beschrieben, deren Erfüllung zur Herstellung des Produkts notwendig ist. Die Sammlung der Produktsegmente wird über Produktsegment-Abhängigkeiten beschrieben. Die Beschreibung muss den notwendigen Detailgrad zur Produktionsplanung und -steuerung erfüllen. Etwaige weitere, für die reale Produktion benötigte Details sind den Produktionsregeln zu entnehmen. Während das Produktsegment spezifisch für ein bestimmtes Produkt ist, korrespondiert es noch mit einem allgemeinen, produktunabhängigen Fertigungsschritt im Prozesssegment. Hierdurch können Maschinen oder einzelne Prozesse mit dem Produktsegment verknüpft werden. Abschließend kann ein Produktsegment noch zu verwendende Ressourcen definieren, bspw. durch Angabe einer Mitarbeiter-Spezifikation oder Material-Spezifikation.

Neben den Produktsegmenten und deren Abhängigkeiten existiert auch ein Modell für Arbeitspläne bzw. Auftragslisten. Dieses Modell soll primär zur Anfrage von durchzuführenden Tätigkeiten auf der Ebene des betrieblichen Hallenbodens verwendet werden. Das Kernelement des Modells der Arbeitspläne bilden die Arbeitsaufträge. Die Arbeitsaufträge weisen die gleichen Attribute auf wie die Produktdefinition, d. h. eine Beschreibung der notwendigen Ressourcen und zusätzlichen, auftragsabhängigen Parametern.

Hinsichtlich der Produktorientierung korrespondieren in dem Modell die Arbeitsaufträge mit einem jeweiligen Master-Arbeitsplan. In diesem werden die durchzuführenden Arbeiten unabhängig von einem spezifischen Arbeitsauftrag beschrieben. Die Klasse ist von der abstrakten Beschreibung der Arbeits-Definitionen abgeleitet. Es handelt sich hierbei um eine Klasse zur Identifikation von Ressourcen bzw. Abläufen, um eine gewisse Tätigkeit durchzuführen. Diese Arbeits-Definition kann wiederum eine Referenz zu einer Operations-Definitions-Klasse aufweisen. Bei der Operations-Definition handelt es sich um einen alternativ zur Produktdefinition verwendeten Begriff. Bei der alternativen Verwendung des Begriffs wird die Arbeits-Definition im Sinne der Produktionsregeln verwendet.

Es ist insgesamt nur eine indirekte Verknüpfung zwischen den Arbeitsaufträgen und der Produktdefinition über die Master-Arbeitspläne vorhanden. Der Grund hierfür liegt in der zunehmenden Tendenz des Gesamtsystems in Richtung der Massenfertigung.

Für ein produktorientiertes System ist jedoch eine direktere Verbindung zwischen den Arbeitsaufträgen und der Produktdefinition wünschenswert bzw. notwendig. Der Masterarbeitsplan kann hierzu eliminiert werden, da ein solcher bei kleinen Stückzahlen meist produktspezifisch erstellt wird. Zur Realisierung eines derartigen Vorgehens können die Produktsegmente einen Teil der Verantwortlichkeiten des Master-Arbeitsplans übernehmen und mit den zugehörigen Arbeitsaufträgen verknüpft werden. Ein Resultat dieses Vorgehens ist als Modell in Bild 4.3 dargestellt. Zur Übersichtlichkeit handelt es sich um eine verkürzte Darstellung, indem bspw. auf die Angabe des Ressourcenmodells verzichtet wurde.

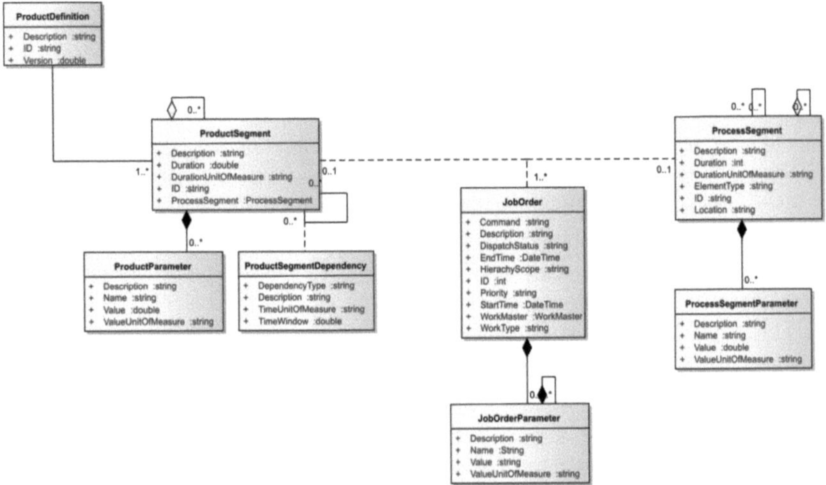

Bild 4.3: Neu-Strukturierung der Produktdefinition auf Basis der IEC 62264
Restructured product definition based on IEC 62264

Den Ausgangspunkt des Modells stellt die Produktdefinition dar. Diese ist aus Produktsegmenten zusammengesetzt. Produktsegmente stellen eine direkte Beschreibung von Elementen der Produkte bzw. Teilprodukte hinsichtlich der Produktionsprozesse dar. Erweiterungen bzw. spezielle Charakteristika einzelner Produktsegmente werden über die Produktparameter realisiert. Zur Festlegung von Fertigungsreihenfolgen bzw. -abläufen dient ein erweitertes Verständnis der Produktsegment-Abhängigkeiten. Diese können derart gestaltet werden, dass sich die möglichen Abläufe in der Produktion durch eine Beschreibung der Abhängigkeiten der einzelnen Produktsegmente zueinander ergeben. Die Verknüpfung zwischen den Produktsegmenten und den produktunabhängigen Prozesssegmenten wird durch die Arbeitsaufträge erreicht. Ein Arbeitsauftrag ist maximal einem Produktsegment und einem Prozesssegment zugeordnet. Hinsichtlich der Verknüpfung zwischen Arbeitsauftrag und Produktsegment stellt dies die angestrebte Eliminierung der Master-Arbeitspläne dar. Zur Wahrung der Vollständigkeit muss jedoch zusätzlich der Arbeitsauftrag mit den bestehenden Prozessen im weiteren Sinne verbunden werden. Hierzu dient die neu hinzukommende Zuordnung des Arbeitsauftrags zu den Prozesssegmenten. Sowohl der Arbeitsauftrag als auch das Prozesssegment können durch zusätzliche Parameter individuell erweitert werden.

Zur Kommunikation mithilfe des Modells innerhalb der MES-Teilbereiche, mit dem betrieblichen Hallenboden und den überlagerten Systemen ist eine übergreifende Informationsarchitektur notwendig. Die OPC-UA-Technologie ist darauf ausgelegt, Informationen ebenen-übergreifend im Sinne der klassischen Automatisierungspyramide von der Sensor-Aktor-Ebene bis zum ERP-System bereitzustellen. Die Modellierung wird über die Verwendung des OPC-UA-Adressraum-Modells realisiert. Hierzu existiert in Anhang D des dritten Teils der OPC-UA-Spezifikation eine normative graphische Beschreibung aller Elemente des Namensraums.

Die Grundlage der Informationsmodellierung stellen Knoten und Referenzen zwischen Knoten dar. Dies sind damit die Grundelemente eines jeden Objektmodells. Jeder Knoten ist einer bestimmten Knotenklasse zugewiesen. Es können beliebig viele verschiedene Knotenklassen erstellt werden. Die wichtigsten Knotenklassen zur Modellierung sind Objekte, Variablen und Methoden. Objekte im OPC-UA-Adressraum werden durch eine Kombination verschiedener Knoten mit Attributen und Referenzen zwischen den Knoten beschrieben.

4.2 Modellierung der Produktdatenanalyse

Modeling of the product data analysis

Die Produktdatenanalyse hat das Ziel, die Produktdaten innerhalb der Produktion zu erfassen, auszuwerten und in aufbereiteter Form anderen Systemen zur Verfügung zu stellen. Für das im Weiteren detaillierter betrachtete Planungs- und Optimierungssystem sind dabei vor allem die in der Produktion anfallenden einzelnen logistischen oder produktionstechnischen Schritte von Relevanz. Dies gilt insbesondere für die Reihenfolge und benötigten Zeiten der einzelnen Schritte.

Für die Erstellung des Referenzmodells der Produktdatenanalyse dient die klassische Vorgehensweise in der Datenanalyse als Teilbereich der Datenwissenschaften (engl. „Data Science“). Die Vorgehensweise gliedert sich dabei in die folgenden Schritte:

1. **Akquise**
   Der erste Schritt muss stets die Datenakquise aus verschiedenen Quellen sein. Die Quellen können dabei sowohl verschiedene Datenbanken innerhalb eines Unternehmens als auch die Prozessaufnahme innerhalb einer Produktion sein.
2. **Exploration und Verständnis**
   Im zweiten Schritt müssen die Daten hinsichtlich ihrer Bedeutung und der Art der Aufnahme untersucht werden. Insbesondere verschiedene Bezeichner für gleiche Daten innerhalb verschiedener Systeme müssen hierbei identifiziert werden.
3. **Transformation und Manipulation**
   Zur Transformation und Manipulation der Daten werden verschiedene Datenquellen bspw. auf Basis gleicher Datenschlüssel miteinander vereint. Zudem müssen

Methoden zur Erkennung und Bereinigung fehlerhafter Daten durchgeführt werden.

4. **Analyse und Modellierung**
   Die eigentliche Analyse der Daten und die Erkenntnis von Zusammenhängen erfolgt im vorletzten Schritt. Hierbei kommen vor allem Methoden des maschinellen Lernens zur Anwendung.
5. **Kommunikation und Operationalisierung**
   Den letzten Schritt bildet die Verwendung der entwickelten Modelle. Hierzu müssen Systeme geschaffen werden, die die Modelle in geeigneter Form für externe Systeme verwendbar werden lassen [OJED14].

Durch die Anwendung der Vorgehensweise in der Produktdatenanalyse wird im Weiteren ein entsprechendes Referenzmodell gestaltet. Gemäß der Zielsetzung wird für die Produktdatenanalyse eine Gesamtmethodik vor dem Hintergrund der Verwendung für die Planung und Optimierung entwickelt. Das Vorgehen entspricht einem mehrstufigen, iterativen Prozess, dessen einzelne Schritte in den folgenden Abschnitten erläutert werden.

Datenakquise (Akquise)

Um eine Datenbasis für die Zeitenschätzung zu schaffen, wird die Datenakquise als Ausgangspunkt genutzt. Zwei primäre Datenquellen ergeben sich grundsätzlich als Basis für die Zeitenschätzung: Zum einen die Bearbeitungszeiten der Produkte an den einzelnen Arbeitsplätzen sowie zum anderen die Merkmale aus dem Produktmodell.

In aktuellen Systemen erfolgt die zentrale Datenerfassung mit dem Ziel der Bewertung und Abrechnung des Leistungsprozesses. Anhand einer sogenannten Produkt-ID – einer Identifikationskennung für identische Produkte, die potenziell wiederholt gefertigt werden – kann bei der Zeitenschätzung die Prozessstabilität über mehrere Aufträge hinweg verglichen werden.

Eine weitere Datenquelle stellt das Produktmodell dar, in dem Merkmale für das Produkt hinterlegt sind. Durch das vorgestellte Modell auf Basis der IEC 62264 können Produktmerkmale direkt im Datenmodell integriert werden. Produktmerkmale können alternativ in einer Datenbank hinterlegt werden und sind dann durch die Produkt-ID abrufbar. Zur Zeitenschätzung ist eine Anbindung an die Datenbank zu realisieren.

Datenexploration (Exploration und Verständnis)

Die Produktdatenanalyse baut auf dem entwickelten Informationsmodell auf, sodass sich der Aufwand für die Exploration und die Entwicklung des Verständnisses reduziert. Mögliche Datencharakteristika sind durch die Domäne bereits bekannt. Liegen Datenquellen allerdings außerhalb des Betrachtungsspektrums vom Fertigungsmanagementsystem, müssen diese analysiert werden. Tritt dieser Fall ein, müssen die Daten zunächst auf vorhandene Schlüssel, bspw. Auftragsnummern, untersucht werden, um auf Basis der Schlüssel eine Kombination mit den internen Datenquellen vornehmen zu können.

Datenbereinigung (Transformation und Manipulation)

In der Regel werden die Bearbeitungs- und Rüstzeiten an Prozessstationen durch den Bediener erfasst. Diese Datenerfassung erfolgt somit manuell und eine fehlerhafte Erfassung sowie Ausreißer in den Daten sind anzunehmen. Die fehlerhaften Datenpunkte wirken sich negativ auf die Güte des Modells von datenbasierten Methoden zur Zeitenschätzung aus.

Um diese fehlerhaften Datenpunkte wieder aus der Datenbasis zu entfernen, gibt es zwei Vorgehensweisen. Zum einen können sie manuell entfernt werden, was sich jedoch insbesondere für größere Datenmenge als sehr zeitaufwendig darstellt. Zum anderen ist eine regelbasierte Prüfung der Datenbasis möglich, für die einmalig prozessspezifische Grenzen der erfassten Zeiten festgelegt werden. Sowohl für die gesamte als auch für die stückzahlspezifische Bearbeitungszeit werden diese Grenzen definiert. Eine Plausibilitätsprüfung kann bei der Ergänzung neu erfasster Datenpunkte erfolgen. Es wird so automatisiert geprüft, ob die Datenpunkte in die Modellierung übernommen werden.

Die Thematik der Aufbereitung fehlerhafter Daten für die Produktionsplanung stellt insgesamt für sich betrachtet bereits ein eigenes Forschungsfeld dar. Aktuelle Forschungen in diesem Bereich werden bspw. in [SCHU14] aufgezeigt.

Datenanalyse (Analyse und Modellierung)

Bei der datenbasierten Schätzung von Produktionszeiten ergeben sich mehrere Quellen für Unsicherheiten:

- Schwankungen im Prozess
- Ungenauigkeit der Daten
- Ungenauigkeit des Modells

Prozessschwankungen können durch eine inhärente Prozessvarianz auftreten. Bei bspw. chemischen Prozessen oder durch Umwelteinflüsse bedingt kann es zu einer solchen Prozessvarianz kommen. Bei der Zeitenschätzung können ebenfalls Unsicherheiten entstehen, basierend auf der Ungenauigkeit der genutzten Daten, bspw. bei fehlerhafter Zeiterfassung. Grobe Ausreißer können durch die Datenbereinigung, wie im vorhergehenden Absatz dargestellt, bereinigt werden. Nach der Datenerfassung ist die verbleibende Datenvarianz nicht mehr von der Prozessvarianz separierbar. Bei analytischen und auch bei datenbasierten Methoden ergibt sich durch die Ungenauigkeit des Modells eine weitere Form der Unsicherheit.

Diese Unsicherheit kann durch ein unpassendes Modell für den zu modellierenden Zusammenhang begründet sein. Bei datenbasierten Methoden kann ein zusätzlicher Grund eine zu geringe Datenbasis sein. In der Schätzungsphase kann nicht mehr bestimmt werden, ob eine Abweichung der realen Zeit von der geschätzten Zeit in der Prozessvarianz oder in der Ungenauigkeit des Modells begründet liegt. Daraus ergibt sich die Tatsache, dass unabhängig vom Modell eine Analyse der Prozess- bzw. Datenvarianz erfolgen muss.

Wenn mehrere Vorgänge zur Produktion eines identischen Produkts in der Datenbasis vorhanden sind, kann zur Bestimmung der Prozess- bzw. Datenvarianz ein Vorgehen wie in Bild 4.4 dargestellt gewählt werden.

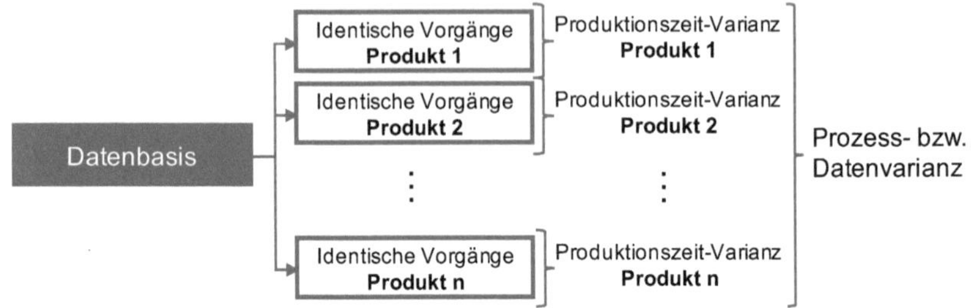

Bild 4.4: Vorgehensweise zur Datenanalyse
Data analysis approach

Identische Vorgänge, bei denen also ein gleiches Produkt in ähnlichen Stückzahlen gefertigt wird, werden gruppiert. Diese Gruppen können als Stichproben erfasst werden. Zur Bewertung der gesamten Prozess- bzw. Datenvarianz wird der Mittelwert über die Varianz der einzelnen Stichproben gebildet. Bei ausreichend großer Datenbasis ergibt sich ein Anhaltspunkt zur ungefähren Größenordnung der Prozess- bzw. Datenvarianz, anhand dessen die Ergebnisse der Zeitenschätzung bewertet werden können.

Ob die Schätzmethode passend für die zu modellierenden Zusammenhänge ist, lässt sich an den Abweichungen der realen Zeiten von den geschätzten Zeiten im Bereich der Prozessvarianz erkennen. Liegen die Abweichungen im Bereich der Prozessvarianz, ist die Schätzmethode passend.

Zeitenschätzung (Kommunikation und Operationalisierung)

Entsprechend der Zielsetzung wird nun im Folgenden eine Methodik für die Schätzung von Zeiten und deren Unsicherheiten vorgestellt. Dieses Modul soll eigenständig – d. h. insb. ohne menschliches Eingreifen – innerhalb eines Gesamtsystems zur Produktionsplanung operieren.

Die bisherigen Produktionszeiten und die Produktmerkmale bilden die Basis der Schätzung und im Weiteren wird das vorgestellte Datenformat verwendet. Abgeschlossene Vorgänge werden hierbei durch Job Orders abgebildet, die Produktmerkmale durch Job Order Parameters. Die Parameter können bei der Erstellung der Job Orders direkt aus den Product Parameters des zugehörigen Product Segments bzw. aus der Produktdefinition abgeleitet werden (vgl. Bild 4.3). Sind die Vorgänge abgeschlossen, werden sie in einer Datenbank hinterlegt und bilden so die Ausgangsbasis für die Modellbildung der Methoden zur Zeitenschätzung.

Die verschiedenen Methoden erzielen unterschiedlich gute Ergebnisse in Abhängigkeit davon, welcher Zusammenhang modelliert werden soll und welche Datenbasis zur Verfügung steht. Eine einzige Methode zur Zeitenschätzung zu verwenden reicht somit nicht aus, da dies der Diversität an Prozessen in der Produktion nicht gerecht werden kann. Ergänzend dazu widerspricht die Auswahl der richtigen Methode für jeden Prozess durch einen Experten der Zielsetzung einer automatisierten Einsetzbarkeit.

Die Problematik kann durch die Anwendung des Konzepts des Meta-Lernens (engl. Meta-Learning) zur automatischen Auswahl der besten Methode [VILA10] aufgelöst werden. Der gesamte Lernprozess ist dabei in das Basis-Lernen (engl. Base-Learning) und das Meta-Lernen zweigeteilt. Das Basis-Lernen erfolgt durch die verschiedenen Methoden zur Zeitenschätzung, die jeweils eine Modellbildung vornehmen, um den Zusammenhang zwischen Produktmerkmalen und Bearbeitungszeiten abzubilden. Auf der zweiten Ebene, der Meta-Learning-Ebene, erfolgt dann eine Modellselektion. Es kommt zur Auswahl der Methode mit den besten Ergebnissen für die jeweilige Anwendung, bspw. durch Kreuzvalidierung. Dadurch kann sich das System auch sich ändernden Umständen anpassen. Mögliche Änderungen ergeben sich z. B. bei einer Erweiterung der Datenbasis. Die Vorgehensweise ist in Bild 4.5 dargestellt.

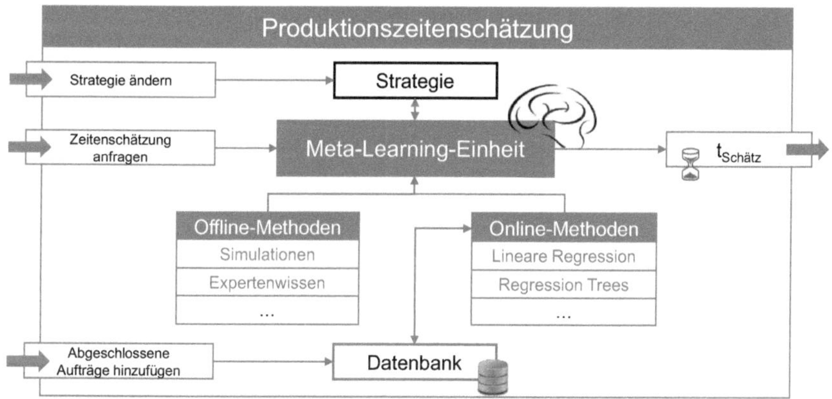

Bild 4.5: Modul zur Zeitenschätzung
Module for time estimation

Eine einheitliche Schnittstelle (engl. interface) ermöglicht die Kommunikation der Meta-Learning-Einheit mit den einzelnen Methoden. Erfüllt eine Methodik diese Anforderung, kann sie an die Meta-Learning-Einheit gekoppelt werden. Das System gewährleistet so eine Erweiterbarkeit und Modularität. Über die Schnittstelle müssen die Methoden der Meta-Learning-Einheit zwei Funktionalitäten zur Verfügung stellen: Die Modellerstellung sowie die Modellauswertung.

Bei der Modellerstellung wird den Methoden eine Datenbank abgeschlossener Job Orders übergeben. Zur Methodenbildung werden die Job Orders genutzt, um bspw. bei der linearen Regression die Gewichtung der Eingangsgrößen bestimmen zu können. Für die Modellbildungen werden den Methoden keine Vorgaben für etwaige frei wählbare Modellparameter – z. B. die Anzahl der Neuronen für ein KNN – übergeben. So muss es sich entweder um nicht-parametrische Methoden handeln oder die Parameter müssen inhärent im Modell als Teil des Trainingsprozesses ermittelt werden.

Die Auswertung des Modells ist die zweite Funktionalität. Es kommt zur Auswertung des Modells, wenn eine neu auszuführende Job Order vorliegt, die den Methoden durch die Meta-Learning-Einheit übergeben wird. Das vorab erstellte Modell wird genutzt, um anhand der Eigenschaften der Job Order eine Zeitenschätzung zu generieren. Ebenfalls sollte die Unsicherheit der Schätzung über die Angabe der erwarteten Verteilung der Zeit spezifiziert werden, insofern dies die Methode ermöglicht. Die Meta-Learning-Einheit wählt aus der Gesamtzahl der Schätzungen die Schätzung der Methode aus, die im Kontext des zu modellierenden Prozesses bisher die besten Ergebnisse erzielen konnte.

Das Modul bietet darüber hinaus die Möglichkeit, neben den Online-Methoden, auch Offline-Methoden zur Zeitenschätzung zu nutzen. Soweit für den Prozess vorhanden, kann eine solche Offline-Methode ein analytisches Modell sein. Es ist dann unter Umständen keine Anbindung an die Datenbank der bisherigen Vorgänge nötig. Innerhalb der Meta-Learning-Einheit erfolgt keine Bewertung der Offline-Methode, die Ergebnisse werden in der vorgestellten standardisierten Form an das übergeordnete System übergeben.

Das Verhalten des Moduls kann durch die Strategie des Zeitenschätzungs-Moduls angepasst werden, ohne dass eine Änderung des Modul-Programmcodes erforderlich ist. Die Häufigkeit der Neuerstellung der Methoden-Modelle oder der zu verwendenden Methoden kann bspw. an die jeweiligen Randbedingungen angepasst werden.

Die Produktdatenanalyse stellt sowohl für den unterlagerten betrieblichen Hallenboden als auch für das überlagerte Planungssystem entsprechende Schnittstellen bereit. Die Daten des betrieblichen Hallenbodens fließen dabei in das System zur Datenaufbereitung und in das zur Zeitenschätzung ein. Ersteres ist primär in der Initialisierungs- bzw. Trainingsphase des Modells gegeben. Letzteres spiegelt den operativen Fall wider, d. h. wenn die entsprechenden Modelle bereits gelernt sind und eine neue Zeitenschätzung erfolgen soll.

Die Darstellung eines einzelnen Systems für die Zeitenschätzung soll dabei lediglich beispielhaft sein. Für den Fall, dass eine Reihe an sehr verschiedenen Prozessen existiert, bietet es sich bspw. an, für jeden einzelnen Prozess ein eigenes Modul zur Produktdatenanalyse zu erstellen. Nur so kann eine sinnvolle Interpretation der vorhandenen Informationen gewährleistet werden.

4.3 Modellierung des Planungssystems

Modeling of the planning system

Durch das produktorientierte Informationsmodell und die zugehörige produktindividuelle Ermittlung der benötigten Zeitintervalle innerhalb der Produktion ergeben sich neue Möglichkeiten für die Feinplanung. Insbesondere lassen sich im Gegensatz zur klassischen Vorgehensweise die Verteilungsfunktionen der Zeitintervalle für einzelne produktspezifische Schritte berücksichtigen. Bild 4.6 stellt die Vorgehensweise der klassischen Feinplanung und die neuen Möglichkeiten gegenüber. Die Abbildung ist nicht als vollständig anzusehen, da bspw. wichtige Komponenten wie die „Einplanung" hierbei nicht berücksichtigt sind.

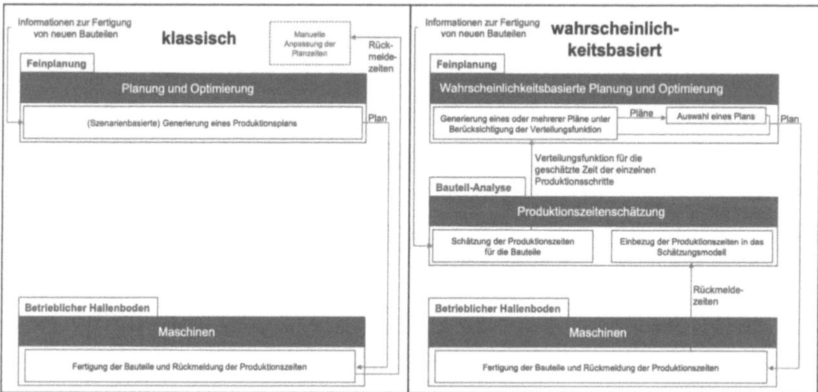

Bild 4.6: Möglichkeiten der Planung durch geschätzte Zeiten
Opportunities for planning based on estimated times

In Bild 4.6 sind sowohl die Komponenten mit ihrer Zuordnung zu den Komponenten im Gesamtsystem als auch die jeweiligen Informationsflüsse dargestellt. Für die Planung und Optimierung ergibt sich die Möglichkeit, die Generierung der Produktionspläne unter detaillierter Kenntnis der Verteilungsfunktion einer geschätzten Produktionszeit durchzuführen. Die Abbildung zeigt somit auch die Anforderungen an das Modell für die wahrscheinlichkeitsbasierte Planung und Optimierung auf:

1. Aufbereitung des Zeitenmodells für die Feinplanung
2. Generierung der Pläne
3. Auswahl eines Plans

Aufbereitung des Zeitenmodells für die Feinplanung

Um die geschätzten Zeiten mit bestehenden Algorithmen oder Lösern verarbeiten zu können, bedarf es eines Systems, dass die Verteilungsfunktion für eine Zeitenschätzung interpretiert und daraus Werte generiert, die der entsprechende Algorithmus oder Löser verarbeiten kann. Im einfachsten Fall kann der Algorithmus bereits Verteilungsfunktionen verarbeiten und die Aufbereitung stellt lediglich die Schnittstelle zur Produktionszeitenschätzung dar. Falls zur Planung weiterhin klassische Löser ohne explizite Möglichkeit zur Berücksichtigung der Wahrscheinlichkeit eingesetzt werden sollen, können bspw. die im Stand der Technik genannten Methoden zur Diskretisierung der Verteilungsfunktion eingesetzt werden. Mit diesen Methoden können beliebige Verteilungsfunktionen in diskrete und somit für einen Löser oder Algorithmus einfach interpretierbare Werte umgewandelt werden. Für diese Variante übernimmt das System zur Aufbereitung die Aufgabe, die Wahrscheinlichkeitsfunktion entsprechend zu interpretieren und die Werte so umzuwandeln, dass sie vom Löser verarbeitet werden können.

Generierung der Pläne

Durch das aufbereitete Zeitenmodell ergibt sich im Vergleich mit dem klassischen Ansatz in jedem Fall der Unterschied, dass durch den Löser im Normalfall nicht mehr ein einziger Plan erzeugt werden muss, sondern eine Reihe von Plänen. Im Falle der direkten, wahrscheinlichkeitsbasierten Planung werden verschiedene Szenarien hinsichtlich des Eintretens bestimmter Ereignisse generiert. Die Anzahl möglicher, relevanter Ereignisse bedingt damit die Anzahl an resultierenden Plänen. Bei einer Aufbereitung, im Sinne einer Diskretisierung der Verteilungsfunktion, ergibt sich die Anzahl an Plänen durch die entsprechenden Diskretisierungsstufen.

Durch die Aufbereitung des Zeitenmodells entstehen keine expliziten Anforderungen an den zur Generierung der Pläne zu verwendenden Algorithmus oder Löser. Dieser ist je nach Anwendungsfall und möglichem Lösungsraum individuell festzulegen. Neben den Randbedingungen des Algorithmus müssen auch die Optimierungskriterien ähnlich der klassischen Feinplanung festgelegt werden. Im Gegensatz zur klassischen Planung bietet sich allerdings teilweise eine Relaxierung von Kriterien an, um für die Planauswahl ein möglichst gutes Bild zur Planungssituation zu erhalten.

Als Ergebnis dieses Systems stehen mehrere Pläne zur Verfügung. Diese müssen jeweils zur Vergleichbarkeit in der gleichen Form aufbereitet und dem Auswahlsystem zur Verfügung gestellt werden.

Auswahl eines Plans

Der letzte Schritt zur Festlegung eines Plans stellt die Auswahl auf Basis der gegebenen Alternativen und möglichen voreingestellten Parametern bzw. festgelegten Strategien dar. Die Parameter oder Strategien können dabei extern manuell vorab festgelegt werden und dienen der Repräsentation von Präferenzen in Hinsicht auf die erstellten Pläne. Bei verschiedenen Szenarien könnte bspw. die Risikoaffinität eines Entscheiders ein Parameter hinsichtlich der Auswahl eines Plans sein. Weitere mögliche Parameter repräsentieren die Präferenzen eines Entscheiders bzgl. der Erreichung möglicher Zielgrößen. Zwar sind die Optimierungskriterien bereits in der Generierungsphase berücksichtigt worden, jedoch existieren häufig weitere, untergeordnete Zielgrößen, die entsprechend in die Planauswahl einfließen können.

Neben den Kriterien, die extern durch den Entscheider festgelegt werden, müssen in die Planauswahl allerdings auch Methoden einfließen, die die Validität des Plans auf Basis der vorliegenden Daten überprüfen. Da es sich um wahrscheinlichkeitsbasierte Planungen handelt, müssen die Eintrittswahrscheinlichkeiten untersucht und bewertet werden. Insbesondere der paarweise Vergleich von Plänen hinsichtlich ihrer Ähnlichkeit kann als Entscheidungsgrundlage hilfreich sein, da sich dadurch Umplanungen beim realen Eintritt von Ereignissen reduzieren lassen. Neben der manuellen Entscheidungsfindung können analog zur Zeitenschätzung auch bei der Planauswahl

Methoden des maschinellen Lernens eingesetzt werden (vgl. Kap. 6.5). Bei einer Aufzeichnung von vergangenen Plänen bzw. Planungsalternativen und der resultierenden Ergebnisse kann die Bestimmung von Plänen mithilfe von Klassifikatoren erfolgen.

5 Entwicklung eines produktorientierten Fertigungsmanagementsystems

Development of a product oriented Manufacturing Execution Systems

5.1 Exemplarisches Szenario

Exemplary scenario

Zur Veranschaulichung der Entwicklung des Fertigungsmanagementsystems wird in diesem Kapitel die in Bild 5.1 dargestellte Fertigungslinie hinsichtlich verschiedener Aspekte untersucht. Die Linie besteht hierbei aus fünf Schritten: Sägen, Drehen, Vorverzahnen, Wärmebehandlung und Hartfeinbearbeitung. Die Drehmaschine ist dabei mit einer roboterbasierten Bestückungsanlage ausgestattet.

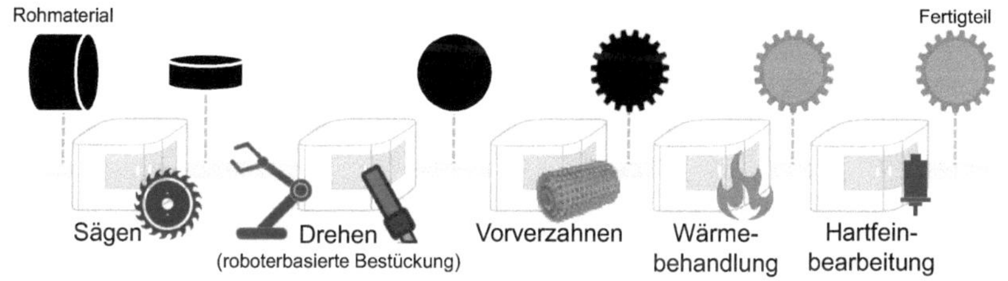

Bild 5.1: Fertigungslinie zur Verdeutlichung des Entwicklungsvorgehens
Production line to demonstrate the development

5.2 Entwicklung des Basissystems

Development of the basic system

Die Dezentralisierung und die hohe Komplexität eines produktorientierten MES erfordern eine geeignete Vorgehensweise zur Erstellung und simulationsbasierten Validierung des Gesamtsystems. Ähnliches wurde bereits in der Vergangenheit in Bezug auf agentenbasierte Fertigungsleitsysteme festgestellt und zur Lösung die vorhandenen Methoden aus der Softwaretechnik angewendet [BUCH08]. Analog hierzu werden auch im folgenden Vorgehen Elemente aus der modellbasierten Entwicklung oder test-getriebenen Entwicklung adaptiert.

Identifikation elementarer Systeme

Da sich das Gesamtmodell rekursiv aufbaut, bietet es sich an, bei der untersten Rekursionsstufe zu beginnen. Hierbei handelt es sich um die letzten Elemente auf dem betrieblichen Hallenboden, die über die anvisierten Kommunikationsstrukturen auf Basis von OPC UA kontaktiert werden können und entsprechende Logiken zur Verarbeitung aufweisen. Dies sind in den meisten Fällen Steuerungen, bspw. für Maschinen oder Anlagenteile. Diese „Einheiten“ gemäß der test-getriebenen Entwicklung werden im Folgenden als „Konnektor“ bezeichnet und können als Teilausschnitt der „Verwaltungsschale“ [ZVEI16] einer Industrie-4.0-Komponente gesehen werden.

Für die Erstellung des Gesamtsystems müssen die Konnektoren lediglich identifiziert und nicht in ihrem Verhalten beschrieben werden (erste Phase). Das Gesamtsystemverhalten ergibt sich letztendlich aus einer verknüpften Ansteuerung der einzelnen Konnektoren. Das genaue Verhalten wird erst in einer zweiten Phase durch die einzelnen Konnektor-Verantwortlichen für das MES über entsprechende Schnittstellen beschrieben. Sowohl für die individuelle Entwicklung als auch für die Entwicklung des Gesamtsystems werden zunächst rudimentäre Implementierungen der Konnektoren bereitgestellt. In der Terminologie der test-getriebenen Entwicklung handelt es sich um Komponenten mit vordefiniertem Verhalten, sog. Mock-Ups [MADE09]. Die Schnittstellen sind zunächst abstrakt durch das Informationsmodell sowie ein allgemeines Verhalten eines Konnektors beschreibbar. An den Stellen, die bspw. eine Produktdefinition benötigen, kann dies durch eine entsprechende abstrakte, virtuelle Repräsentation in Form einer Schnittstelle realisiert werden.

In dem exemplarischen System bilden die elementaren Systeme diejenigen Maschinen bzw. Geräte, die eine eigene Steuerung aufweisen. Da für jedes dieser Elemente zunächst ein eigener Konnektor gebildet wird, sechs Konnektoren: „Säge", „Roboter", „Drehbank", „Wälzfräsmaschine", „Ofen" und „Fräsmaschine" (vgl. Bild 5.2).

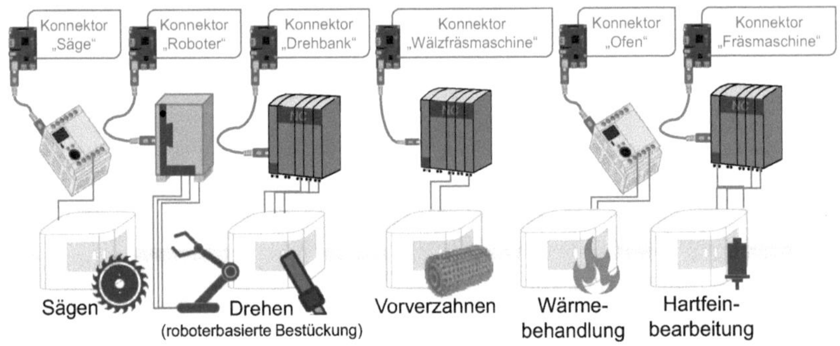

Bild 5.2: Elementare Konnektoren des Fertigungsszenarios
Fundamental connectors of the production scenario

Schnittstellen der elementaren Systeme

Die Entwicklung der Konnektoren kann dezentral durch die jeweiligen Verantwortlichen erfolgen. Der initiale Fokus liegt zunächst auf der Beschreibung der notwendigen und möglichen Schnittstellen zur Informationsbereitstellung vom und zum MES. Diese müssen vom bestehenden oder zu entwickelnden Verhalten der Maschinen abgeleitet werden. Die Beschreibung erfolgt dazu im ersten Schritt so, dass sie sich gut für die Projektierung des internen Verhaltens eignet, und wird dann in einem zweiten Schritt auf Basis der Mock-Ups für das MES interpretierbar adaptiert.

Bzgl. des Produkts handelt es sich hinsichtlich der Schnittstellen sowohl um die benötigten als auch um die bereitstellbaren Informationen. Eine grobe Übersicht der jeweils möglichen Informationen ist bereits im Stand der Technik beschrieben. Die benötigten Informationen können die direkt für die Ausführung des Prozesses notwendigen Informationen überschreiten. Hier können bspw. auch Informationen für die spätere Analyse des Produktionsverhaltens angefordert werden. Die bereitstellbaren Informationen sind alle Produktstatus-Informationen, die aus den Signalen des Prozesses extrahierbar sind.

Da die Entwicklung des Verhaltens der einzelnen Konnektoren parallel zu der Entwicklung des MES erfolgt, sind auch die Schnittstellen möglichen Änderungen unterlegen. Ziel der Erstellung der Schnittstellen sollte zwar eine vollständige Beschreibung sein, diese ist jedoch nicht zwingend erforderlich.

Im zweiten Schritt erfolgt die Verknüpfung der allgemeinen Schnittstellen mit den konnektor-internen Schnittstellen. Hierbei werden zunächst die vorhandenen Schnittstellen genutzt und falls notwendig Erweiterungen durchgeführt. Dieser Schritt bildet damit das Bindeglied zwischen den beiden Entwicklungsperspektiven des Gesamtsystems. Die Aufwände zur Anpassung des Informationsmodells, insbesondere hinsichtlich des OPC-UA-Informationsmodells, sind durchzuführen.

Die Trennung zwischen der übergreifenden Implementierung und der spezifischen Beschreibung auf Ebene der Konnektoren ermöglicht eine getrennte Validierung und verständliche Beschreibung auf beiden Ebenen. Für die Konnektorenentwicklung sind die Schnittstellen intern verständlich beschreibbar, während die Entwicklung im MES auf allgemeinen Schnittstellen durchgeführt werden kann. So ist eine generische Entwicklung des Systems möglich. Dies unterscheidet den Konnektor auch bspw. von den klassischen Agenten im Fertigungsumfeld, bspw. aus [POSS06].

Im Szenario müssen die elementaren Konnektoren jeweils eine Softwareschnittstelle zur Ansteuerung durch das überlagerte MES bereitstellen. Diese Schnittstelle ist die in Bild 5.3 für den Konnektor „Wälzfräsmaschine“ dargestellte erste Schnittstelle. Die zweite, wesentlich hardwarenähere Schnittstelle des Konnektors ist die Schnittstelle für die Verbindung mit der NC der Wälzfräsmaschine.

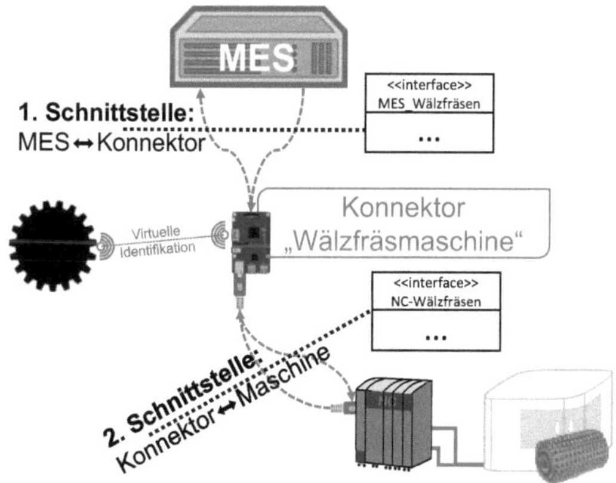

Bild 5.3: Schnittstellen des Konnektors „Wälzfräsmaschine“

Interfaces of the connector "Wälzfräsmaschine"

Strukturierung des MES

Die Strukturierung des MES stellt für das übergeordnete System die letzte strukturorientierte Aufgabe dar. Hierbei werden in Abhängigkeit von der Komplexität mehrere elementare Konnektoren zu Gruppen zusammengefasst. Bei dieser Gruppierung kann es sich bspw. um räumliche (Zellen) oder logische (Funktionen) Zusammenfassungen handeln. Diese Gruppen verhalten sich gegenüber dem untergeordneten Konnektor wie ein MES und gegenüber dem übergeordneten MES wie ein Konnektor. Für sie müssen dementsprechend auch wiederum Konnektor-Mock-Ups erstellt werden. Für ihr internes Verhalten müssen die Funktionalitäten eines MES inkl. der Methoden zur Kommunikation mit den untergeordneten Konnektoren implementiert werden.

Hinsichtlich der Strukturierung im Beispielszenario bietet sich auf Basis der logischen Zusammengehörigkeit von der Drehmaschine und der roboterbasierten Bestückung die Zusammenführung dieser beiden untergeordneten Systeme zu dem System „Drehzentrum" an (vgl. Bild 5.4). Hierdurch können Abhängigkeiten von Operationen auf einer untergeordneten Ebene, d. h. unterhalb des Gesamtszenarios, geprüft und entsprechend gesteuert werden.

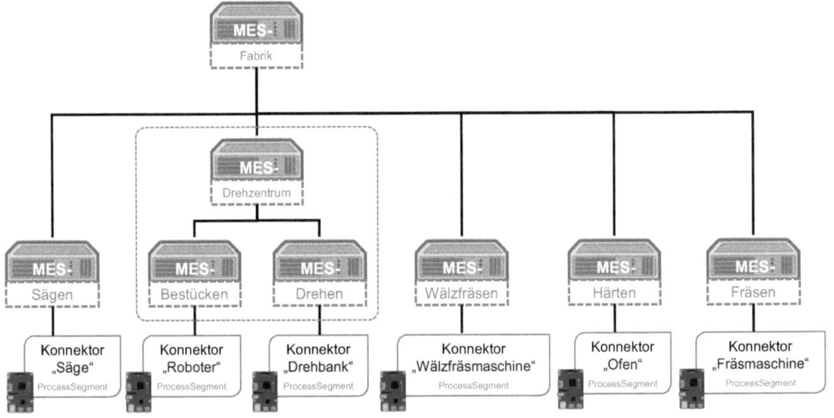

Bild 5.4: Strukturierung des MES für das Szenario
Structuring of the MES for the scenario

5.3 Entwicklung der Produktionszeitenschätzung

Development of the production time estimation

Vorgehensweise zur Entwicklung

Die Entwicklung des Systems zur Produktzeitenschätzung erfordert die iterative Umsetzung der genannten Teilsysteme. Hierzu wird die Vorgehensweise im Folgenden dargestellt.

Datenakquise

Für die Datenakquise gilt es, im Falle einer vollständigen Umsetzung des Fertigungsmanagementsystems die entsprechenden Schnittstellen zum Informationsmodell zu schaffen. Hierzu müssen die Produktsegmente ausgelesen und die entsprechenden Zeiten extrahiert werden. Die Reihenfolge der Produktsegmente spiegelt dabei die notwendige Produktionsreihenfolge wider.

Für den Einbezug externer Datenquellen müssen Methoden geschaffen werden, um die entsprechenden Datenformate zu interpretieren. Im einfachsten Fall handelt es sich hierbei bereits um Comma-Separated-Value-Dateien (.csv-Dateien) mit Metadaten. Diese werden bspw. durch Tabellenverarbeitungs-Programme erzeugt und beinhalten neben den Datensätzen auch eine textuelle Beschreibung der Felder innerhalb der Datensätze.

Datenbereinigung

Zur Durchführung der Datenbereinigung wird die Regelbasis benötigt. Zur Entwicklung der Regelbasis bedarf es einer Vorab-Betrachtung des vorhandenen Datensatzes. Die Implementierung des Regelsystems sollte hierbei in einem eigenen System erfolgen.

In Bild 5.5 werden beispielhaft die für einen Vorgang an einer Fräsmaschine ausgelesenen Datensätze und deren Transformation in bereinigte Daten aufgezeigt. Hierbei werden zunächst an der Maschine alle Ereignisse für einen Bearbeitungsschritt (z. B. „Fertigstellung“) mit einem Zeitstempel versehen gespeichert. Diese Ereignisse werden gemeinsam mit der simulierten Bearbeitungszeit und weiteren produktspezifischen Daten gesammelt. Anschließend erfolgt die Zusammenführung aller gesammelten Daten in den im unteren Bereich des Bildes dargestellten Ergebnisdatensatz.

Datenanalyse

Die Entwicklung der Datenanalyse umfasst primär die Erstellung von Modellen zum maschinellen Lernen. Für die Erstellung existiert eine Reihe von umfangreichen Bibliotheken, die bereits die grundsätzlich anwendbaren Methoden wie SVM oder KNN bereitstellen. Beispielhaft seien an dieser Stelle die „Statistics and Machine Learning Toolbox“ für MATLAB [THEM13], Accord.Net für die Entwicklung in .Net-Umgebungen [SOUZ14] oder das cloudbasierte Azure Machine Learning Studio [BARG15] genannt. Jede dieser Bibliotheken stellt eine Reihe an teilweise unterschiedlich implementierten und parametrierbaren Funktionalitäten zum maschinellen Lernen zur Verfügung. In der Entwicklung der Analyse gilt es daher zunächst eine Auswahl der zu verwendenden Bibliothek zu treffen und anschließend die Modelle gemäß den individuellen Zielstellungen zu entwickeln.

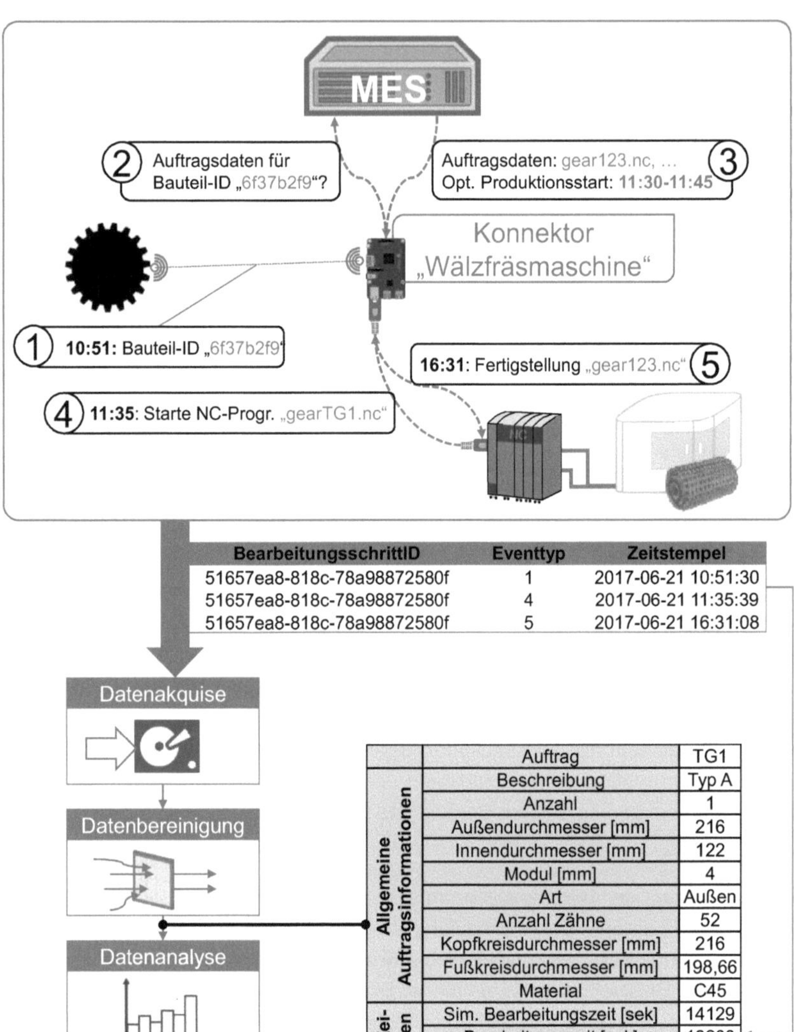

Bild 5.5: Datenaufbereitung für die Produktionszeitenschätzung

Data preparation for the production time estimation

Zeitenschätzung

Die Entwicklung der Zeitenschätzung umfasst die Erstellung von Schnittstellen zu den in der Datenanalyse entwickelten Modellen. Zur Durchführung der Zeitenschätzung müssen die Eingangsdaten – d. h. bspw. Auftragsdaten – mit den Schnittstellen des Modells verbunden und die Ausgangsdaten – d. h. bspw. die geschätzten Zeiten oder Verteilungen – aus dem Ergebnis der Berechnungen des Modells extrahiert und übergeordneten Systemen bereitgestellt werden.

Bewertung der Vorhersage

Das Ziel bei der Modellerstellung für die Zeitenschätzung ist die Generierung eines Modells, das nicht nur auf den Trainingsdaten gute Ergebnisse erzielt, sondern in der realen Anwendung mit bisher unbekannten Fällen eine gute Zeitenschätzung erreicht. Im Kontext des maschinellen Lernens wird dies als Generalisierung (engl. generalization) des Modells bezeichnet. Bei der Auswahl zwischen mehreren Modellen oder Methoden ist dementsprechend die Methode auszuwählen, die die beste Generalisierung erreicht [BISH06]. Das hierfür am häufigsten eingesetzte Verfahren ist die Kreuzvalidierung (engl. cross validation) [HAST09]. Bei der k-fachen Kreuzvalidierung wird der Datensatz mit N Elementen in k Teile unterteilt. Das Training des Modells erfolgt dann mit k-1 Teilen und der Test mit dem übrigen Teil. Dieser Schritt wird für alle k Teile durchgeführt und der Fehler als Mittelwert über alle k Teile angegeben. Ein Spezialfall ist die N-fache Kreuzvalidierung, die in der Literatur als Leave-one-out Cross Validation bezeichnet wird. Hierbei erfolgt die Nutzung von N-1 Datenpunkten zur Modellerstellung und der Test mit dem N-ten Datenpunkt. Dies erfolgt entsprechend für alle Datenpunkte. Diese Vorgehensweise ist insbesondere bei Vorliegen von nur geringen Datenmengen empfehlenswert, da so das Maximum an Datenpunkten zur Modellerstellung zur Verfügung steht (vgl. [BISH06] oder [HAST09]).

Bei einem Test des Modells mittels der Kreuzvalidierung steht sowohl die durch das Modell geschätzte Zeit als auch die tatsächliche benötigte Zeit zur Verfügung.

5.4 Entwicklung der Plangenerierung unter Unsicherheit

Development of the plan generation under uncertainty

5.4.1 Allgemeines Vorgehen

General approach

Im Anschluss an die Aufbereitung der Produktionsdaten werden die transformierten Daten vom Feinplanungsmodul interpretiert, in entsprechende Pläne überführt und aus den Plänen eine Auswahl getroffen. Diese Vorgehensweise leitet sich aus dem Referenzmodell ab und gilt es, im Detail auszuführen.

Durch den Aufbau des Referenzmodells und die verschiedenen Möglichkeiten zur Berücksichtigung der geschätzten Möglichkeiten bietet sich eine gestufte Entwicklung und Evaluierung der Entwicklungen an. Dementsprechend erfolgt der Aufbau des Systems in drei Schritten, die sich am Ende zu einem Gesamtsystem zusammensetzen (vgl. Bild 5.6):

1. **Entwicklung der Plangenerierung auf Basis des deterministischen Ersatzwertmodells**
   Im ersten Schritt werden die notwendigen Entwicklungen zur Aufbereitung der Verteilungsfunktion und Generierung der Pläne durchgeführt. Anschließend werden der Erwartungswert als deterministischer Ersatzwert (D-EW) gebildet und die Ergebnisse mit den üblicherweise verwendeten Planzeiten verglichen.

2. **Entwicklung der Plangenerierung unter Einbezug der Verteilungsfunktion**
   Die Entwicklungen des ersten Schritts werden um die Generierung von Entscheidungsalternativen auf Basis der Verteilungsfunktion erweitert. Es erfolgt eine Bewertung der generierten Entscheidungsalternativen durch einen entsprechenden Vergleich mit den optimalen Plänen hinsichtlich einer gegebenen Zielfunktion, die unter Kenntnis der realen Zeiten generiert werden.
3. **Erweiterung der Plangenerierung unter Einbezug von maschinellem Lernen**
   Im letzten Schritt werden die erstellten Pläne hinsichtlich ihrer Validität mittels Methoden des maschinellen Lernens bewertet. Für unterschiedliche Vorgehensweisen bei der automatisierten Bewertung werden die Ergebnisse mit den optimalen Plänen verglichen.

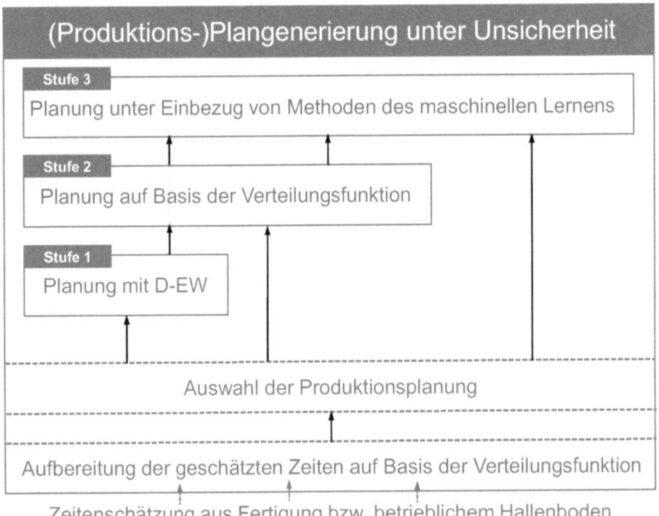

Bild 5.6: Plangenerierung unter Unsicherheit
Plan generation under uncertainty

Während die grundsätzlichen Entwicklungsschritte aufeinander aufbauen, erfordern die einzelnen Schritte teilweise eigene Vorgehensweisen zur Evaluierung der Ergebnisse. Dementsprechend wird im Weiteren für jeden Schritt die detaillierte Vorgehensweise zur Entwicklung der Systeme sowie die zugehörige Vorgehensweise zur Evaluierung vorgestellt.

5.4.2 Planung mit deterministischem Ersatzwertmodell

Planning utilizing the deterministic substitute value model

Vorgehensweise zur Entwicklung

Die Planung unter Unsicherheit vereint als übergreifendes Szenario die Aspekte zur Verteilung von Produktinformationen und die Schätzung von Produktionsdaten mit Algorithmen zur Planung der Produktionsschritte. Die generierten Pläne müssen anschließend hinsichtlich ihrer Eignung mit den Plänen, die unter vollständiger Kenntnis der zukünftigen Produktionszeiten erzeugt wurden, verglichen werden.

Aufbau der dezentralen Schätzung der Produktionszeiten unter Unsicherheit

Die dezentrale Schätzung der Produktionsdaten unter Unsicherheit vereint die Verteilung der Produktionsdaten mit der dezentralen Schätzung von Produktionszeiten unter Kenntnis von vergangenen Daten sowie den in der Arbeitsvorbereitung bestimmten Expertenschätzungen. Dies beinhaltet die Entwicklung von Modellen für jede Maschine, mit deren Hilfe die Schätzung der Produktionszeit durchgeführt werden kann. Diese Modelle müssen über entsprechende Schnittstellen mit den übergeordneten Planungseinheiten, in diesem Fall dem Constraint-Löser, verbunden werden.

Das Ergebnis der Produktionszeitenschätzung können unterschiedliche Arten von Verteilungsfunktionen sein. Eine Möglichkeit, die später auch bei der Entscheidungsfindung sinnvoll interpretiert werden kann, stellt die Bildung von Quantilen dar. Das p-Quantil (Q_p) unterteilt die Verteilungsfunktion in zwei Bereiche, von denen der linke eine Wahrscheinlichkeit von p und der rechte eine von 1-p aufweist.

Anschaulich, im Sinne der Produktionszeiten betrachtet, wird mit Berechnung der Zeiten bspw. für das Quantil $Q_{0,8}$ vorgegeben, dass der später in der Realität auftretende Wert mit einer Wahrscheinlichkeit von 80 % unterhalb des für $Q_{0,8}$ berechneten Wertes liegt (vgl. Bild 5.7). Mit der späteren Auswahl der Quantile bzw. des Quantils kann somit auch die Risikoaffinität bzw. in diesem Fall die Risikoaversität eines Entscheiders widergespiegelt werden.

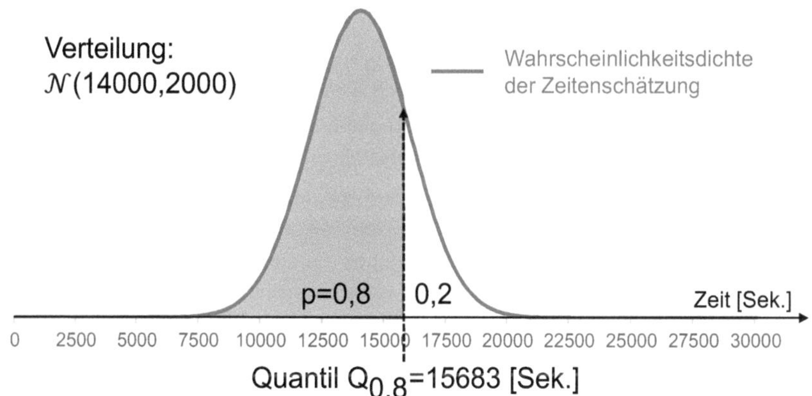

Bild 5.7: Verteilungsfunktion und Quantil
Probability distribution and quantile

Die Quantile können dabei beliebig feingranular aufgelöst werden. Zusätzliche Quantile resultieren in einer späteren feingranulareren Bestimmung bzw. Auswahl eines Plans, bedeuten jedoch auch einen höheren Planungsaufwand, da jedes Quantil potenziell einen eigenen Plan erfordert. Da die Planung automatisch erfolgt, erhöht sich damit lediglich die notwendige Berechnungszeit.

Die Berechnung der Zeitwerte für die jeweiligen Quantile hängt von der zugrundeliegenden Verteilungsfunktion ab. Für eine beliebige Normalverteilung ergibt sich bspw. folgende Vorgehensweise:

1. **Bestimmung des z_p-Wertes zum p-Quantil für die Standardnormalverteilung**
   Der z_p-Wert ist der Wert, der sich an der Stelle p in der Standardnormalverteilung ergibt. Dieser kann mithilfe einer Tabelle der Standardnormalverteilung ermittelt werden.
2. **Transformation des z_p-Wertes in die gegebene Normalverteilung**
   Um den gewünschten Wert für eine beliebige Normalverteilung mit dem Erwartungswert μ und der Standardabweichung σ zu erhalten, kann die übliche Formel zur Transformation einer Standardnormalverteilung angewandt werden. Dies resultiert in einer Berechnung des gewünschten Werts Q_p:

$$Q_p = z_p * \sigma + \mu \tag{5.3}$$

Bei der Planung mit dem deterministischen Erwartungswert wird für jede Zeitenschätzung ausschließlich der Median betrachtet. Dieser ergibt sich bei $Q_{0,5}$, daher muss auch nur dieses Quantil für die Planung auf Basis des deterministischen Ersatzwerts berechnet werden [DUEM16].

Aufbau einer constraint-basierten Planung unter Verwendung der geschätzten Produktionszeiten

Eine etablierte Methode zur Bestimmung von Produktionsplänen ist das sog. „Constraint Programming“ (CSP) bzw. die „constraint-basierte Optimierung“ [BAPT06]. Hierbei handelt es sich um ein Programmierparadigma, bei dem das Verhältnis zwischen verschiedenen Variablen als Bedingung bzw. Beschränkung (engl. Constraint) formuliert wird. Die Formulierung der Einschränkungen in Kombination mit einem Optimierungskriterium wird von den sog. Constraint-Lösern (engl. Constraint Solver) zur Lösung des entstehenden Optimierungsproblems verwendet.

Für die Produktionsplanung können die Methoden der Constraint-Optimierung verwendet werden, um Produktionspläne unter Berücksichtigung bestimmter Einschränkungen zu entwickeln. Typische Einschränkungen in der Erstellung von Produktionsplänen sind bspw. die vorgegebene Folge von Arbeitsschritten zur Bearbeitung eines Teils sowie die Tatsache, dass jeweils nur ein einziges Teil zu einer bestimmten Zeit auf einer Maschine produziert werden kann. Die Anwendbarkeit für verschiedene Produktionstypen wurde vielfach nachgewiesen, u. a. auch in der Planung von Fertigungsreihenfolgen für flexible Fertigungssysteme [FAYZ10].

Vorgehensweise zur Evaluierung

Für die Evaluierung sind grundsätzlich drei Zeitpunkte bzw. Produktionspläne zu unterscheiden (vgl. Bild 5.8):

- Produktionsplan unter Kenntnis der realen Bearbeitungszeiten
- Geschätzter Produktionsplan zum Zeitpunkt der Einplanung
- Geschätzter Produktionsplan nach der Abarbeitung der Aufträge

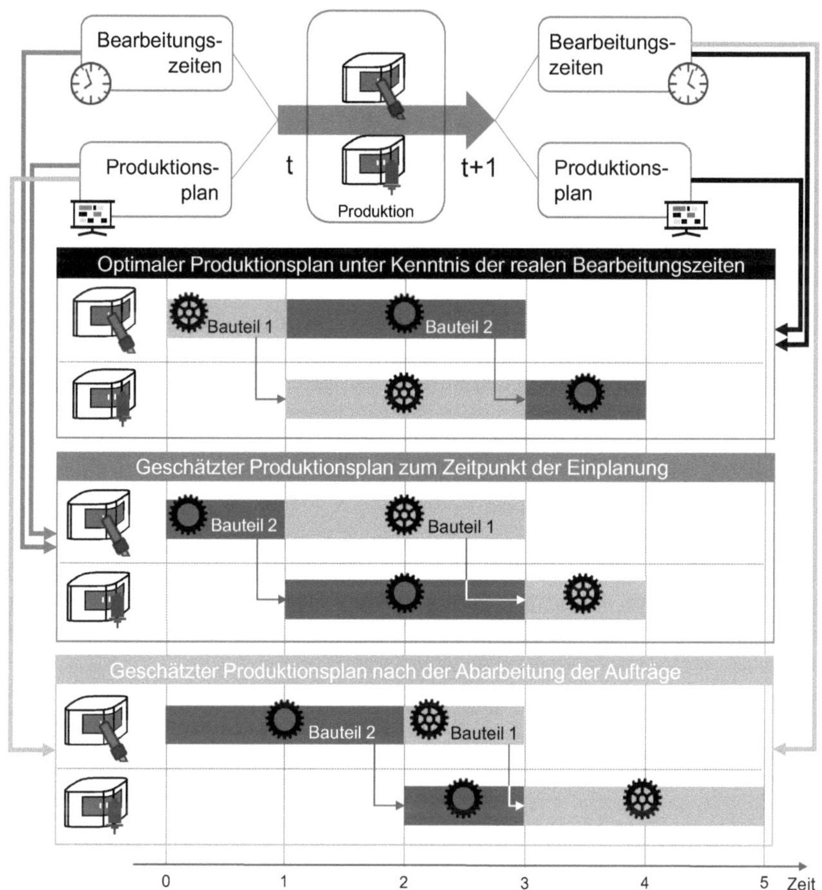

Bild 5.8: Vorgehensweise zur Evaluierung

Approach for the evaluation

Sofern eine a-posteriori-Bewertung durchgeführt wird, ist der erste Produktionsplan derjenige, der unter Kenntnis der realen Bearbeitungszeiten optimalerweise hätte durchgeführt werden sollen (1. Schritt).

Der zweite Produktionsplan ist der Plan, der auf Basis von errechneten oder geschätzten Werten aufgestellt wird. Dieser Plan bestimmt die Sequenz der Aufträge bzw. Bearbeitungsschritte, wie diese auf den jeweiligen Maschinen bearbeitet werden sollen (2. Schritt).

Die Durchführung dieses Plans unter Berücksichtigung der tatsächlichen (simulierten) Produktionszeiten führt zum dritten Produktionsplan (3. Schritt). Dieser weist dabei ggf. unterschiedliche Bearbeitungszeiten je Bearbeitungsschritt im Vergleich zum ersten Plan auf, behält jedoch die Sequenz des ersten Plans bei. Da für unterschiedliche Bearbeitungszeiten jeweils verschiedene optimale Pläne existieren, ergeben sich insgesamt auch verschiedene Durchlaufzeiten der einzelnen Aufträge.

Zunächst werden die Daten analog zu der Aufbereitung der Daten in der Produktionszeitenschätzung des vorgehenden Unterkapitels aufbereitet. Der wesentliche Unterschied liegt dabei in einer geringeren Granularität der Daten, die zur Produktionszeitenschätzung verwendet werden. Dies hat zunächst nur geringe Auswirkungen auf die Anwendbarkeit der beschriebenen Methoden, beeinflusst jedoch die Qualität der Zeitenschätzung. Daher bietet sich bei der Evaluierung der Ergebnisse kein absoluter, sondern ein relativer Vergleich an.

Ein Beispiel der beschriebenen Vorgehensweise wird hinsichtlich möglicher Ausprägungen in Bild 5.8 dargestellt. Hierbei wird der vereinfachte Fall von zwei Bauteilen mit unterschiedlichen Bearbeitungszeiten auf den gleichen, bis zum Einplanungszeitpunkt leeren Maschinen angenommen. Der oberste der drei Pläne zeigt den idealen Produktionsplan unter a-priori-Kenntnis der realen Bearbeitungszeiten. In diesem Fall wäre es zur Reduktion der Gesamtbearbeitungszeit sinnvoller, Bauteil A vor Bauteil B zu fertigen. Im Gegensatz dazu ist nur unter Kenntnis der geschätzten Produktionszeiten die andere Reihenfolge, d. h. Bauteil B vor Bauteil A, aufgrund unterschiedlicher Bearbeitungszeiten auf der ersten Maschine sinnvoller. Da die Planung vorab nur auf Basis dieser geschätzten Zeiten erfolgen kann, stellt der generierte Ablauf die Basis für den dritten Plan dar. Im dritten Plan werden allerdings wie im ersten die realen Bearbeitungszeiten berücksichtigt.

Zur Evaluierung der Ergebnisse werden zwei Methoden verwendet:

1. **Vergleich der resultierenden Bearbeitungssequenzen**: Das primäre Ergebnis des Constraint-Lösers ist die Reihenfolge, mit der die Teile auf der Maschine bearbeitet werden sollen. Somit liefert ein Vergleich der Sequenzen aus dem ersten Schritt mit denen aus den nachfolgenden Schritten einen ersten Hinweis auf die Qualität der Planungsergebnisse.
2. **Vergleich der resultierenden Auftrags- und Maschinenzeiten**:
   a. Maschinenzeiten: Für die Planung von Schichten oder die Make-or-Buy-Entscheidung ist die Auslastung von Maschinen ein wesentliches Entscheidungskriterium. Die Kenntnis der voraussichtlichen Auslastung einer Maschine und insb. die Bestimmung der am höchsten ausgelasteten Maschine („Engpass-Maschine") ermöglicht die frühzeitige Einleitung von Maßnahmen bspw. zur Verbesserung der Termintreue. Vor diesem Hintergrund müssen für jede Maschine die gesamte Zeit, in der sie sich in der Bearbeitung eines Bauteils befindet, der Zeitraum zwischen der ersten und letzten Bearbeitung von Aufträgen sowie die resultierende Engpass-Maschine ermittelt werden. Die Ergebnisse für jeden der drei Planungsschritte können anschließend erneut miteinander verglichen werden.
   b. Auftragszeiten: Zur Bestimmung des Lieferzeitpunkts bzw. Einleitung von ggf. notwendigen Maßnahmen zur Einhaltung eines vorgegebenen Lieferzeitpunkts ist eine möglichst genaue Kenntnis des voraussichtlichen Lieferzeitpunkts erforderlich. Zur Bestimmung der Qualität der Pläne aus dem

zweiten und dritten Schritt werden diese Daten mit den jeweiligen Daten des ersten Schrittes verglichen.

Sequenzvergleich

Den ersten Schritt in der Evaluierung bildet der Vergleich der entstehenden Bearbeitungsreihenfolgen bzw. -sequenzen in verschiedenen Plänen. Hinsichtlich des Vergleichs von Sequenzen existieren u. a. sowohl im Bereich der Rechtschreibprüfung als auch im Vergleich von DNA-Sequenzen Methoden, die die Ähnlichkeit von verschiedenen Zeichen- bzw. DNA-Folgen durch Berechnung eines Abstandes zwischen zwei Sequenzen angeben können. Die unterschiedlichen Algorithmen für diese Metriken – auch als Zeichenfolgen-Metriken bekannt – besitzen aufgrund von verschiedenen Einsatzgebieten jeweils individuelle Vorteile. Zur Anwendung der in diesem Gebiet bestehenden Algorithmen für den vorliegenden Fall, können den einzelnen Aufträgen jeweils individuelle Zeichen zugewiesen werden. Das bedeutet, dass dem Auftrag „TG123“ bspw. immer das Zeichen A, dem Auftrag „TG987“ das Zeichen B, Auftrag „TG555“ immer C zugewiesen wird usw. (vgl. Bild 5.9).

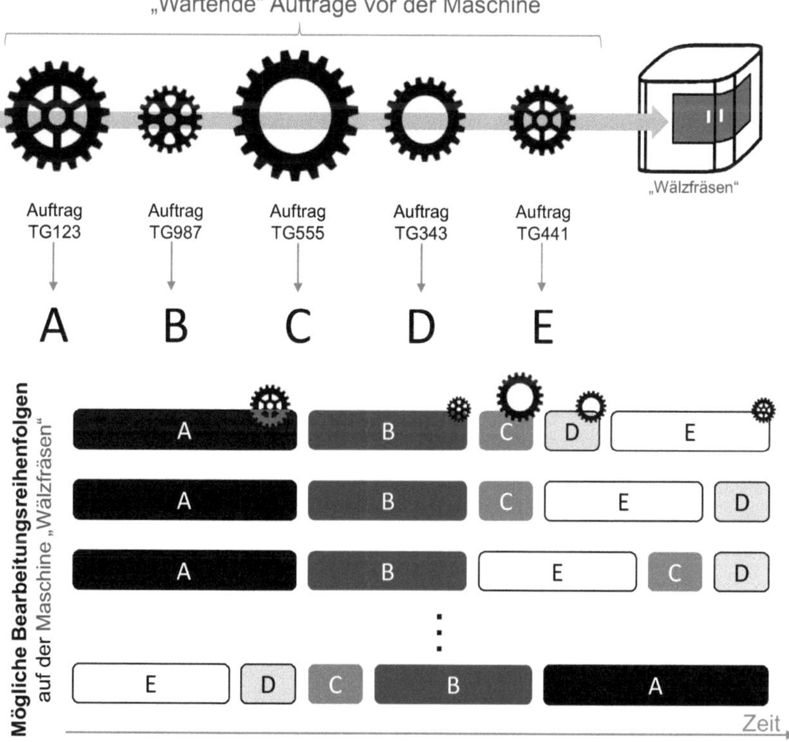

Bild 5.9: Sequenzvergleich für Bearbeitungsreihenfolgen
Comparison of production sequences

Die Bearbeitungssequenzen für die Maschinen besitzen hierbei den besonderen Charakter, dass die interne Reihenfolge der Bearbeitungsschritte eines Auftrags nicht vertauschbar ist. Ein Ausschnitt der hieraus resultierenden möglichen Bearbeitungsreihenfolgen für eine einzelne Maschine ist im unteren Bereich von Bild 5.9 dargestellt. Der Zusammenhang zwischen einer möglichen Auftragsreihenfolge und der Zeichenkette ergibt sich damit bspw. zu:

Zeichenfolge ABCDE

→ Auftragsreihenfolge: „TG123“, „TG987“, „TG555“, „TG343“, „TG441“

Für die Produktionsplanung schränkt die Zuordnungsfähigkeit, bspw. im Gegensatz zum Anwendungsgebiet der Rechtschreibkorrektur, die möglichen auftretenden Wörter ein. Insbesondere sind für die Zeichenfolge in jedem Fall die Anzahl eines jeden Zeichens und somit auch die gesamte Anzahl an Zeichen für jede Zeichenkette einer Maschine für jeden der Pläne gleich. Aufgrund der genannten Einschränkungen in der Varianz der Auftragsreihenfolge lassen sich geeignete Methoden zur Evaluierung der Zeichenkette auswählen. Für den vorliegenden Fall bilden vor allem die sog. „Hamming-Distanz“ und die „Levensthein-Distanz“ zwei geeignete Zeichenketten-Metriken, die im Folgenden näher erläutert werden.

Hamming-Distanz

Die Entwicklung der Hamming-Distanz entstammt der Codierungstheorie, mit deren Hilfe durch entsprechende Absicherungen von kodierten Wörtern eine Fehlererkennung oder Fehlerkorrektur von übertragenen Wörtern durchgeführt werden kann. Die Anwendung der Hamming-Distanz ist nur bei gleich langen Zeichenketten möglich und zeigt – allgemein formuliert – die Anzahl an unterschiedlichen Zeichenstellen in zwei Zeichenketten auf. Mathematisch ergibt sich dafür folgende Definition:

Gegeben seien zwei gleich lange Zeichenketten $a=a_1 \ldots a_n$ und $b=b_1 \ldots b_n$ über dem gleichen Alphabet $\mathbb{A}$, dann ergibt sich die Hamming-Distanz nach [MELI95] als:

$$d_{Hamming}(a,b) := |(i \in \{1 \ldots n\} \mid a_i \neq b_i)|. \qquad (5.4)$$

Gemäß der Definition wird dementsprechend die Summe aller unterschiedlichen Zeichen in zwei Zeichenketten betrachtet.

Beispielhaft für diesen Anwendungsfall ergibt sich für die Vertauschung des Auftrags „TG987“ und „TG555“ die Zeichenkette ACBDE (vgl. Bild 5.10 oben) und eine Hamming-Distanz zur vorherigen Reihenfolge von:

$d_{Hamming}$(ABCDE,ACBDE)=2 (Hamming-Distanz zwischen ABCDE und ACBDE)

Problematisch bei der ausschließlichen Betrachtung der Hamming-Distanz ist die Tatsache, dass eine vermeintlich kleine Änderung an der Zeichenkette in einer hohen Hamming-Distanz resultiert. Würde bspw. der erste Auftrag „TG123“ im Gegensatz zur ursprünglichen Fassung als letztes bearbeitet, resultiert die Zeichenkette BCDEA (vgl. Bild 5.10 unten) und die Hamming-Distanz:

$d_{Hamming}$(ABCDE,BCDEA)=5 (Hamming-Distanz zwischen ABCDE und BCDEA)

Die Kenntnis dieser Änderung ist zwar auf der einen Seite von Relevanz für die Betrachtung der Auftragsreihenfolge, da sich eine wesentliche Änderung für Auftrag „TG123“ ergeben hat. Auf der anderen Seite spiegelt die Hamming-Distanz jedoch in diesem Fall nicht die grundsätzliche Ähnlichkeit zwischen den beiden Sequenzen wider. Daher wird ein weiteres Distanzmaß benötigt.

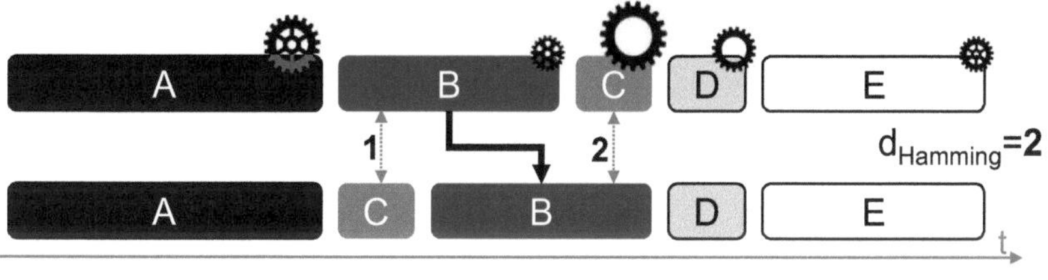

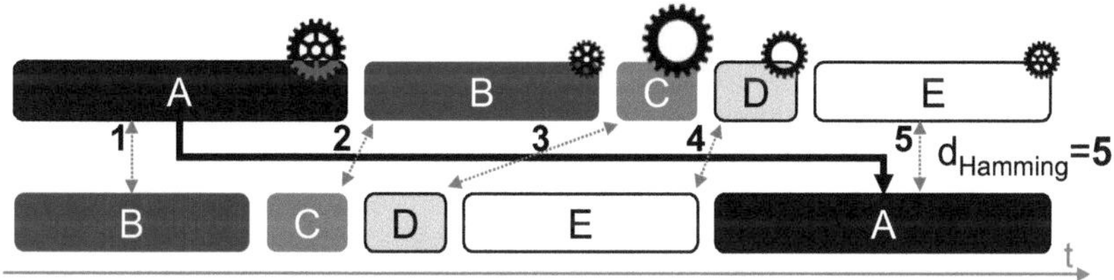

Bild 5.10: Änderungen von Bearbeitungsreihenfolgen

Changes of production sequences

Levensthein-Distanz

Als Levensthein-Distanz oder auch Editier-Distanz wird die Metrik bezeichnet, bei der die minimale Anzahl an Editier-, Lösch- oder Einfüge-Operationen gemessen wird. Im Gegensatz zur Hamming-Distanz müssen hierzu die beiden Zeichenketten nicht die gleiche Länge aufweisen, auch wenn dies im vorliegenden Anwendungsbeispiel immer der Fall ist. Für den vorliegenden Fall kann ein leicht abgewandelter Levensthein-Algorithmus verwendet werden, bei dem lediglich gleich lange Zeichenketten untersucht werden (s. Anhang „Angepasster Levensthein-Algorithmus“).

Mithilfe dieses Algorithmus lässt sich die Levensthein-Distanz für die bereits aufgezeigten Beispiel-Vergleiche berechnen als:

$$d_{Levensthein}(ABCDE,ACBDE)=2$$

$$d_{Levensthein}(ABCDE,BCDEA)=2$$

Für den zweiten Fall ergibt sich im Vergleich mit der Hamming-Distanz ein veränderter Wert, da die Veränderung durch Einfügung des „A“ am Anfang und der Löschung des „A“ am Ende erreicht werden kann. Daher sind nur zwei Editier-Operationen notwendig.

Vergleich der Maschinen- und Auftragszeiten

Hinsichtlich der Vergleichbarkeit der resultierenden Pläne in Bezug auf die Maschinen und Aufträge existiert eine Reihe von verschiedenen Kennzahlen-Systemen, die je nach Zielkriterium und Unternehmensstrategie sehr unterschiedlich sein können. Da eine Vereinheitlichung schwer möglich ist, wird im Folgenden eine beispielhafte Auswahl getroffen, auf Basis derer die verschiedenen Pläne verglichen werden können. Dies zeigt die mögliche Vorgehensweise zum Vergleich und damit zur beispielhaften Evaluierung auf.

Maschinenzeiten-Vergleich

Zum Vergleich der Maschinenzeiten werden drei Kriterien zur Evaluierung herangezogen:

1. Belegzeit-Differenz (individuell für jede Maschine): Als Belegzeiten werden die Zeiten angenommen, in denen sich eine Maschine in der Bearbeitung eines Teils befindet. Diese Zeit variiert durch die unterschiedlich angenommenen bzw. aufgenommenen Bearbeitungszeiten je Bearbeitungsschritt. Als Belegzeit-Differenz wird der Unterschied zwischen der idealen Belegzeit und der im Plan ermittelten Belegzeit definiert.
2. Gesamtlaufzeit-Differenz (individuell für jede Maschine): Als Gesamtlaufzeit wird der Zeitraum zwischen dem Beginn des ersten Vorgangs auf einer Maschine bis zum Ende des letzten Vorgangs auf einer Maschine angenommen. Damit entspricht dies dem Zeitraum in dem – unter Annahme von sehr hohen Aufwänden zur Abschaltung – die Maschine eingeschaltet bleiben sollte. Die Gesamtlaufzeit-Differenz wird ebenso als Unterschied zwischen der Gesamtlaufzeit nach dem Idealplan und den jeweils anderen Plänen ermittelt.
3. Bestimmung der Engpass-Maschine (übergreifend): Als Engpass-Maschine wird die Maschine mit der höchsten Belegzeit definiert. Die korrekte Bestimmung dieser Maschine ist essentiell für Planungsvorgänge in der Arbeitsvorbereitung.

Auftragszeiten-Vergleich

Da als Zielkriterium des Constraint-Lösers die Optimierung der Durchlaufzeit zugrunde gelegt werden kann, bietet sich eine Auswertung der auftragsindividuellen Durchlaufzeiten an. Als Kriterien können dabei folgende betrachtet werden:

1. Durchlaufzeit-Differenz: Die Durchlaufzeit wird als Zeitraum zwischen Beginn und Fertigstellungsdatum definiert. Die Differenz ergibt sich wiederum aus dem Vergleich mit dem Idealplan.
2. Fertigstellungsdatum-Differenz: Das voraussichtliche Fertigstellungsdatum dient in Betrieben mit hohen Anforderungen an die Termintreue als Kriterium, um die Entscheidung zur internen oder externen Vergabe sowie die Angabe eines Lieferzeitpunkts durchzuführen. Dementsprechend dient die Bestimmung der Differenz in Hinsicht auf das Fertigstellungsdatum einer Bewertung der erstellten Pläne vor dem Hintergrund einer derartigen Vorgehensweise.

5.4.3 Plangenerierung auf Basis der Verteilungsfunktion

Plan generation based on the probabilistic function

Vorgehensweise zur Entwicklung

Die Vorgehensweise bei der Plangenerierung unter Einbezug der Verteilungsfunktion erfolgt in den Schritten der Aufbereitung und Plangenerierung in analoger Weise zum deterministischen Ersatzwertmodell. Unterschiedlich ist in den ersten Schritten lediglich die Anzahl an erstellten Werten für die höhere Anzahl an Quantilen. Die Aufbereitung muss dabei für jedes zu betrachtende Quantil einen Zeitwert für den jeweiligen Schritt in der Produktion bereitstellen. Für die resultierende Anzahl an Zeitwerten wird dann jeweils ein Planungslauf mithilfe des Constraint-Planers durchgeführt. Die resultierende Anzahl an unterschiedlichen Plänen ist somit gleich der Anzahl an zu betrachtenden Quantilen.

Der größte Unterschied im Vergleich zur Planung auf Basis des D-EW ergibt sich dadurch, dass im Anschluss an die Erstellung der verschiedenen Pläne eine Auswertung hinsichtlich ihrer Güte und eine Auswahl erfolgen muss. Das Ergebnis der Auswertung stellt die Bewertung der Pläne hinsichtlich ihrer Nähe zu dem Plan dar, der unter Kenntnis der realen Zeiten ermittelt worden wäre. Die Evaluierung der vorgestellten Vorgehensweise erfolgt auf Basis der erstellten Pläne für die jeweiligen Quantile.

Die Grundlagen für die Auswertung stellen analog zur Vorgehensweise in der D-EW-Planung die Distanzen – bspw. Hamming-Distanz, Levensthein-Distanz oder eine Kombination verschiedener Distanz-Maße – zwischen Plänen dar. Der Unterschied ergibt sich dadurch, dass in der a-priori-Betrachtung bereits die Distanzen der einzelnen Pläne zueinander untersucht werden können. Die Hypothese lautet hierbei:

Wenn ein Plan a priori die geringste durchschnittliche, gewichtete Distanz zu den anderen Plänen hat, dann erhöht sich die Wahrscheinlichkeit, dass er auch zum Plan unter Kenntnis der realen Zeiten die geringste Distanz hat.

Zur Validierung dieser Hypothese bzw. zur Falsifizierung der zugehörigen Nullhypothese werden eine Vielzahl an Planungsläufen („Versuche") durchgeführt. Bild 5.11 zeigt die Versuchsdurchführung an einem Beispiel. Die genaue Vorgehensweise in den einzelnen Schritten wird im Folgenden detailliert dargestellt. Die Ausgangssituation stellen in der Vorab-Planung (a priori) die für die jeweiligen Quantile ermittelten Zeitenschätzungen dar. Hierbei besteht bei einer Bevorzugung von niedrigen Quantilen das Risiko, dass die geschätzte Zeit geringer ist als die real benötigte Zeit. Durch deren zufällige Auswahl handelt es sich bei den Aufträgen um die veränderlichen Größen für die jeweiligen Versuche.

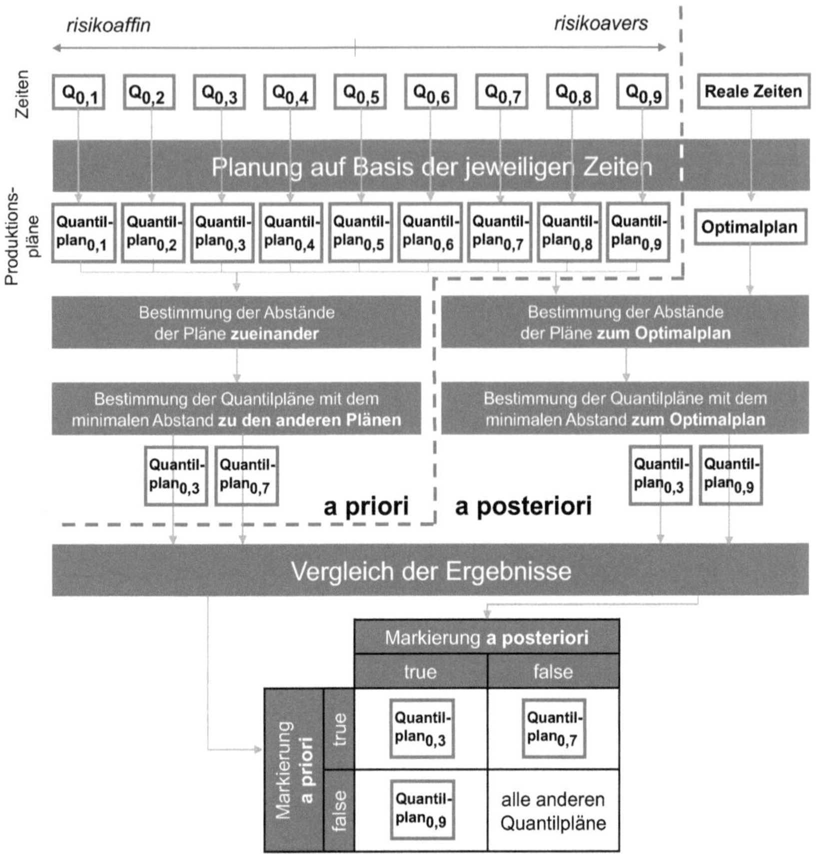

Bild 5.11: Versuchsdurchführung für die verteilungsbasierte Planung

Approach to the probability based planning

Nach der analog zur D-EW-Planung ablaufenden Planung für jedes Quantil gilt es, die genannte durchschnittliche, gewichtete Distanz eines Plans zu mehreren anderen Plänen zu bestimmen. Bild 5.12 zeigt hierzu die Vorgehensweise für den Plan eines einzigen Quantils (in diesem Fall $QP_{0,5}$).

Die Abbildung zeigt im oberen Bereich die Übertragung der für eine Maschine ermittelten Distanz zwischen den Plänen $QP_{0,25}$ und $QP_{0,5}$. Diese wird in der entsprechenden Zelle der oberen Tabelle eingetragen. Für die Distanz zwischen $QP_{0,5}$ und $QP_{0,5}$ ergeben sich dementsprechend nur Nullen in den Zellen, da es sich um den identischen Plan handelt. Unterhalb der Tabelle ist die Anzahl der jeweils auf einer Maschine benötigten Prozessschritte dargestellt. Da es sich für jeden Plan um das gleiche Auftragsspektrum handelt und nur die für jeden Schritt ermittelten Zeiten verschieden sind, ist die Anzahl der Prozessschritte für jeden Plan identisch.

Mithilfe der jeweils notwendigen Prozessschritte werden die Distanzen der oberen Tabelle gewichtet und in die Zellen der unteren Tabelle überführt. Die Gewichtung nach der Anzahl der Prozessschritte ist sinnvoll, da diese in jedem Fall die Obergrenze der jeweiligen Distanz darstellen. Anschließend kann in jeder Zeile der rechten Spalte der unteren Tabelle die durchschnittliche, gewichtete Distanz des Plans ($QP_{0,5}$) zum jeweiligen Quantilplan gebildet werden. Abschließend stellt die erneute Bildung des Mittelwerts aus den einzeln gewichteten Distanzen die resultierende durchschnittliche, gewichtete Distanz für den Plan $QP_{0,5}$ unten rechts in der unteren Tabelle dar. Bei der Mittelwertbildung ist zu beachten, dass der aktuell betrachtete Plan nicht in die Berechnung mit einbezogen wird, da hierbei die Distanz stets Null ist und dies zu einer unnötigen Verringerung des gesamten Wertes führen würde.

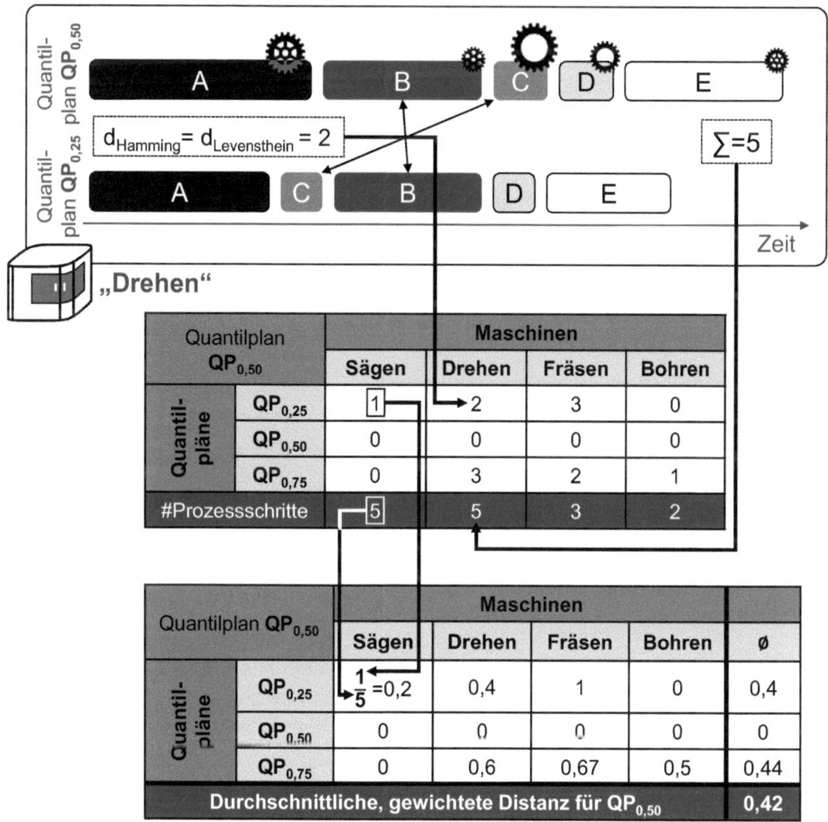

Quantilplan $QP_{0,50}$		Maschinen			
		Sägen	Drehen	Fräsen	Bohren
Quantil-pläne	$QP_{0,25}$	1	2	3	0
	$QP_{0,50}$	0	0	0	0
	$QP_{0,75}$	0	3	2	1
#Prozessschritte		5	5	3	2

Quantilplan $QP_{0,50}$		Maschinen				
		Sägen	Drehen	Fräsen	Bohren	ø
Quantil-pläne	$QP_{0,25}$	$\frac{1}{5}$ =0,2	0,4	1	0	0,4
	$QP_{0,50}$	0	0	0	0	0
	$QP_{0,75}$	0	0,6	0,67	0,5	0,44
Durchschnittliche, gewichtete Distanz für $QP_{0,50}$						0,42

Bild 5.12: Ermittlung der durchschnittlichen, gewichteten Distanz

Determination of the average, weighted distance

Sofern mehrere Distanz-Metriken (bspw. sowohl Hamming- als auch Levenshtein-Distanz) verwendet werden sollen, wird die gleiche Vorgehensweise für alle Distanzen durchgeführt. Die durchschnittliche, gewichtete Distanz gilt es anschließend zu einer gemeinsamen Größe zu kombinieren. Hierbei kann den unterschiedlichen Distanzen jeweils ein unterschiedliches Gewicht verliehen werden. Dementsprechend kann die resultierende durchschnittliche, gewichtete Distanz wie folgt berechnet werden:

$$\bar{d}_{ges} = \sum_{i=1}^{k} \lambda_i * \bar{d}_i \text{, mit:} \tag{5.5}$$

$\sum_{i=1}^{k} \lambda_i = 1$,
$\bar{d}_i$ = Durchschnittliches, gewichtetes Distanzmaß i,
λ_i = Gewichtungsfaktor des Distanzmaßes i,
k = Anzahl der Distanzmaße.

Die resultierenden durchschnittlichen, gewichteten Distanzen können anschließend miteinander verglichen werden. Bild 5.13 zeigt hierbei in der oberen Tabelle für fünf Planungen („Versuche") die jeweils resultierenden Distanzen. Das Ergebnis der vorherigen Berechnung stellt somit eine einzelne Zelle innerhalb der Tabelle dar.

Durchschnittliche, gewichtete Distanz für $QP_{0,50}$	0,42

	Quantilplan			
Versuchs-Nr.	$QP_{0,25}$	$QP_{0,50}$	$QP_{0,75}$	Minimum
1	0,23	0,42	0,05	0,05
2	0,59	0,32	0,32	0,32
3	0,22	0,65	0,35	0,22

	Quantilplan		
Versuchs-Nr.	$QP_{0,25}$	$QP_{0,50}$	$QP_{0,75}$
1			x
2		x	x
3	x		

Bild 5.13: Markierte Quantilpläne

Marked quantile plans

Anschließend gilt es, das Minimum für den Planungslauf zu bestimmen. Dieses ist für jede Zeile in der oberen Tabelle in der rechten Spalte dargestellt. In der unteren Tabelle sind die Zellen mit „x" markiert, in denen die durchschnittliche, gewichtete Distanz mit dem Minimum übereinstimmt. Gemäß der Hypothese sind damit die markierten Pläne diejenigen, die die potenziell geringste Distanz zum „Optimalplan" aufweisen. Die Tabelle zeigt dabei, dass es sich nicht um einen einzelnen Plan handeln muss, sondern auch mehrere Pläne die gleiche Distanz aufweisen können. Dementsprechend bedarf es in den letztgenannten Fällen einer weiteren Vorgehensweise zur Auswahl des Plans.

In der Auswahl gilt es, die Präferenzen des Entscheiders zu berücksichtigen. Prinzipiell existieren für die Auswahl des Plans mehrere Möglichkeiten:

1. **Auswahl eines festen Quantils auf Basis der Risikopräferenz des Entscheiders**
   Ähnlich zum Verfahren beim D-EW kann auch nach der Bestimmung der Pläne der unterschiedlichen Quantile die Planauswahl auf ein einziges Quantil festgelegt werden. Hinsichtlich der Zeitenschätzung wird das Risiko, dass die reale Bearbeitungszeit über der geschätzten Bearbeitungszeit liegt, bei größeren Quantilen höher. Während $Q_{0,5}$ Risikoneutralität repräsentiert, entspricht die Festlegung auf ein Quantil unterhalb von $Q_{0,5}$ einem potenziell risikofreudigeren Entscheider und im umgekehrten Fall einem risikoaversen. Die Auswertung liefert in jedem Fall einen Hinweis darauf, wie hoch die potenziellen Abweichungen des festgelegten Quantils zum Optimalplan sein können.
2. **Auswahl des Quantils mit dem „besten" Plan**
   Die Auswertung der unterschiedlichen Pläne liefert einen Hinweis darauf, welches Quantil oder welche Quantile die Wahrscheinlichkeit der Nähe zum Plan unter Kenntnis der realen Zeiten maximieren.
   a. **Auswertung liefert nur einen „besten" Plan**
      Falls das Ergebnis der Auswertung nur ein einziger Plan sein sollte, muss evaluiert werden, inwiefern dieser im gewünschten Bereich des Entscheiders liegt. Wird bspw. der Bereich des $Q_{0,5}$ bis $Q_{0,7}$ als gewünscht definiert und $QP_{0,4}$ liefert das beste Ergebnis, muss entschieden werden, ob vom gewünschten Bereich abgewichen wird oder der für den Bereich beste Plan ausgewählt wird.
   b. **Auswertung liefert mehrere „beste" Pläne**
      Im Idealfall liefert die Auswertung nicht nur einen besten Plan, sondern mehrere, die die gleiche Wahrscheinlichkeit einer Nähe zum Plan unter Kenntnis der realen Zeiten aufweisen. In diesem Fall kann die Entscheidung für den besten Plan potenziell ohne Vernachlässigung der Präferenzen des Entscheiders erfolgen. Falls der Entscheider als primäre Präferenz die Auswahl des besten Plans und als sekundäre Präferenz die Wahl eines möglichst hohen Quantils angibt, können beide Bedingungen erfüllt werden. Wenn bspw. das Resultat der Planung den gleichen wahrscheinlichen Abstand für die Pläne von $Q_{0,6}$ bis $Q_{0,8}$ ergibt, wird in diesem Fall die Wahl auf $QP_{0,8}$ fallen.

Vorgehensweise zur Evaluierung

In der Evaluierung zur genannten Vorgehensweise gilt es primär die aufgestellte Hypothese zu validieren. Es muss daher überprüft werden, ob ein Zusammenhang zwischen den a-priori-Minima der internen Distanzen und den a-posteriori-Minima der Distanzen zum optimalen Plan besteht. Hierzu gilt es zunächst die optimalen Pläne auf Basis der realen Zeiten zu bestimmen. Anschließend kann der resultierende Plan mit den Plänen für die einzelnen Quantile verglichen werden und entsprechend der Vorgehensweise beim internen Vergleich eine gewichtete Distanz gebildet werden.

Bild 5.14 zeigt in den beiden oberen Tabellen die resultierenden Minima und entsprechend mit „x" markierten Pläne. Zur Veranschaulichung ist in der Abbildung zudem sowohl für die a-priori- als auch für die a-posteriori-Ergebnisse die Klassifizierung mit den binären Werten „true" und „false" dargestellt. Hierzu werden die „leeren" Felder mit „false" und die markierten Felder mit „true" versehen. Durch diese Übertragung der Werte kann die Methodik als binärer Klassifikator betrachtet werden, für den eine Reihe an möglichen Kennwerten zur Auswertung der Performanz existiert.

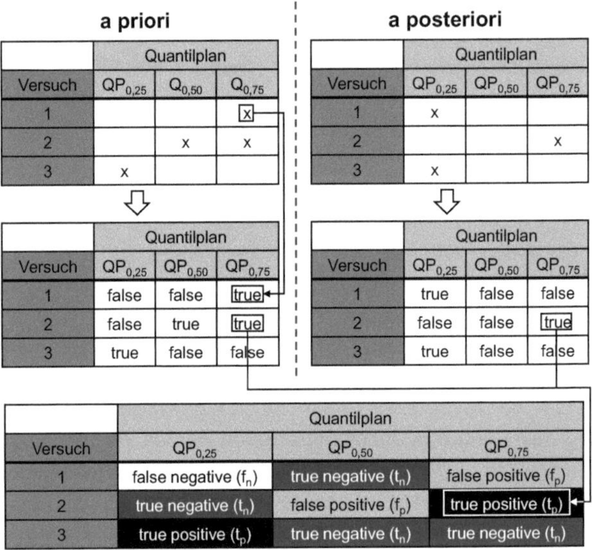

a priori

	Quantilplan		
Versuch	$QP_{0,25}$	$Q_{0,50}$	$Q_{0,75}$
1			x
2		x	x
3	x		

	Quantilplan		
Versuch	$QP_{0,25}$	$QP_{0,50}$	$QP_{0,75}$
1	false	false	true
2	false	true	true
3	true	false	false

a posteriori

	Quantilplan		
Versuch	$QP_{0,25}$	$QP_{0,50}$	$QP_{0,75}$
1	x		
2			x
3	x		

	Quantilplan		
Versuch	$QP_{0,25}$	$QP_{0,50}$	$QP_{0,75}$
1	true	false	false
2	false	false	true
3	true	false	false

	Quantilplan		
Versuch	$QP_{0,25}$	$QP_{0,50}$	$QP_{0,75}$
1	false negative (f_n)	true negative (t_n)	false positive (f_p)
2	true negative (t_n)	false positive (f_p)	true positive (t_p)
3	true positive (t_p)	true negative (t_n)	true negative (t_n)

Bild 5.14: Klassifikation und Bewertung der Quantilpläne

Classification and assessment of the quantile plans

Nach der Markierung können die beiden Tabellen auf ihre Übereinstimmung überprüft werden. Hierzu kann eine Wahrheits- bzw. Konfusionsmatrix verwendet werden. Die Fälle, bei denen die initiale Planung mit der Evaluierung übereinstimmt, werden dabei als „true" (somit beginnend mit „t") und je nach geschätztem Wert entweder mit „p" für den positiven Fall, d. h. der Schätzung von „true", oder „n" für den „false"-Fall bezeichnet. Analog werden bei einer Nicht-Übereinstimmung die Werte beginnend mit „f" bezeichnet.

Bild 5.14 zeigt unten in einer Matrix-Darstellung die Übereinstimmungen daher mit den vier möglichen Ausprägungen „t_p", „t_n", „f_p" und „f_n". Zur Auswertung einer derartigen Matrix existiert eine Reihe an Möglichkeiten bzw. verschiedenen Testverfahren. Die Durchführung des Tests erfolgt gemäß der klassischen Vorgehensweise [DUEM16]:

1. **Formulierung der Nullhypothese H_0 und Alternativhypothese H_1**
   H_O: Die Merkmale „Ergebnis der Schätzung" und „Ergebnis der Evaluierung" sind stochastisch unabhängig.

H_1: Die Merkmale „Ergebnis der Schätzung“ und „Ergebnis der Evaluierung“ sind nicht stochastisch unabhängig.

2. **Wahl eines geeigneten Tests**
   Für die grundsätzliche Überprüfung der Aussage können bspw. der Chi-Quadrat-Test oder der Exakte-Fisher-Test angewendet werden. Da der Exakte-Fisher-Test genauer ist als der Chi-Quadrat-Test und sich auch für kleine Datenmengen einsetzen lässt, bietet sich dessen Verwendung in diesem Szenario an.
3. **Bestimmung des Signifikanzniveaus α**
   Für den Test wird das für den Exakten-Fisher-Test übliche Signifikanzniveau von 5 % festgelegt. Damit wird die Nullhypothese zurückgewiesen, wenn der ermittelte p-Wert geringer als 0,05 sein sollte. Der auch als Überschreitungswahrscheinlichkeit bezeichnete p-Wert deutet als statistische Kennzahl an, wie ausdrucksstark der berechnete Test ist.
4. **Bestimmung des p-Werts auf Basis einer Stichprobe**
   Zur Ermittlung des p-Werts wird der Exakte-Fisher-Test durchgeführt.
5. **Treffen der Testentscheidung**
   Sofern der p-Wert unterhalb des Signifikanzniveaus liegen sollte, wird die Nullhypothese zugunsten der Alternativhypothese abgelehnt.

Sofern die Nullhypothese abgelehnt werden sollte, kann ein Zusammenhang zwischen den a priori und den a posteriori definierten Minima angenommen werden. Damit kann die Auswertung als binärer Klassifikator betrachtet werden. Um die Qualität eines binären Klassifikators zu beschreiben, existiert eine Reihe von Kenngrößen:

- **Sensitivität**
  Die Sensitivität wird auch als Richtig-Positiv-Rate (engl. „true positive rate“) bezeichnet und berechnet sich als:
  $$\text{Sensitivität}= \frac{t_p}{t_p+f_n} \quad (5.6)$$
  Mit der Sensitivität wird daher der Anteil, der vorab korrekt markierten Pläne, von der Gesamtzahl der insgesamt zu markierenden Pläne angegeben.
- **Spezifität**
  Die Spezifität wird auch als Richtig-Negativ-Rate (engl. „true negative rate“) bezeichnet und berechnet sich als:
  $$\text{Spezifität}= \frac{t_n}{t_n+f_p} \quad (5.7)$$
  Mit der Spezifizität wird daher der Anteil der vorab korrekt nicht markierten Pläne von der Gesamtzahl der insgesamt nicht zu markierenden Pläne angegeben.
- **Relevanz**
  Die Relevanz wird auch als positiver Vorhersagewert (engl. „positive predictive value“) bezeichnet und berechnet sich als:
  $$\text{Relevanz}= \frac{t_p}{t_p+f_p} \quad (5.8)$$
  Mit der Relevanz wird daher der Anteil der vorab korrekt markierten Pläne von der Gesamtzahl der insgesamt markierten Pläne angegeben.

- **Segreganz**
  Die Segreganz wird auch als negativer Vorhersagewert (engl. „negative predictive value") bezeichnet und berechnet sich als:
  $$\text{Segreganz}=\frac{t_n}{t_n+f_n} \quad (5.9)$$
  Mit der Segreganz wird daher der Anteil der vorab korrekt nicht markierten Pläne von der Gesamtzahl der insgesamt nicht markierten Pläne angegeben.
- **Vertrauenswahrscheinlichkeit**
  Die Vertrauenswahrscheinlichkeit wird auch als Korrektklassifikationsrate (engl. „accuracy") bezeichnet und berechnet sich als:
  $$\text{Vertrauenswahrscheinlichkeit}=\frac{t_p+t_n}{t_p+t_n+f_p+f_n} \quad (5.10)$$
  Mit der Vertrauenswahrscheinlichkeit wird daher der Anteil der vorab korrekt klassifizierten – d. h. sowohl korrekt markierten als auch korrekt nicht markierten – Pläne von der Gesamtzahl der insgesamt klassifizierten Pläne angegeben.
- **Positives Wahrscheinlichkeitsverhältnis**
  Das positive Wahrscheinlichkeitsverhältnis ist definiert als:
  $$LR_+=\frac{\text{Sensitivität}}{1\text{-Spezifizität}} \quad (5.11)$$
  Hierbei bedeutet ein Wert von 1, dass die Wahrscheinlichkeit für einen in der Vorab-Planung ausgewählten Plan für beide Ergebnisfälle gleich hoch ist. Je höher der Wert ist, desto besser ist der Klassifikator geeignet, die zu markierenden Pläne zu bestimmen.
- **Negatives Wahrscheinlichkeitsverhältnis**
  Das negative Wahrscheinlichkeitsverhältnis ist definiert als:
  $$LR_-=\frac{1\text{-Sensitivität}}{\text{Spezifizität}} \quad (5.12)$$
  Hierbei gilt die Bedeutung des Werts 1 analog zum positiven Wahrscheinlichkeitsverhältnis, jedoch nun für die Ausgangssituation, dass ein Plan durch die Klassifikation nicht ausgewählt wird. Je geringer das negative Wahrscheinlichkeitsverhältnis ist, desto besser können mit dem Klassifikator die nicht-auszuwählenden Pläne bestimmt werden.

Neben den angegebenen Kennwerten existieren für die einzelnen Werte teilweise noch die negativen Kategorien als eigene Kennwerte, bspw. die „Falsch-Positiv-Rate" als negative Kategorie der Sensitivität. Zudem werden die einzelnen Kennwerte bei größeren Versuchen noch zu kombinierten Maßen zusammengefasst. Da jedoch in diesem Fall eine detaillierte Betrachtung angestrebt ist, können die kombinierten Maße vernachlässigt werden.

Zusätzlich zur klassischen Bewertung, kann für den betrachteten Fall nicht nur die absolute Performanz des Klassifikators betrachtet werden, sondern auch eine Bewertung im Vergleich zu den bestehenden Alternativen. Ähnlich zur Vorgehensweise bei der Bestimmung mit D-EW, stellt die feste Auswahl eines einzelnen Quantils eine mögliche Vorab-Festlegung dar. Daher kann die Bewertung des Klassifikators auch gegenüber der festen Wahl eines einzelnen Quantils erfolgen. In diesem Fall wird daher nicht mehr überprüft, ob der Klassifikator das absolute Minimum bestimmt, sondern ob die Distanz zum Optimalplan für das vorab ausgewählte Quantil kleiner oder gleich der Wahl des durch den Klassifikator gewählten Quantils ist.

Die zugehörige Erweiterung der ursprünglichen Hypothese lautet:

Wenn ein Plan a priori die geringste durchschnittliche, gewichtete Distanz zu den anderen Plänen hat, dann erhöht sich die Wahrscheinlichkeit, dass er im Mittel auch zum Plan unter Kenntnis der realen Zeiten eine geringere Distanz als die Pläne für ein festgelegtes Quantil hat.

5.4.4 Plangenerierung mittels maschinellem Lernen

Plan generation utilizing machine learning

Als Herausforderung, die sich bereits bei der Betrachtung des letzten Beispiels mit fünf Versuchen zeigt, stellt sich dar, dass die ermittelten Distanzen zwischen einzelnen Plänen teilweise sehr klein sind und nah beieinanderliegen. Dementsprechend kann das Minimum der Distanzen auch nah beieinanderliegen, was somit zu potenziellen Fehlbestimmungen führen kann, d. h. sowohl zu „false positives" als auch zu „false negatives". Der triviale Ansatz, um dies zu umgehen, wäre die Formulierung von Toleranzen, also bspw. der möglichen prozentualen Abweichung eines Werts vom internen Distanz-Minimum, innerhalb derer ein Plan markiert wird, obwohl er nicht das absolute Minimum bildet. Aufgrund der kombinierten Gewichtung und Mittelung lässt sich die notwendige Angabe des prozentualen Toleranzbereichs allerdings nicht sinnvoll begründet definieren.

Eine Möglichkeit, die notwendigen Anpassungen in den Markierungen automatisiert durchführen zu lassen, stellt hierbei analog zur Zeitenbestimmung die Anwendung von maschinellem Lernen dar. Um dies zu realisieren, gilt es, einen Algorithmus zu finden, der diese Klassifikation durchführen kann, sowie dessen Eingang- und Ausgangsdaten festzulegen. Das Ziel der Klassifikation mit maschinellem Lernen ist wie bisher die korrekte Markierung oder korrekte Nicht-Markierung von Plänen.

Vorgehensweise zur Entwicklung

Als Eingangsdaten für den Klassifikator bieten sich grundsätzlich zwei Datensätze an: der Datensatz mit den durchschnittlichen gewichteten Distanzen oder der Datensatz mit den markierten und nicht markierten Plänen. Um jedoch die mögliche Problematik der geringen Unterschiede zwischen den Minima zu umgehen, kann nur der erstgenannte Datensatz als sinnvolle Eingangsgröße dienen. Das Ergebnis der Klassifikation sollte eine Markierung der Pläne in Analogie zum Ergebnis der vorherigen Betrachtung sein.

Die Vorgehensweise zum maschinellen Lernen in Hinsicht auf die Markierung von Plänen unterschiedet sich von der Zeitenschätzung vom Grundsatz her in zweierlei Hinsicht:

1. **Klassifikation vs. Regression**
   Während bei der Zeitenschätzung die Zeit als kontinuierliche Variable geschätzt wird, muss bei der Auswahl von Plänen eine Klassifikation, d. h. genauer gesagt

eine Einteilung in „true“ und „false“ vorgenommen werden. Dementsprechend gilt es, die Algorithmen auszuwählen.

2. **Multi-Label vs. Single-Label**
   Bei der Zeitenschätzung gilt es, nur eine einzige Zielgröße (engl. Label) – die zu schätzende Zeit – zu bestimmen. Im Gegensatz dazu muss bei der Planauswahl für jeden möglichen Plan die Einteilung in „true“ oder „false“ vorgenommen werden. Damit handelt es sich hierbei um eine sog. Multi-Label-Klassifikation. Der Unterschied zwischen Single- und Multi-Label-Klassifikation ist beispielhaft in Bild 5.15 dargestellt. Während die ML-Modelle in der Single-Label-Klassifikation für jeden Versuch nur jeweils die Markierung eines einzelnen Quantilplans schätzen, ergibt sich bei der Multi-Label-Klassifikation der Gesamtvektor über alle Quantilpläne.

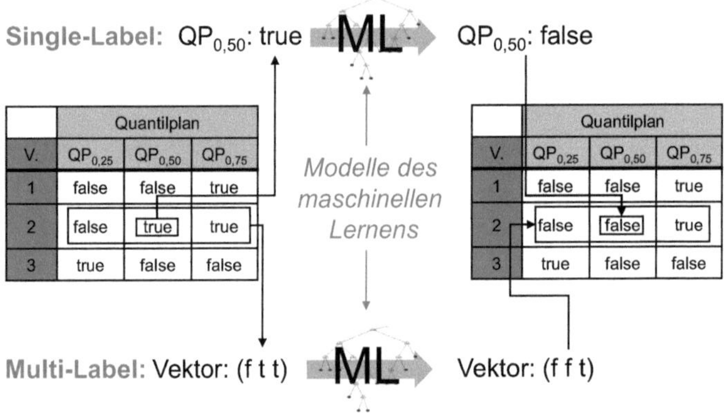

Bild 5.15: Single- und Multi-Label-Klassifikation
Single and multi label classification

Zur Klassifikation existiert im Bereich des maschinellen Lernens eine Reihe an Algorithmen, bspw.:

- Support Vector Machines
- Logistische Regression
- Entscheidungsbäume
- Neuronale Netze

Die Auswahl aus diesen Algorithmen erfolgt in Analogie zur Vorgehensweise bei der Zeitenschätzung. Hierzu werden für verschiedene Algorithmen jeweils zugehörige Parametervariationen durchgeführt und die Ergebnisse hinsichtlich ihrer Performanz verglichen. Die Vorteile einer besseren Interpretierbarkeit von Support Vector Machines oder Entscheidungsbäumen gegenüber neuronalen Netzen bestehen ebenso weiterhin. Für die Auswahl der Algorithmen bedarf es eines von der späteren Evaluierung unabhängigen Datensatzes, mit dem das Training und der Test der Performanz der Algorithmen durchgeführt werden kann. Dieser Datensatz sollte wie bisher wesentlich größer als der spätere Datensatz zur Evaluierung sein.

Die klassische Vorgehensweise im Falle einer Multi-Label-Klassifikation ist es, diese zunächst in eine Single-Label-Klassifikation zu übertragen. Hierzu bestehen grundsätzlich zwei Möglichkeiten:

1. **Einzel-Klassifikation für jeden Quantilplan**
   Bei der Einzel-Klassifikation wird die Markierung jedes Quantils einzeln vorgenommen. Daher muss insgesamt eine der Anzahl der einzelnen Quantilpläne entsprechende Zahl von Klassifikatoren trainiert und verwendet werden. Die Unabhängigkeit hat dabei zur Folge, dass, im Gegensatz zum binären Klassifikator auf Basis der Minima, jeder einzelne Klassifikator auch die Entscheidung zur Nicht-Markierung treffen kann. Damit können Fälle entstehen, in denen kein Plan markiert wird.
2. **Zusammenfassung der einzelnen Quantilpläne in Ergebnisvektoren**
   Alternativ zur Einzel-Klassifikation, können die möglichen Ergebnisse vorab in binäre Vektoren umgewandelt werden. Bei vier Quantilplänen, von denen der zweite markiert ist – d. h. das Ergebnis wäre „false", „true", „false", „false" – könnte der Ergebnisvektor als „0100" gebildet werden. Hiermit wird das Problem der „Nicht-Markierung" umgangen, da diese Möglichkeit in der Trainingsphase durch den vorhandenen Vektorraum nicht bereitgestellt wird. Problematisch ist bei dieser Variante jedoch die Größe des notwendigen Datensatzes zum sinnvollen Training des Klassifikators. Um für jeden Vektor nur einen einzigen Datensatz zu erhalten, wäre unter idealen Bedingungen das Minimum des notwendigen Datensatzes $2^{\text{Anzahl der Quantilpläne}}$ -1. Bei einer Betrachtung von 20 Quantilplänen ergäbe dies ein Minimum von 1.048.575 notwendigen Datensätzen.

Beide Varianten weisen Nachteile auf, jedoch überwiegen vor allem bei einer sinnvoll gestalteten Anzahl an Quantilplänen die Nachteile der zweiten Variante. Daher wird die Umwandlung in der Implementierungsphase gemäß der Variante zur Einzel-Klassifikation betrachtet.

Das Ergebnis der Klassifikation ist für jeden einzelnen Plan analog zur Zeitenschätzung nicht nur die Entscheidung über die Markierung, sondern auch die Bestimmung einer zugehörigen Wahrscheinlichkeit für diese Markierung. Es wird dabei für jede Klassifikation bestimmt, mit welcher Wahrscheinlichkeit ein Plan markiert wird. Der Schwellwert, nach dem ein Plan markiert bzw. nicht markiert wird, liegt dabei üblicherweise bei 50 %. Um die genannte Problematik der potenziell zu geringen Markierung zu reduzieren, kann diese Schwellwahrscheinlichkeit insgesamt oder auch für jeden Klassifikator einzeln angepasst werden.

Vorgehensweise zur Evaluierung

Die Evaluierung der erweiterten Plangenerierung unter Einbezug von maschinellem Lernen erfolgt in der gleichen Weise wie die auf Basis der durchschnittlichen, gewichteten Distanzen. Zunächst wird mithilfe des Exakten-Fisher-Tests festgestellt, ob der Klassifikator geeignet ist, eine Aussage zur Bestimmung der Pläne zu treffen. Anschließend werden die Kennwerte gebildet, um die Performanz des Klassifikators zu überprüfen.

Die Evaluierung wird dabei allerdings im Unterschied zur bisherigen Vorgehensweise nicht nur einmal durchgeführt, sondern erfolgt für verschiedene Parameter-Einstellungen. Hierdurch können die Auswirkungen der verschiedenen Parameter auf das Ergebnis überprüft werden.

5.4.5 Gesamtmodell für die stochastische Planung und Optimierung

Overall model for probabilistic planning and optimization

Das Gesamtmodell resultiert aus der Verknüpfung der einzelnen Entwicklungsschritte. Bild 5.16 zeigt den beispielhaften Aufbau und die Verknüpfung der einzelnen Module zueinander. Zudem verdeutlicht die Abbildung den möglichen Einfluss eines Entscheiders auf die Ergebnisse. Der Entscheider hat dabei zunächst die Wahl, welches der drei Module die Entscheidung für einen neuen Planungslauf treffen soll. Diese Entscheidung sollte dabei üblicherweise nach der Generierung der jeweiligen Pläne durch die einzelnen Module und deren Bewertung erfolgen. Nach der Wahl existiert für die Optionen B und C noch die Möglichkeit der Festlegung einer Strategie. Die Strategie beinhaltet dabei insbesondere die Risikoaffinität und die weiteren relevanten Zielgrößen der Planung.

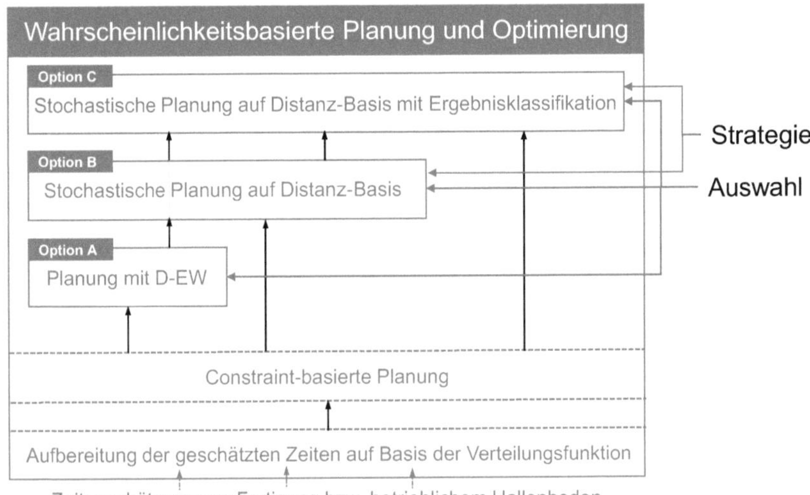

Bild 5.16: Gesamtmodell des Planungsmoduls

Overall model for the planning module

6 Implementierung und Evaluierung des Gesamtsystems

Implementation and evaluation of the developed system

6.1 Fertigungsleitsystem des Smart Automation Lab

Manufacturing Execution System for the Smart Automation Lab

Übersicht über den Anwendungsfall

Um in der Anwendung des Gesamtsystems sowohl ein hohes Niveau an Transparenz, Variabilität und Skalierbarkeit als auch ein industrienahes Szenario aufzuzeigen, wurde die automatisierte Fertigung und Montage von Hubelino®-Steinen (LEGO®-DUPLO®-ähnliche Steine) gewählt. Dies wird in der Modellfabrik des Smart Automation Lab abgebildet. Die Fertigung sieht vor, dass ein Benutzer ein Würfel-Modell aus Hubelino®-Steinen mit Bildern bzw. Beschriftungen versieht. Anlagentechnisch stehen zur Fertigung neben diversen Montageeinrichtungen eine Spritzgussmaschine sowie ein Drucker zur Kunststoff-Bedruckung zur Verfügung. Der Gesamtablauf wird in Bild 6.1 dargestellt.

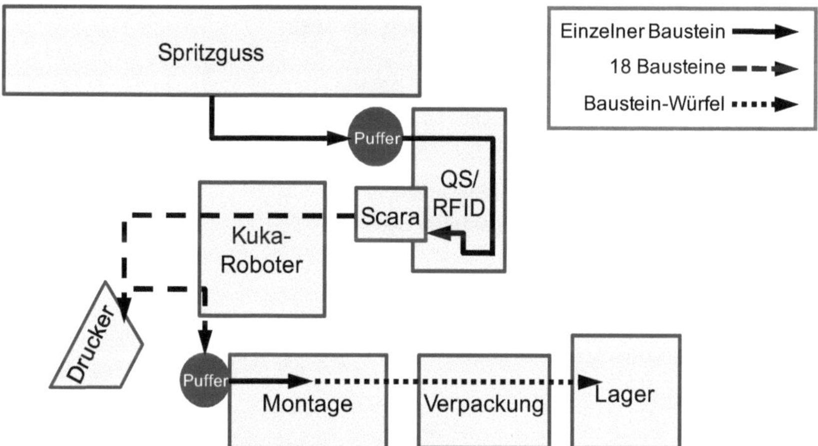

Bild 6.1: Übersicht über den Anwendungsfall des SAL

Overview of the SAL use case

Der gesteuerte Prozess beginnt mit einer Überprüfung der Hubelino®-Steine auf die Erreichung der gewünschten Qualität mithilfe von Kamera-Sensorik (Qualitätssicherung, QS). Anschließend erfolgt eine Bestückung der einzelnen Steine mit RFID-Tags. Innerhalb der Station erfolgt der Transport mithilfe eines Umlaufbandes. Die Erreichung des Bandendes wird von einem RFID-Leser erkannt. Zum weiteren Transport werden die Steine von einem Scara-Roboter in ein Gitter aus maximal 6x3 Steinen platziert.

Die nächste Station bildet ein Kuka KR 16 mit einem 18-fach-Greifer. Dieser ist so ausgelegt, dass er das gesamte Gitter an Steinen aufnehmen, transportieren und um jeweils 90° drehen kann. Mithilfe des Roboters werden die Steine zum Drucker transportiert.

Im Drucker erfolgt eine individuelle Bedruckung der Steine von jeweils einer Seite. Dabei wird eine bildbasierte Erkennung durchgeführt, ob an einem Ablageplatz ein Stein in der korrekten Orientierung erkannt wurde. Nach einem vollzogenen Druckvorgang werden die Steine vom Kuka-Roboter entnommen, gewendet und erneut im Drucker platziert. Dieser Vorgang wird zur Bedruckung aller vier Seiten der Steine wiederholt durchgeführt.

Der Transport in Richtung der Montagestation erfolgt durch den Kuka-Roboter. Die Steine werden zunächst in einem Rüttelförderer platziert und vereinzelt. Um einen Stein in der Montagestation zu erkennen, sind RFID-Leser sowie eine Bilderkennung vorhanden. Ein ABB Flex-Picker entfernt die RFID-Tags und montiert die Steine zu den angestrebten Würfeln. Nach der Fertigstellung platziert er die Würfel auf einem Umlaufband. Von diesem wird der Würfel in der Verpackungsstation durch einen Kuka KR 3 in einen Karton gelegt. Nach dem Schließen des Kartons dient die Aufbringung eines QR-Codes zur Identifikation des Pakets.

6.1.1 Vorgehensweise zur Strukturierung des MES

Approach for structuring the MES

Die Strukturierung des Gesamtsystems erfolgt wie vorab beschrieben in den drei Schritten:

- Identifikation der elementaren Systeme
- Schnittstellenbildung der elementaren Systeme
- Strukturierung des MES

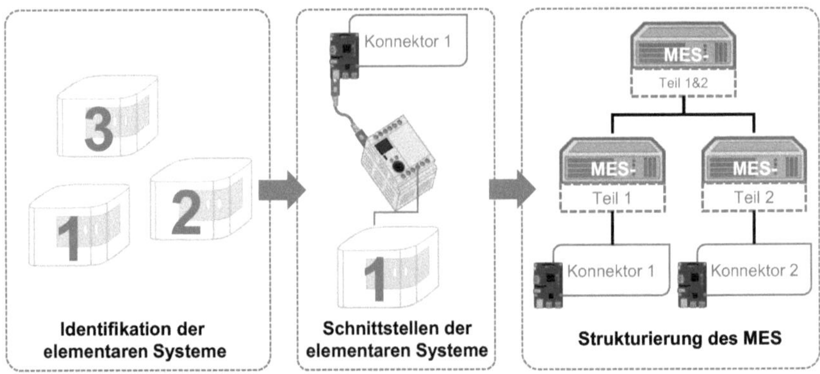

Bild 6.2: Vorgehensweise zur Strukturierung des MES
Approach for structuring the MES

Identifikation der elementaren Systeme

Durch Nachverfolgung des Materialflusses können die einzelnen Teilsysteme identifiziert werden, für die jeweils die beschriebenen Konnektoren erstellt werden müssen. In den ersten Schritten der Produktion sind eine Reihe an verschiedenen Komponenten zum Transport, zur Qualitätssicherung (QS) und Bestückung beteiligt. Zum Teil weisen die Komponenten auch eigene Steuerungen auf, wie bspw. das Umlaufband. Nicht jede dieser Komponenten muss jedoch zwingend mit einem eigenen Konnektor versehen werden. Im Fall des Umlaufbands wird bspw. für die Verarbeitung über die gesamte Bandlänge ein einzelner Konnektor vorgesehen. Aufgrund des Determinismus in der automatisierten Verarbeitung sind mehr Konnektoren nicht notwendig.

Nach dem Umlaufband erfolgt die Vereinzelung durch den Scara-Roboter. Dieser muss sowohl entsprechend dem Verhalten seiner vor- und nachgelagerten Schritte reagieren. Daher bietet sich für diesen Schritt ein einzelner Konnektor an. Gleiches gilt für den Kuka-Roboter und den Drucker.

Bei der Montage ist wiederum eine Reihe von Komponenten beteiligt. Um eine hohe Geschwindigkeit bei allen Vorgängen zu erzielen, ist eine Gesamtsteuerung über eine SPS realisiert. Zwar ließen sich einzelne Komponenten wie der ABB Flex-Picker auch durch individuelle Konnektoren ansteuern, dies wäre jedoch hinsichtlich der gewünschten Geschwindigkeiten für die Greifvorgänge nicht zweckmäßig.

Eine enge Verknüpfung der Komponenten ist auch in der Verpackungsstation realisiert. Hierbei müssen die Bewegungen von Zuführeinrichtungen genau auf entsprechende Roboterbewegungen abgestimmt sein. Daher empfiehlt sich auch hier nur ein Konnektor. Abschließend bildet das Lager als feststehende Anlage den letzten Konnektor.

Die Liste der Konnektoren mit ihren jeweiligen Bezeichnungen in der Implementierung umfasst damit die folgenden (vgl. Bild 6.3): „QS/RFID“, „Scara“, „Kuka“, „Drucker“, „Montage“, „Verpackung“ und „Lager“.

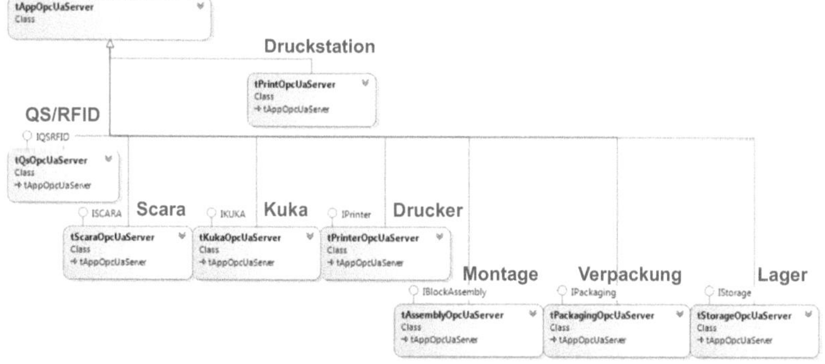

Bild 6.3: Generische und spezifische OPC-UA-Server
Generic and specific OPC UA servers

Zusammenfassend lässt sich feststellen, dass eine Aufteilung in Konnektoren prinzipiell beliebig granular erfolgen kann. Es bietet sich jedoch an, nur einen einzelnen Konnektor vorzusehen, sofern die Abläufe und Interaktionen mit anderen Komponenten starr automatisiert oder nicht vorhanden sind. Bei häufigeren Interaktionen zwischen mehreren Komponenten, die nicht starr verkettet sind, bietet sich eine Aufteilung hingegen an.

Schnittstellen der elementaren Systeme

Die Schnittstellenentwicklung erfolgt einzeln in den jeweiligen Konnektoren. Da es sich bei den Konnektoren um anwendungsfallspezifische Implementierungen handelt, ist die detaillierte Beschreibung jedes der 7 Konnektoren nicht zielführend. Im Folgenden wird die Vorgehensweise beispielhaft für den Drucker nachvollzogen.

Die initiale Erstellung des Mock-Ups für den Konnektor umfasst eine Definition anhand der Schnittstellen des OPC-UA-Informationsmodells. Der initiale Umfang der Schnittstellen kann dem UML-Modell in Bild 6.4 entnommen werden.

Anschließend erfolgt die Spezifikation der individuellen internen Schnittstellen. Diese sind ebenso über die Methoden und Ereignisse im UML-Modell definiert.

Bild 6.4: Schnittstellen des Drucker-Konnektors
Interfaces of the connector for the printer

Den letzten Schritt bildet die Zusammenführung der Schnittstellen über die Erweiterung des initialen Konnektormodells unter Nutzung der objektorientierten Hilfsmittel wie Ableitung und Erweiterung.

Strukturierung des MES

Zur Strukturierung des MES muss die Komplexität der einzelnen Konnektoren betrachtet werden. Einige der Konnektoren bestehen bereits aus mehreren Komponenten und haben damit schon zu einer gewissen Komplexitätsreduktion beigetragen. Insbesondere im Umfeld der Bedruckung existieren jedoch noch einige Wechselwirkungen zwischen Komponenten. Es sind vor allem Abhängigkeiten aus interaktionstechnischen Gründen zu nennen, die somit nicht primär einem übergeordneten Optimierungsgedanken zuzuordnen sind. Folgende relevante Abhängigkeiten bestehen:

1. Scara und Kuka: Die beiden Arbeitsbereiche der Roboter überlappen. Somit muss durch entsprechende Maßnahmen zur Laufzeit dafür gesorgt werden, dass die beiden Roboter nicht im gleichen Bereich Aufgaben verrichten, da dies zu sicherheitstechnischen Ausfällen führen kann.
2. Kuka und Drucker: Die Arbeitsbereiche des Kuka-Roboters und des Druckers überlappen ebenso. Es muss dafür gesorgt werden, dass der Kuka-Roboter während der Bearbeitung durch den Drucker nicht in dessen Arbeitsbereich eindringt.

Weitere Abhängigkeiten bestehen zwischen den Stationen „QS/RFID“ und „Scara“, „Montage“ und „Verpackung“ sowie „Verpackung“ und „Lager“. Hierbei handelt es sich allerdings nicht um sicherheitstechnisch relevante Aspekte, d. h., wenn bspw. der Scara versucht einen Stein aus dem QS/RFID-Bereich zu entnehmen, obwohl am Bandende noch kein Stein liegt, kann lediglich kein Stein gegriffen werden. Hierdurch kommt es nicht zu einer Kollision. Gleiches gilt für die anderen beiden genannten Abhängigkeiten. Keine direkte Abhängigkeit besteht trotz eines existierenden Materialflusses zwischen „Kuka“ und „Montage“, da die Steine in einen Zwischenpuffer in Form eines Rüttelförderers fallen und somit keine Überschneidungspunkte im Arbeitsraum bestehen.

Es bietet sich aus den genannten Gründen an, einen weiteren Konnektor oberhalb der elementaren Konnektoren „Scara“, „Kuka“ und „Drucker“ zu definieren: „Druckstation“ mit dem zugehörigen OPC-UA-Server „tPrintOpcUaServer“ (vgl. Bild 6.5 bzw. Bild 6.3). Dieser beinhaltet neben der Möglichkeit zur Berücksichtigung der sicherheitstechnischen Aspekte auch den Vorteil, dass er den Wechsel zwischen der Betrachtung der einzelnen Steine und des Pakets aus 18 Steinen beinhaltet. Dieser Wechsel muss somit nicht innerhalb des übergeordneten MES betrachtet werden und führt damit zu einer weiteren Komplexitätsreduktion auf der obersten Ebene. Allerdings müssen die Zusammenhänge in abstrahierter Weise in der Optimierung auf der obersten Ebene berücksichtigt werden.

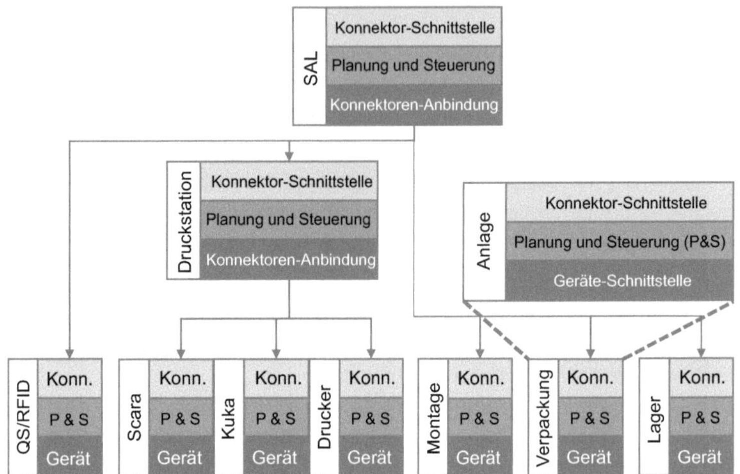

Bild 6.5: MES-Struktur des SAL
MES structure of the SAL

6.1.2 Produktorientierung im SAL

Product orientation in the SAL

Bei der Produktion innerhalb des Smart Automation Lab handelt es sich um ein klassisches Szenario der „Mass Customization“. Die ursprünglich in Massenfertigung produzierten Hubelino®-Bausteine werden durch die Bedruckung zu kundenindividuellen Produkten. Die Kunden geben dabei das Druckbild und dessen Platzierung vor. Das Gesamtprodukt stellt der individualisierte und verpackte Hubelino®-Würfel dar.

Hinsichtlich der Bereitstellung von Informationen des Kunden ist primär das Druckbild für den Druckvorgang von Bedeutung. Hierbei werden Informationen für jede Seite jedes Steines benötigt. Diese muss das Produktmodell bereitstellen.

Als Technologie zur Identifikation von Steinen wird neben der direkten Betrachtung mithilfe von Bilderkennung die RFID-Technologie eingesetzt. Jeder einzelne Stein wird zu Beginn des Materialflusses in der QS/RFID-Station mit einem RFID-Tag bestückt. Mithilfe der RFID-Tags werden die Steine am Bandende der QS-RFID-Station und innerhalb der Montagestation identifiziert. Die Entfernung der RFID-Tags erfolgt ebenfalls in der Montagestation. Der RFID-Tag speichert lediglich eine eindeutige Identifikationsnummer, die wiederum im Produktinformationsmodell des jeweiligen Steins hinterlegt ist.

Für die automatisierten Vorgänge lassen sich aus den Prozessen auch (nicht gesicherte) Informationen zum Produktstatus ableiten. Wenn der Scara einen Greifvorgang am Bandende und einen Positionierungsvorgang auf dem nachfolgenden Gitter ausführt, kann grundsätzlich davon ausgegangen werden, dass der jeweils am Bandende befindliche Stein sich nach dem Vorgang auf der Gitterposition befindet. Diese Information ist jedoch nicht gesichert, da der Vorgang bspw. durch einen fehlerhaften

Sensor verfrüht ausgeführt worden sein kann und dies aufgrund einer fehlenden Greifersensorik nicht detektiert wurde. Eine Absicherung der Information kann jedoch zum Zeitpunkt des Druckens erfolgen. Hierbei detektiert eine Kamera oberhalb des Druckers die möglichen Druckflächen, d. h. die Seiten der Steine. Falls nun an der entsprechenden Station kein Stein vorhanden ist, müssen die vorhergehenden, nicht sensorisch abgesicherten Vorgänge hinsichtlich der Validität überprüft werden. Es kann sich bspw. entweder um einen Fehler im Greifvorgang des Scara- oder des Kuka-Roboters handeln. Somit lassen sich durch die Verknüpfung von verschiedenen Sensorinformationen die Unsicherheiten von einzelnen Sensoren reduzieren. Neben der direkten Verknüpfung von zwei Sensorinformationen können auch zeitliche Aspekte eine Rolle in der Detektion von fehlerhaften Vorgängen hinsichtlich der Produktorientierung spielen. Wenn bspw. zwischen der letzten Bearbeitungsstation innerhalb der QS/RFID-Station und dem Bandende ca. 1,5 m Bandlänge liegen und das Band sich mit einer Geschwindigkeit von 0,5 m pro Sek. bewegt, liegt der Erwartungswert der Zeit bei 3 Sekunden. Kleinere Abweichungen sind dabei nicht unüblich, größere Zeitunterschiede (in beiden Richtungen) sollten jedoch als fehlerhafte Meldungen erkannt werden.

6.1.3 Implementierung des MES

Implementation of the MES

Im Anschluss an die strukturierenden Maßnahmen erfolgt die eigentliche Implementierung aller Teilkomponenten sowie des übergeordneten MES: Dabei muss das MES in die bestehende Systemlandschaft integriert werden, d. h. insbesondere Schnittstellen zum ERP-System und weiteren, potenziell übergeordneten und nebenläufigen Systemen bieten.

In diesem Falle stellt das übergeordnete System ein vereinfachtes ERP-System dar, das einen Austausch unter Nutzung der JavaScript Object Notation (JSON) ermöglicht. Die bereitgestellten Daten entsprechen in ihrer Form nicht der IEC 62264. Innerhalb des MES müssen somit ein Adapter und eine Transformation der bestehenden Daten entwickelt werden. Dies ist in Form der tAppOrder realisiert (vgl. Bild 6.6). Der Kunde greift wiederum unter Nutzung eines Konfigurators auf das ERP-System zu und legt damit die Aufträge direkt dort an. Die Rückmeldung über den Produktionsfortschritt erfolgt über JSON und das ERP-System an den Konfigurator.

Aus dem Produktmodell wird der Arbeitsplan über die Produktdefinition aus der IEC 62264 erzeugt. Um den Gesamtablauf zu beschreiben, wird für jeden Prozessschritt ein Produktsegment angelegt. Zur Spezifizierung der Anforderungen für jeden Prozessschritt werden abgeleitete Typen der Produktsegmente je Station verwendet. Hierbei wird die Erweiterungsfähigkeit des Objektmodells durch die Mittel der Objektorientierung genutzt. Bspw. wird für die Verpackungsstation spezifiziert, ob eine Beschriftung des verpackten Produkts erfolgen soll.

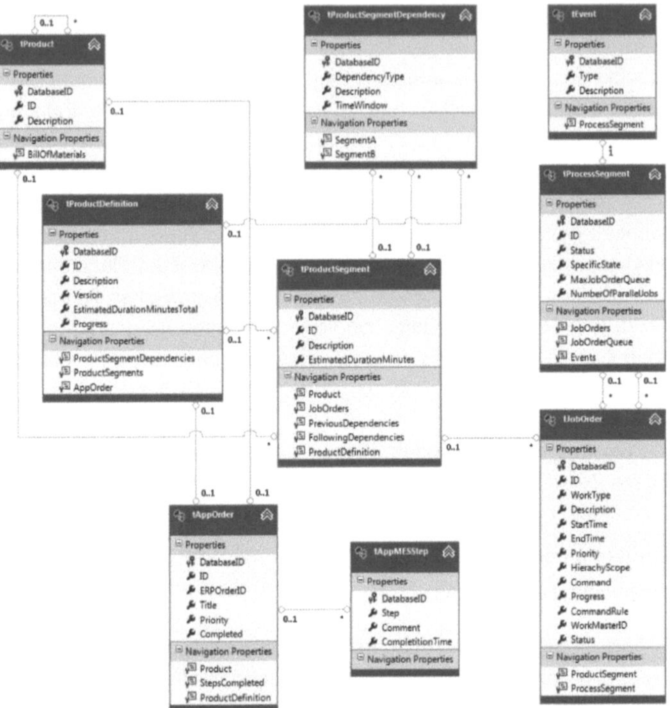

Bild 6.6: Datenstruktur des MES
Data structure of the MES

Zur Anbindung der verschiedenen Zellen bzw. Arbeitsplätze wird jeweils ein vom generischen Server abgeleiteter individueller OPC-UA-Server verwendet. Entsprechend wird die allgemeine IEC-62264-Job-Order für jede Station jeweils um abgeleitete Typen erweitert, um prozessspezifische Informationen abzubilden. Die benötigten Informationen werden bei der Generierung der Job Order durch die jeweilige Station aus dem Produktmodell extrahiert, bspw. Farbe, Größe und Typ eines benötigten Bausteins für die QS-Station. Die Definition der abgeleiteten Typen wird durch die Server im OPC-UA-Namensraum veröffentlicht.

6.1.4 Validierung

Validation

Die Validierung der Funktionsweise erfolgt in drei Schritten:

1. Während der Entwicklung und vor der realen Inbetriebnahme erfolgt eine Überprüfung der Funktionsfähigkeit durch verschiedene Simulationen. Hierbei handelt es sich sowohl um einfache Funktions- und Integrationstests auf Basis von Mock-Ups als auch um Materialflusssimulationen.

2. Nach der Erstellung des grundlegenden Systems und der übergreifenden Simulation werden einzelne simulativ abgebildete Systeme durch die realen Teilanlagen ersetzt. Hiermit kann die Funktionsweise einzelner Anlagen sichergestellt werden, ohne dass jeweils der gesamte betriebliche Hallenboden zur Verfügung stehen muss.
3. Die finale Validierung der Funktionsweise erfolgt am Gesamtsystem. Hierzu werden kundenindividuelle Aufträge erzeugt und von der realen Anlage hergestellt.

Die simulationsbasierte Validierung besteht aus zwei verschiedenen Elementen: Einem Mock-Up mit einer deterministischen Rückmeldung und einem übergreifenden Simulationsmodell der gesamten Halle auf Basis von Siemens Plant Simulation. Die Mock-Ups wurden dabei bereits vorgestellt und in der Strukturierungsphase verwendet, sodass im Weiteren der Fokus auf der kommerziellen Simulation liegt.

Der Aufbau der Simulation erfordert die Abbildung der realen Anlagen mit den Hilfsmitteln der Simulationsumgebung. Hierbei ist nur eine Modellierung auf Ebene der Konnektoren erforderlich. Eine detailliertere Modellierung kann jedoch verwendet werden, um eine genauere Analyse der Produktionsschritte nachzuvollziehen. Dementsprechend sind in der Simulation detailliertere Komponentenmodelle hinterlegt. Für jeden der einzelnen Konnektoren wird ein eigenes Modell erstellt. Die Verknüpfung erfolgt durch übergeordnete Modelle.

Zur Validierung der Funktionsweise muss die Simulation mit dem MES verknüpft werden. Plant Simulation bietet hierzu verschiedene Möglichkeiten, wie bspw. Datenbanken, Tabellen oder auch OPC-Verknüpfungen. In der Praxis hat sich eine Kombination aus der Dynamic-Data-Exchange-Schnittstelle (DDE-Schnittstelle) mit Sockets bewährt. Die DDE-Schnittstelle ermöglicht den direkten Zugriff auf die Elemente der graphischen Benutzeroberfläche sowie das Plant Simulation interne Datenmodell. Allerdings sind diese Zugriffe sehr zeitintensiv und eignen sich damit nur bedingt zur Laufzeitsimulation. Sockets hingegen müssen vor Simulations-Beginn angelegt und innerhalb von Plant Simulation mit entsprechenden Daten verknüpft werden. Allerdings ist der Zugriff sehr schnell, sodass sich der Einsatz auch zur Laufzeit der Simulation eignet. Die DDE-Schnittstelle wird dementsprechend zur Initialisierung der Modelle und zur Hinzufügung von Socket-Schnittstellen für den Datentransfer verwendet, während zur Laufzeit lediglich die Sockets aktiv sind.

Plant Simulation stellt damit nicht direkt die für das MES benötigten Konnektoren zur Verfügung, sondern lediglich die virtuelle Anlagentechnik. Ein der Simulation überlagertes Programm übernimmt die Initialisierung und die Kommunikation mit Plant Simulation. Dieses Programm bietet dem MES alle gewünschten Konnektor-Schnittstellen für die virtuellen Komponenten des Simulationsmodells an und fungiert somit als Zwischenschicht und Übersetzer zwischen den Konnektor-Schnittstellen und der Simulation.

Eine Übersicht über das Simulationsmodell auf der linken Seite und ein Ausschnitt der Modellierung eines einzelnen Moduls (Montage) innerhalb von Plant Simulation ist Bild 6.7 zu entnehmen. Die zu modellierenden Zusammenhänge können beliebig komplex gestaltet werden. Es sollten jedoch mindestens die signal-generierenden Elemente der Realität – d. h. bspw. Steuerungen – simulativ abgebildet werden.

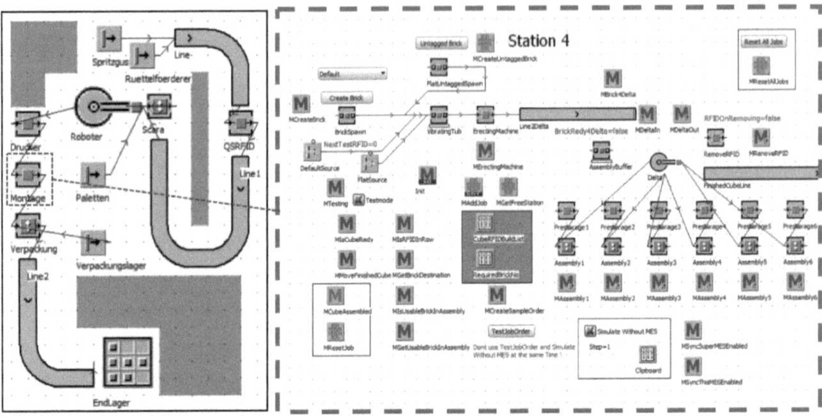

Bild 6.7: Plant-Simulation-Modell des SAL

Plant Simulation model of the SAL

Innerhalb des überlagerten Programms zur Ansteuerung der Simulation können die zu simulierenden Komponenten selektiert werden. Dies dient im nächsten Schritt dazu, einzelne simulierte Komponenten durch deren reale Entsprechung zu ersetzen. Insbesondere für den Test der Funktionsweise einzelner Komponenten und bzgl. der Interaktion zwischen dem MES und diesen Komponenten wird so eine schnellere Validierung ermöglicht.

Die Inbetriebnahme der realen Anlagen erfolgt sukzessive für jeden einzelnen Konnektor bzw. jeden Anlagenteil separat. Hierbei wird zunächst der interne Funktionstest des Konnektors durch Ansprache der externen Schnittstellen durchgeführt. Anschließend wird der virtuelle, simulationsbasierte Konnektor durch den realen Konnektor ersetzt. Im nachfolgenden Testfall muss darauf geachtet werden, dass die Signale der anderen virtuellen Konnektoren – d. h. bspw. die virtuell erkannten RFID-Tags – mit den realen Bedingungen übereinstimmen. Sobald ein Konnektor mithilfe der Simulation erfolgreich abgesichert werden konnte, wird er in die Liste der funktionsfähigen Konnektoren übernommen. Mithilfe dieser Liste kann stückweise auch die Interaktion zwischen mehreren Konnektoren getestet werden. Nach dem erfolgreichen Test aller Konnektoren erfolgt die Gesamt-Inbetriebnahme der Anlage. Die Versuchsdurchführung zeigt hierbei, dass sich durch die sukzessive Inbetriebnahme der Funktionalitäten eine enorme Komplexitätsreduktion für den Gesamt-Integrationstest ergibt.

In der Validierung auf der realen Anlage erweist sich das entwickelte MES als robust gegenüber Störungen. Durch den globalen Adressraum können bei kurzzeitigem Ausfall einzelner Konnektoren diese durch ihre simulativen Gegenstücke ersetzt werden, sodass die Gesamtfunktionalität der Anlage nicht beeinträchtigt wird. Die real notwendigen Operationen können bzw. müssen manuell durchgeführt oder übersprungen werden. Sobald der reale Anlagenteil und damit auch der zugehörige Konnektor wieder zur Verfügung stehen, kann der Konnektor durch Zugriff auf den OPC-UA-Namensraum die bestehenden Informationen wieder übernehmen und sich somit wiederum in den Informations- und Materialfluss eingliedern.

Im direkten Vergleich mit den Systemen aus [POSS06] und [FAYZ10] zeigen sich insbesondere die Vorteile einer Kombination der agentenbasierten Vorgehensweise mit der constraint-basierten Planung im semi-heterachischen Gesamtsystem. Hierbei können die Vorteile einer Beschreibung der einzelnen Systeme nach IEC 62264 genutzt werden, ohne die Nachteile der lediglich lokalen Optimierung zu erhalten.

6.2 Produktionszeitenschätzung

Production time estimation

Übersicht über den Anwendungsfall

Zur Validierung wird gemäß der Vorgehensweise des Referenzmodells ein Produktspektrum bei einem beispielhaften Unternehmen in der metallverarbeitenden Industrie untersucht. Das Produktspektrum besteht aus Lamellen, Kupplungen und Bremsen für verschiedene Spezialanwendungen. Diese werden hauptsächlich in Auftragsfertigung hergestellt, d. h. die Produkte werden für den Kunden angepasst oder neu konstruiert und in geringen Stückzahlen gefertigt. Zusätzlich sind die Produkte bei der Fertigung durch eine komplexe Prozesskette gekennzeichnet. Für eine beispielhafte Produktkategorie zeigt Bild 6.8 die aus den Arbeitsplänen extrahierten Prozessschritte und möglichen Bearbeitungsreihenfolgen. Bei der Extraktion sind die üblicherweise ebenfalls in den Arbeitsplänen aufgeführten Schritte wie „Lager" sowie die externe Vergabe von Prozessen vernachlässigt. Für die initiale Schätzung der Produktionszeiten wird zunächst speziell der Prozessschritt der Verzahnung an einer Wälzstoß-Maschine betrachtet.

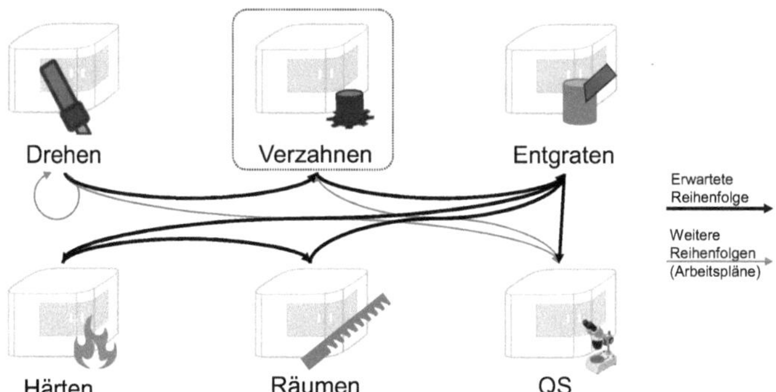

Bild 6.8: Mögliche Bearbeitungsfolgen im Anwendungsfall

Possible production sequences in the use case

Zur Planung dieser Prozessketten werden von der Arbeitsvorbereitung für die einzelnen Prozessschritte Vorgabezeiten bestimmt. Die Zeiten dienen ebenfalls intern zur

Abrechnung der erbrachten Leistungen und Ermittlung der Werte der Lagerbestände. Eine genaue Schätzung der Zeiten ist also von essentieller Bedeutung für Planung und Buchführung.

6.2.1 Implementierung

Implementation

Zur Implementierung wurden aus der Vielzahl an in der Literatur vorhandenen Methoden die lineare Regression, die lineare Regression mit Interaktionstermen, Neuronale Netze sowie Regression Trees ausgewählt. Die Auswahl entspricht weitestgehend den definierten Anforderungen. Die KNN entsprechen zwar nicht der Forderung einer Analysierbarkeit des resultierenden Modells (kein „Black-Box"-Verhalten), finden aber aufgrund der häufigen Verwendung in der Literatur Berücksichtigung. Im Folgenden wird eine kurze Beschreibung des zugrundeliegenden Prinzips und der Implementierung gegeben.

Lineare Regression

Die Funktionsweise der linearen Regression wurde bereits ausführlich im Stand der Technik erläutert. Unter Nutzung der MATLAB-Funktion regress, die Teil der Statistics Toolbox ist, erfolgt die Implementierung in MATLAB. Die Trainingsdaten – bestehend aus einer N×P-Matrix der Parameter (bspw. der Einflussgrößen auf den Prozess) und einem N×1-Vektor der Bearbeitungszeiten – stellen die Eingangsgrößen für diese Funktion dar. Eine Zeile in der Matrix bzw. dem Vektor entspricht jeweils einem der N abgeschlossenen Aufträge. In der Matrix entspricht jeweils eine Spalte einem der P Parameter. Diese können dabei nur kontinuierliche Werte annehmen. Als Ergebnis der regress-Funktion ergibt sich der P×1-Vektor der Regressionskoeffizienten. Die Ermittlung der Koeffizienten erfolgt entsprechend der Methode der kleinsten Fehler-Quadrate, daher muss $N \gg P$ gelten. Durch Multiplikation der Parameter eines neuen Auftrags (1×P) mit den Regressionskoeffizienten (P×1) erfolgt die Schätzung der Bearbeitungszeit.

Lineare Regression mit Interaktionstermen

Hinsichtlich der linearen Regression mit Interaktionstermen – im Folgenden als Interaktionsregression bzw. Interaktionsregression$_K$ bezeichnet – erfolgt eine Multiplikation der Ausgangsparameter mit neuen Parametern bis zur Ordnung k und deren Übernahme in ein lineares Regressionsmodell (vgl. Anhang „Interaktionsregression$_K$"). Die Anzahl an neu hinzukommenden Parametern P* hat häufig bei vorliegenden Datensätzen die Folge, dass die Bedingung $N \gg P^*$ nicht mehr erfüllt werden kann. Als Konsequenz muss bei fehlenden Möglichkeiten zur Stichprobenvergrößerung die Übernahme der Parameter in das Regressionsmodell selektiv erfolgen. Eine Vorgehensweise hierfür stellt die Berechnung des Korrelationskoeffizienten für jeden P*-Parametern zwischen den N Werten des Parameters und den N Bearbeitungszeiten dar. Nur Parameter mit hohen Korrelationskoeffizienten werden anschließend im Modell berücksichtigt. Mit den verbleibenden Parametern (P**) ergibt sich eine N×P**-Matrix an Trainingsfällen und ein N×1-Vektor der Bearbeitungszeiten. Diese werden als Eingangsgrößen in der MATLAB-Funktion regress berücksichtigt. Dieser Ansatz zur Umsetzung der Interaktionsregression ist vergleichbar mit den von Rodriguez vorgeschlagenen sog. „Reduced Multivariate Polynomial Models“ [RODR13].

Künstliche Neuronale Netze

Künstliche Neuronale Netze sind die in der Literatur am häufigsten verwendete Modellierungsmethode für komplexe Regressionszusammenhänge. Das Training erfordert die Vorgabe von Eingangsparametern und Ausgangswerten. Innerhalb des KNN erfolgt dann die Anpassung von Gewichtungen der Verbindungen. Für die Durchführung des Trainings ebenso wie bei der Gestaltung des Netzes steht eine Vielzahl an Algorithmen bzw. Topologien zur Verfügung [RAZI05]. Die Implementierung für diesen Fall baut auf der „Neural Network Toolbox“ von MATLAB auf. Zum Training der Netzwerke wird der fitnet-Befehl verwendet, der ein Feed-Forward-Neural-Network mit dem Levenberg-Marquardt-Backpropagation-Algorithmus berechnet.

Zur Erstellung eines KNN gilt es, verschiedene Parameter – bspw. die Anzahl der Schichten, Neuronen und Verbindungen – zu wählen, ohne dass hierfür eine standardisierte Vorgehensweise existiert [HEAT08]. Daher erfolgt für die freien Parameter zunächst die Wahl der MATLAB-Standardwerte: ein Hidden-Layer mit 10 Neuronen und ein Output-Layer mit einem Neuron.

Regression Trees

Die Erstellung der Regression Trees erfolgt weitgehend analog zur Methodik des CBR (vgl. Kap. 2.3.2). Zunächst erfolgt eine Bestimmung ähnlicher Fälle, anhand derer eine Vorhersage durchgeführt wird. Im Gegensatz zum CBR werden die Fälle nicht auf Basis von vorab festgelegten Notationen der Ähnlichkeit oder expliziten Vergleichskriterien klassifiziert, sondern durch rekursive Partitionierung der Daten anhand der Merkmale bzw. Regressoren. Diese binäre Partitionierung erfolgt durch Minimierung der Varianz innerhalb der neu generierten Aufteilung [UYSA99]. Im Gegensatz zu globalen Modellen, wie der linearen Regression, können Regression Trees lokale Abhängigkeiten berücksichtigen [UYSA99]. Ebenso problemlos erfolgt die Berücksichtigung kategorischer Merkmale, während dies bei anderen Regressionsmethoden nur durch Hilfsvariablen und unter Beeinträchtigung der Ergebnisse möglich ist [FAHR09].

Die Vorgehensweise verdeutlicht, dass Regression Trees sich deutlich von klassischen Regressionsmethoden unterscheiden. Insbesondere wird keine Funktion zur expliziten Abbildung der Eingangsparameter auf eine Ausgangsgröße ermittelt. Dies führt jedoch zu ungenauen Vorhersagen für Eingangsparameter, die wesentlich vom Spektrum der Trainingsdaten abweichen [UYSA99]. Als vorteilhaft hingegen wird die fehlende Annahme über den Funktionszusammenhang zwischen Eingangsparametern und Ausgangsgröße gewertet. Dies ergibt sich vor allem daraus, dass entsprechende Annahmen anderer Methoden häufig nicht in der Realität zutreffen.

Hinsichtlich der Regression Trees wird die von der MATLAB Statistics Toolbox bereitgestellte Implementierung der CART verwendet. Als Eingangsgrößen zum Training dienen analog zu den anderen Methoden eine N×P-Matrix der Parameter sowie ein N×1-Vektor der Bearbeitungszeiten. Das Ergebnis der Berechnung stellt ein in MATLAB-Objekte eingebetteter Regression Tree dar.

6.2.2 Versuchsdurchführung

Experimental procedure

Datengrundlage

Die zur Verfügung stehenden Datensätze stammen aus dem Bereich der Verzahnung und weisen eine Obermenge der in Bild 6.9 dargestellten Parameter auf.

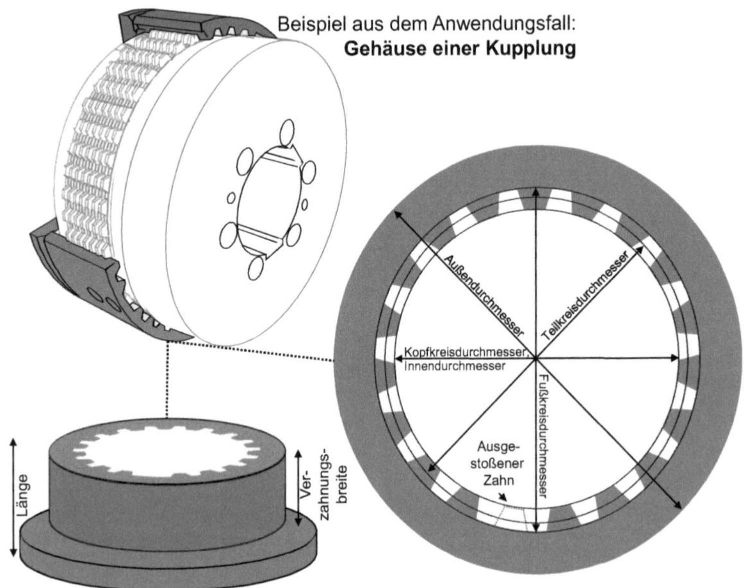

Bild 6.9: Parameter der Verzahnung des Anwendungsfalls

Parameters of the toothing use case

Die Verzahnung ist ein häufiger Prozessschritt für verschiedene Komponenten. Zur Herstellung einer Innenverzahnung wird in diesem Fall das Verfahren des Wälzstoßens eingesetzt, das den kontinuierlichen Wälzverfahren angehört. Die Verzahnung am Werkstück wird von einem zahnradförmigen Schneidrad-Werkzeug im Hüllschnittverfahren erzeugt [KLOC07]. Die Verzahnung lässt sich durch folgende Parameter beschreiben, die direkten Bezug auf die Geometrie der Verzahnung haben (vgl. auch Bild 6.10):

Außendurchmesser [mm], Innendurchmesser [mm], Länge [mm], Modul [mm], Flankenwinkel [Grad], Anzahl Zähne, Anzahl ausgestoßener Zähne, Kopfkreisdurchmesser [mm], Fußkreisdurchmesser [mm], Teilkreisdurchmesser [mm], Verzahnungsbreite [mm].

Auftrag	Material-nummer	Materialkurztext	…	Verzahnungs-breite [mm]	Werkstoff
100	51297471	Doppelbundgehäuse		101,07	0
200	c6a51a19	Zylindergehäuse		30,07	C 45
200	c6a51a19	Zylindergehäuse		30,07	C 45
300	51f0b116	Träger		53,75	0
400	1213bd10	Kolben		9,04	C45
500	d8562475	Ringgehäuse	…	70,00	C 45
600	faceb4ed	Bundgehäuse		92,50	C 45
700	784dabe3	Innenlamelle		3,00	/
800	66512350	Kolben		5,40	C 45
900	bfede038	Kolben		10,05	0
1000	b5021274	Kolben		9,04	0
1100	b55bfb6c	Flanschgehäuse		50,25	GGG-60
1200	d1d6fd67	Flanschgehäuse kurz		62,80	GGG-60
⋮					

Eigenschaft	Wert
Auftrag	500
Materialnummer	d8562475
Materialkurztext	Ringgehäuse
Vorgang	0040
Arbeitsplatz	0815
Startdatum	16.08.2017
Startzeit	05:16:01
Enddatum	17.08.2017
Endzeit	12:45:00
Rückgem. Gutmenge	48
Vorgangsmenge	60
Aussendurchmesser [mm]	290,00
Innendurchmesser [mm]	228,00
Länge [mm]	65,00
Modul [mm]	3
Flankenwinkel [Grad]	20
Anzahl Zähne	78
Anzahl ausg. Zähne	12
Kopfkreisdurchmesser [mm]	228,00
Fußkreisdurchmesser [mm]	238,50
Teilkreisdurchmesser [mm]	234,00
Verzahnungsbreite [mm]	70,00
Werkstoff	C 45

Bild 6.10: Beispieldatensätze des Anwendungsfalls
Exemplary data of the use case

Ergänzend zu diesen Parametern ist die Stückzahl eine weitere Einflussgröße, die zwischen den Aufträgen für identische Produkte variieren kann.

Insgesamt werden 628 Vorgänge ausgewertet, die die gesamte Auftragshistorie in einem definierten Zeitraum einer Verzahnungsstoßmaschine darstellen. Da die Parameter der Verzahnung und auch die Stückzahl in einem breiten Bereich schwanken, wird hierdurch ein repräsentativer Querschnitt des Produktspektrums aufgezeigt. Einzelne Produkte können durch ihre Materialnummer eindeutig identifiziert werden. Um die Funktionsweise der Methoden vergleichen und präsentieren zu können, werden die Daten wie folgt in drei Datensätze eingeteilt:

1. Datensatz: Initialer Datensatz mit dem Fokus der Exploration (90 Vorgänge)
2. Datensatz: Gesamter Datensatz (628 Vorgänge)
3. Datensatz: Datensatz mit mehrfach gefertigten Produkten (63 Vorgänge)

Neben den oben genannten Parametern und der Stückzahl wurden ebenfalls immer die Bearbeitungszeit sowie teilweise die Rüstzeit manuell durch den Maschinenbediener erfasst. Dabei ist davon auszugehen, dass es sich nicht um die realen Rüst- oder Bearbeitungszeiten handelt, sondern um rückgemeldete Zeiten, die mit Unsicherheiten behaftet sind. Des Weiteren ist noch die Produktfamilie angegeben sowie für einen Teil der Vorgänge der verwendete Werkstoff und Prozessparameter wie z. B. die Schnittgeschwindigkeit.

Als Zielvariable für die Zeiteneinschätzung gilt die Bearbeitungszeit, die in den Fällen, in denen die Rüstzeit nicht separat ausgewiesen ist, auch die Rüstzeit enthält. Da eine nachträgliche Aufteilung der angegebenen Zeit in Rüst- und Bearbeitungszeit nicht möglich ist, muss für alle Vorgänge mit separierter Rüstzeit diese auf die Bearbeitungszeit addiert werden. Im Folgenden wird dieser Gesamtzeitraum als Bearbeitungszeit bezeichnet. Bei der Zeiteneinschätzung ist diese Zusammenfassung von Rüst- und Bearbeitungszeiten als Fehlerquelle anzunehmen, da Rüstzeiten nicht nur vom zu fertigenden Produkt abhängen, sondern auch davon, welches Produkt im vorherigen Auftrag gefertigt wurde.

Im Folgenden wird die Vorgehensweise zur Erstellung des Moduls der Zeitenschätzung entsprechend der entwickelten Methodik angewendet.

Datenakquise

Aus zwei verschiedenen Softwaresystemen wurden die Daten extrahiert. In einem ERP-System sind die Bearbeitungszeiten sowie die Stückzahlen für einen Vorgang erfasst. Aus einer CAM-basierten Software können anhand der Produktkennung für jeden Auftrag die zugehörigen Verzahnungsparameter bestimmt werden. Diese Daten werden in einer Datenbank zusammengefasst.

Datenbereinigung

Einzelne Datensätze können, auf Basis der Daten und durch Prozesswissen über die Verzahnung, ausgeschlossen werden (vgl. Bild 6.11):

- Keine Rückmeldung zur Bearbeitungszeit (1 Vorgang)
- Auftrag doppelt vorhanden (32 Vorgänge)
- Bearbeitungszeit kleiner als 10 Minuten (44 Vorgänge)

Dadurch kommt es zu einer Reduktion von 628 Vorgängen auf 551 Vorgänge, die nun im Folgenden die Datenbasis für die Zeiteneinschätzung bilden.

Eigenschaften	1	2	3	4	5
Auftragsnummer	200	200	500	600	900
Materialnummer	c6a51a19-438c	c6a51a19-438c	d8562475-204f	faceb4ed-42da	bfede038-f4b2
Materialkurztext	Zylindergehäuse	Zylindergehäuse	Ringgehäuse	Bundgehäuse	Kolben
Vorgang	0400	0400	0040	0050	0050
Arbeitsplatz	0815	0815	0815	0815	0815
Startdatum	02.08.2017	02.08.2017	16.08.2017		25.08.2017
Startzeit	09:38:01	09:38:01	05:16:01		11:38:01
Enddatum	04.08.2017	04.08.2017	17.08.2017		25.08.2017
Endzeit	18:20:00	18:20:00	12:45:00		11:38:02
Rückgem. Gutmenge	98	98	48	1	10
Vorgangsmenge	105	105	60	1	10
Aussendurchmesser [mm]	135,00	135,00	290,00	336,00	410,00
Innendurchmesser [mm]	74,00	74,00	228,00	281,00	220,00
Länge [mm]	75,00	75,00	65,00	98,50	55,00
Modul [mm]	4	4	3	3	5
Flankenwinkel [Grad]	30	30	20	20	20
Anzahl Zähne	21	21	78	95	60
Anzahl ausg. Zähne	2	2	12	10	0
Kopfkreisdurchmesser [mm]	82,20	82,20	228,00	281,00	295,00
Fußkreisdurchmesser [mm]	90,80	90,80	238,50	292,50	312,50
Teilkreisdurchmesser [mm]	92,00	92,00	234,00	285,00	300,00
Verzahnungsbreite [mm]	30,07	30,07	70,00	92,50	10,05
Werkstoff	C 45	C 45	C 45	C 45	0

Auftrag doppelt vorhanden (1, 2) ... Keine Rückmeldung (4) ... Fehlerhafte Rückmeldung (5)

Bild 6.11: Datenbereinigung im Anwendungsfall

Data cleansing in the use case

Datenanalyse

Zur Bestimmung der Prozess- bzw. Datenvarianz werden, entsprechend der entwickelten Vorgehensweise, Vorgänge mit identischen Produkten und ähnlichen Stückzahlen herangezogen. Im Datensatz wurden 74 Produkte mehrfach identisch gefertigt, jeweils mit 2 bis 10 Vorgängen je Produkt. Daraus ergeben sich 261 Vorgänge, d. h. ca. die Hälfte der gesamten Vorgänge des Datensatzes. Um die Prozess- bzw. Datenvarianz zu bestimmen, wird diese Datenbasis genutzt. Die Prozess- bzw. Datenvarianz ist mit 29,0 % sehr hoch, dies liegt vor allem an den starken Varianzen bei den Bearbeitungszeiten, die durch die Stichprobenprüfung einzelner Produkte ersichtlich werden.

Bspw. liegt für 6 Vorgänge der Durchschnitt der Bearbeitungszeit pro Stück bei 1,44 Minuten, mit einer Standardabweichung von 0,38 Minuten, was einer relativen Abweichung von 26,6 % entspricht. Trotz identischer Parameter und Stückzahlen benötigt ein spezifischer Vorgang laut rückgemeldeter Zeit doppelt so lange wie ein anderer Vorgang. Einzelne Ausreißer sind nur schwer identifizierbar. Es ergibt sich vielmehr ein inhomogenes Bild bei einem Großteil der Produkte, insbesondere weil im Durchschnitt nur 3 Vorgänge pro Produkt vorhanden sind. Diese starken Abweichungen lassen sich nicht durch in der Fertigung übliche Einflussgrößen wie Material- oder Prozessschwankungen zurückführen, sondern es muss von einer mit starken Ungenauigkeiten behafteten Datenbasis ausgegangen werden. Die schränkt eine möglichst genaue Zeiteneinschätzung stark ein.

6.2.3 Ergebnisse

Results

Im Folgenden werden die jeweiligen Ergebnisse der Anwendung der entwickelten Methoden zur Zeitenschätzung aufgezeigt. Die Prüfung der Zeitenschätzung erfolgt nach dem Prinzip der Leave-one-out Cross Validation unter Angabe des MdAPE und des MAPE – jeweils getrennt für die jeweiligen Datensätze.

Die zuvor beschriebene Problematik der hohen Datenvarianz bedingt die Bildung des dritten Datensatzes zur weitergehenden Überprüfung der Zeitenschätzung. Dabei wird der zweite Datensatz zur Modellbildung genutzt. Hierbei sind Vorgänge für die Fertigung identischer Produkte berücksichtigt, bei denen die mittlere Abweichung der Zeiten zwischen verschiedenen Vorgängen für ein Produkt unter 15 % beträgt. So kann überprüft werden, welche Ergebnisse die Methoden der Zeitenschätzung bei einer besseren Datengrundlage erzielen, bei der die Schwankungen in einem Bereich liegen, der durch Prozess- oder Materialschwankungen zu erwarten ist. Während die Ergebnisse für die verschiedenen Algorithmen zur Zeitenschätzung in den folgenden Abschnitten detailliert erläutert werden, sind in Tabelle 6.1 die Gesamtergebnisse zur besseren Übersicht bereits für alle Methoden zusammengefasst.

Tabelle 6.1: MdAPE und MAPE für verschiedene Datensätze

MdAPE and MAPE for different datasets

DS		Vorgabezeit	Lin. Reg.	IA-Reg.$_2$	IA-Reg.$_3$	IA-Reg.$_4$	Neur. Netz	Regr. Tree
1	MdAPE	22,4 %	68,4 %	37,4 %	29,2 %	30,7 %	82,0 %	31,8 %
(90)	MAPE	36,5 %	162,3%	86,0 %	58,8 %	70,1 %	234,6 %	60,1 %
2	MdAPE	21,6 %	48,4 %	24,5 %	24,5 %	25,0 %	31,3 %	23,7 %
(551)	MAPE	27,5 %	106,9%	48,2 %	40,2 %	40,5 %	61,6 %	37,7 %
3	MdAPE	13,7 %	37,3 %	18,6 %	17,7 %	15,2 %	21,2 %	11,2 %
(63)	MAPE	16,4 %	75,8 %	39,7 %	23,2 %	21,6 %	40,8 %	14,6 %

Vorgabezeiten

Um Vorgabezeiten für den Fertigungsprozess zu bestimmen, wurde von der Arbeitsvorbereitung für den Bereich der Innenverzahnung ein Berechnungsschema entwickelt, das im Folgenden als Referenz verwendet wird. Es folgt den Konzepten der vorgestellten analytischen Methoden (vgl. Kap. 2.3.2). Der Fertigungsprozess wird hierbei in einzelne Schritte zerlegt. Die dazu benötigten Zeiten werden unter Verwendung der Verzahnungsparameter (Durchmesser, Anzahl der Zähne etc.) und der Prozessparameter (Schnittgeschwindigkeiten, Hubzahlen etc.) berechnet. Im Gegensatz zu den aufgezeigten Literaturquellen wurde das Schema am Prozess validiert und mit Korrekturfaktoren an die Realität angepasst. Grundlage für die Erstellung und die Validierung eines solchen Schemas ist ein entsprechendes Expertenwissen über den Prozess. Darüber hinaus ist die Erstellung und Validierung mit einem erheblichen Aufwand verbunden.

Aus dem Berechnungsschema resultiert die Größe Bearbeitungszeit pro Stück. Dabei wird die Rüstzeit nicht berechnet, sondern es wird für fast alle Produkte ein Richtwert von 88 oder 118 Minuten veranschlagt. Um die Ergebnisse mit den rückgemeldeten Zeiten vergleichen zu können, wird dieser Rüstzeitwert mitberücksichtigt.

Durch die Vorgabezeiten werden insgesamt gute Ergebnisse erzielt, die Genauigkeit der Vorhersage liegt innerhalb der Varianz der Daten (vgl. Tabelle 6.1). Etwas bessere Ergebnisse als für den ersten Datensatz können für den zweiten Datensatz erreicht werden. Dies liegt daran, dass für den ersten Datensatz keine Bereinigung durchgeführt werden konnte und somit potenziell mehr fehlerhafte Datenpunkte beinhaltet. Bild 6.12 stellt die Ergebnisse für den ersten Datensatz dar. Die prozentuale Abweichung zwischen Vorhersage und realer Zeit ist für alle 90 Datensätze aufgetragen. Zur besseren Übersicht ist die Skala auf maximal +200 % bis -100 % begrenzt. Diese Darstellung setzt sich in den folgenden Abschnitten für die weiteren Methoden fort.

Bild 6.12 zeigt deutlich, dass die reale Bearbeitungszeit häufig die geschätzte Zeit überschreitet, teilweise sogar sehr stark. Die Maschinenbediener geben erhebliche Mehrzeiten zu den Vorgabezeiten bei der Rückmeldung an. Solche Mehrzeiten sind allerdings nur bei einem geringen Teil der Datensätze vorhanden und können so als Hinweis darauf gewertet werden, dass die rückgemeldeten Zeiten nur zum Teil den realen Zeiten entsprechen.

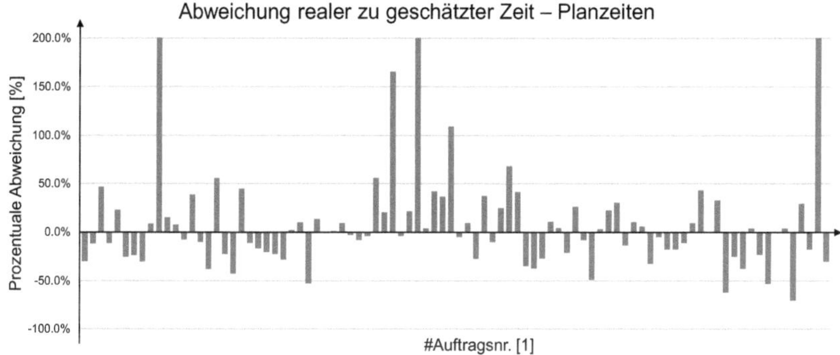

Bild 6.12: Abweichung realer zu geschätzter Zeit – Planzeiten

Deviation between actual and planned processing time

Lineare Regression

Die Anwendung der linearen Regression kann weder im Mittel noch im Median ansatzweise gute Ergebnisse für einen der drei Datensätze erzielen (vgl. Tabelle 6.1). Die Detailbetrachtung der Ergebnisse der Zeitenschätzung zeigt die Abweichungen in Bild 6.13 deutlich. Die starken Unterschiede liegen vor allem in der Simplizität des linearen Regressionsmodells begründet. Ein linearer Zusammenhang der Verzahnungsparameter zur Bearbeitungszeit kann die Komplexität des Prozesses nicht annähernd erfassen, insbesondere da es sich um ein globales Modell jeweils für den gesamten Datensatz handelt.

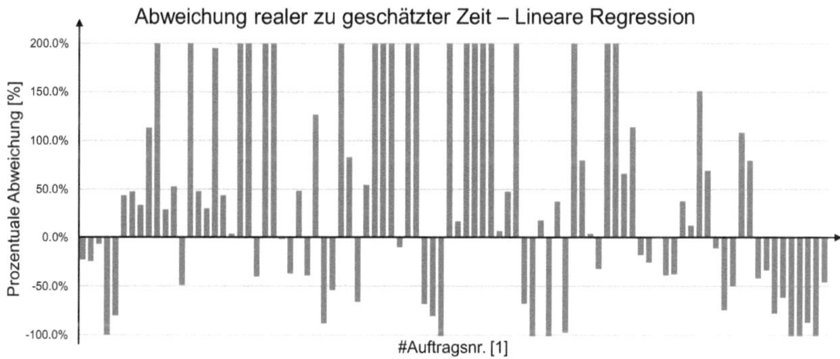

Bild 6.13: Abweichung realer zu geschätzter Zeit – Lineare Regression

Deviation between actual and estimated time for linear regression

Interaktionsregression

Die Anwendung der Interaktionsregression erzielt insgesamt zufriedenstellende Ergebnisse (vgl. Tabelle 6.1). Insbesondere für den ersten Datensatz sind MdAPE/MAPE mit 29,2 %/58,8 % für die Interaktionsregression$_3$ am geringsten. Allerdings ergeben sich insgesamt weiterhin teilweise deutliche Abweichungen (vgl. Bild 6.14).

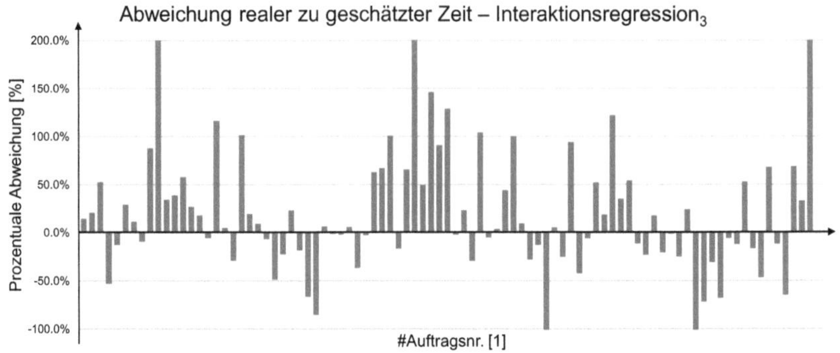

Bild 6.14: Abweichung realer zu geschätzter Zeit – Interaktionsregression$_3$

Deviation between actual and estimated time for interaction regression$_3$

Im Vergleich des ersten mit dem zweiten Datensatz ergibt sich – vermutlich bedingt durch die größere Datenbasis – für alle Methoden der Interaktionsregression eine Verbesserung der Schätzung. Die Interaktionsregression$_2$ schneidet dabei für alle Datensätze schlechter ab als die Interaktionsregression$_3$ und Interaktionsregression$_4$. Interaktionsregression$_3$ und Interaktionsregression$_4$ erreichen für den zweiten und dritten Datensatz bezüglich des MdAPE ähnliche Werte wie die Vorgabezeiten, während der MAPE weiterhin deutlich über dem der Vorgabezeiten liegt. Dies deutet auf eine gute Abbildung der Zusammenhänge für einen Großteil des Wertebereichs mit der Interaktionsregression hin. Für einige Vorgänge am Rande des Wertebereichs können die Zeiten allerdings nicht korrekt geschätzt werden. Dies führt in diesen Fällen zu stärkeren Abweichungen und einem dementsprechend höheren MAPE.

Die Extraktion des Modells ermöglicht die Visualisierung der berücksichtigten Eingabeparameter. Das Ergebnis dieses Vorgehens ist in Tabelle 6.2 für die Interaktionsregression$_3$ am Beispiel des zweiten Datensatzes dargestellt. Das resultierende Modell kann vergleichsweise einfach parameterseitig mit anderen formelbasierten Methoden verglichen werden. Die Möglichkeiten des Vergleichs stehen im Gegensatz zu denen bei Black-Box-Methoden wie den Neuronalen Netzen.

Die Tabelle 6.2 zeigt eine besonders häufige Berücksichtigung einiger weniger Parameter – bspw. die Vorgangsmenge, die Länge, die Anzahl ausgestoßener Zähne sowie die Verzahnungsbreite. Einige andere Parameter – wie der Fußkreisdurchmesser – finden keine Berücksichtigung, da sie eine hohe Korrelation mit anderen Parametern – in diesem Fall bspw. dem Teilkreisdurchmesser – aufweisen. Die unterschiedlichen Einheiten der verschiedenen Parameter verhindern den sinnvollen Vergleich der Gewichte miteinander. Die Berücksichtigung von kategorischen Parametern ist bei der Interaktionsregression nicht möglich.

Tabelle 6.2: Extrahiertes Modell der Interaktionsregression$_3$

Extracted model for interaction regression$_3$

Gewichtung der jew. Faktoren	**Faktor 1**	**Faktor 2**	**Faktor 3**
-361,1	Vorgangsmenge		
-15,5	Vorgangsmenge	Vorgangsmenge	
-44	Vorgangsmenge	Länge [mm]	
254,2	Vorgangsmenge	Flankenwinkel [Grad]	
-3567,4	Vorgangsmenge	Anzahl ausg. Zähne	
254,5	Vorgangsmenge	Teilkreisdurchmesser [mm]	
916,3	Vorgangsmenge	Verzahnungsbreite [mm]	
333,9	Vorgangsmenge	Teilkreisdurchmesser [mm]	Länge [mm]
-339,6	Vorgangsmenge	Länge [mm]	Modul [mm]
390	Vorgangsmenge	Länge [mm]	Flankenwinkel [Grad]
-8,9	Vorgangsmenge	Länge [mm]	Anzahl Zähne
130,2	Vorgangsmenge	Länge [mm]	Anzahl ausg. Zähne
-149	Vorgangsmenge	Länge [mm]	Verzahnungsbreite [mm]
1199,4	Vorgangsmenge	Modul [mm]	Anzahl ausg. Zähne
366	Vorgangsmenge	Modul [mm]	Verzahnungsbreite [mm]
2199,6	Vorgangsmenge	Flankenwinkel [Grad]	Anzahl ausg. Zähne
-635,7	Vorgangsmenge	Flankenwinkel [Grad]	Verzahnungsbreite [mm]
234,4	Vorgangsmenge	Anzahl Zähne	Anzahl ausg. Zähne
-107,8	Vorgangsmenge	Anzahl Zähne	Teilkreisdurchmesser [mm]
-189,9	Vorgangsmenge	Anzahl Zähne	Verzahnungsbreite [mm]
98,8	Vorgangsmenge	Anzahl ausg. Zähne	Teilkreisdurchmesser [mm]
-141,3	Vorgangsmenge	Anzahl ausg. Zähne	Verzahnungsbreite [mm]

Künstliche Neuronale Netze

KNN erzielen für den ersten Datensatz in der Standardkonfiguration unzureichende Ergebnisse. Der Grund hierfür liegt vermutlich darin, dass die 90 Einzelsätze für einen hinreichend guten Lernprozess des KNN nicht ausreichen. Beim zweiten und dritten Datensatz werden zwar etwas bessere Ergebnisse erzielt, jedoch bleiben die Ergebnisse insgesamt hinter denen anderer Methoden zurück (vgl. Tabelle 6.1).

Regression Trees

Die Ergebnisse zeigen bei den Regression Trees für den ersten Datensatz einen MdAPE von 31,8 % und liegen damit im Bereich der Interaktionsregression$_3$ (vgl. Tabelle 6.1). Vor allem durch den MAPE von 60,1 % und die Betrachtung der Abweichungen in Bild 6.15 wird deutlich, dass die Schätzungen noch nicht ausreichend genau sind. Die Ungenauigkeiten resultieren vermutlich ebenso, wie bei der Interaktionsregression und den KNN, aus der hinsichtlich einer vollständigen Modellbildung zu geringen Datenbasis.

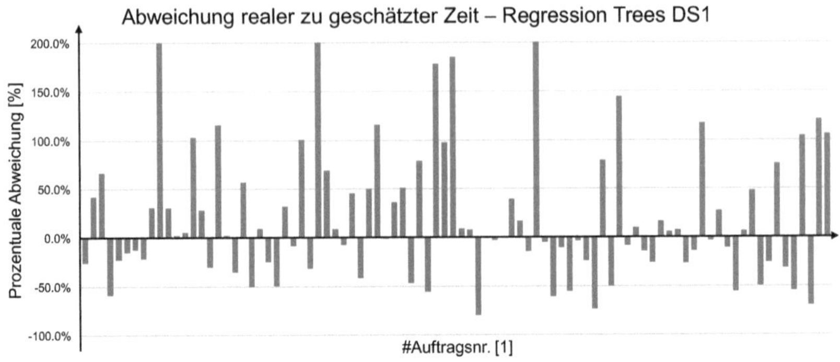

Bild 6.15: Abweichung realer zu geschätzter Zeit – Regression Trees DS1

Deviation between actual and estimated time for regression trees in DS1

Das Potenzial der Regression Trees bestätigt sich durch die deutliche Verbesserung beim zweiten Datensatz. Hierbei erreichen Regression Trees bessere Ergebnisse als die anderen datenbasierten Methoden. Für den Test bei zuverlässigen Datenpunkten im dritten Datensatz erzielen Regression Trees bessere Vorhersagen als alle anderen Methoden – inklusive der Plan-Vorgabezeiten. Tabelle 6.1 zeigt im Vergleich einen MdAPE von 11,2 % vs. 13,7 % und einen MAPE von 14,6 % zu 16,4 %.

Für den dritten Datensatz sind die Abweichungen in Bild 6.16 dargestellt. Dies verdeutlicht, dass datenbasierte Methoden bei einer Datenbasis mit realistischer Prozess-/Datenvarianz gute Ergebnisse erzielen können.

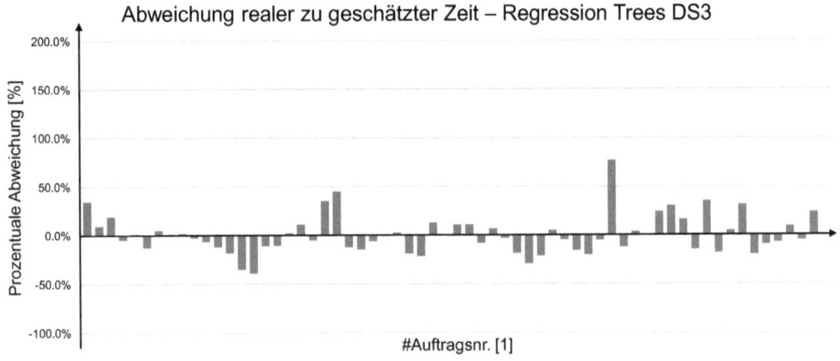

Bild 6.16: Abweichung realer zu geschätzter Zeit – Regression Trees DS3

Deviation between actual and estimated time for regression trees in DS3

Zur Verdeutlichung der Modellbildung ist das resultierende Modell für einen Regression Tree in Bild 6.17 beispielhaft für den zweiten Datensatz dargestellt. Die Knotenpunkte repräsentieren jeweils eine Aufteilung nach dem Wert eines der Parameter.

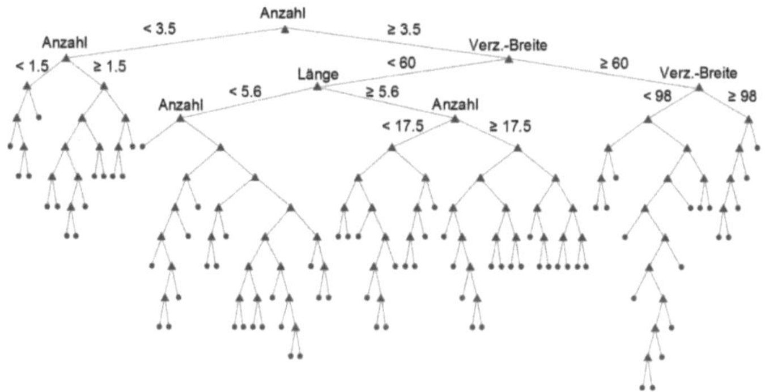

Bild 6.17: Extrahiertes Modell des Regression Tree für DS2

Extracted model of the regression tree for DS2

Der Einfluss einzelner Parameter geht durch die Häufigkeit der Aufteilung nach einem Parameter in das Modell ein – für das gezeigte Modell ist dies beispielhaft in Tabelle 6.3 beschrieben.

Tabelle 6.3: Häufigkeit der Einteilung nach einem Parameter für DS2

Rate of classification in regard to one parameter for DS2

Parameter	Häufigk.
Vorgangsmenge	41
Außendurchmesser [mm]	13
Anzahl ausg. Zähne	11
Verzahnungsbreite [mm]	10
Länge [mm]	9
Innendurchmesser [mm]	6
Werkstoff	5

Parameter	Häufigk.
Modul [mm]	4
Teilkreisdurchmesser [mm]	4
Anzahl Zähne	3
Fußkreisdurchmesser [mm]	3
Kopfkreisdurchmesser [mm]	1
Flankenwinkel [Grad]	1

Der Vergleich mit dem Interaktionsregression$_3$-Modell zeigt, dass erneut die Vorgangsmenge, die Anzahl der ausgestoßenen Zähne und die Länge wesentliche Parameter sind. Für die Regression Trees erfolgt zudem die häufige Verwendung des Innen- und Außendurchmessers, während diese Parameter bei der Interaktionsregression$_3$ primär implizit durch den Teilkreisdurchmesser berücksichtigt werden.

Bild 6.18 zeigt einen Ausschnitt des Gesamtmodells für den Regression Tree, der die verschiedenen Teilungskriterien bis zu einem der Endpunkte des Baumes zeigt. Ein Endpunkt wird im Folgenden analog zur Graphentheorie als „Blatt“ des Baumes bezeichnet. Für den dargestellten Ausschnitt ergeben sich durch die Superposition der Teilungskriterien die folgenden Grenzen für das markierte Blatt:

- 3,5 ≤ Anzahl ≤ 14
- 35,7 mm ≤ Verzahungsbreite < 60 mm
- 5,6 mm ≤ Länge
- Innendurchmesser < 172 mm
- Außendurchmesser < 187 mm

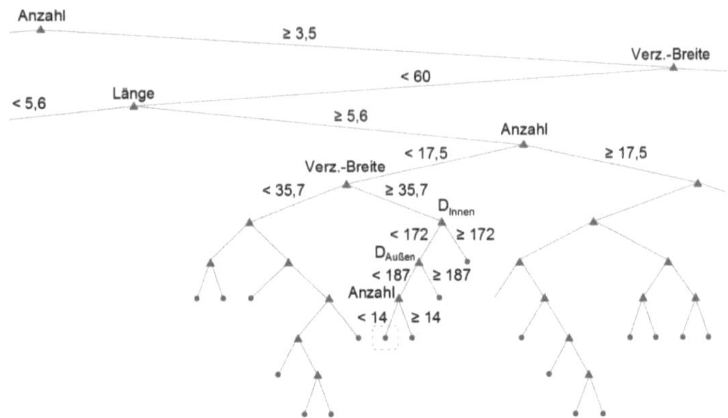

Bild 6.18: Teilungskriterien und Blätter des Regression Tree für DS2

Division criteria and leafs of the regression tree for DS2

Diese Kriterien werden von insgesamt 5 Vorgängen im zweiten Datensatz erfüllt und verdeutlichen die Funktionsweise des Regression Tree. Aus diesen Datensätzen können entsprechende Verteilungsfunktionen für die Bearbeitungszeit bestimmt werden. Die Gruppierung von Vorgängen mit ähnlichen Parametern und ähnlichen Bearbeitungszeiten erfolgt ohne a-priori-Wissen über deren Abhängigkeiten. Für eine neu zu schätzende Bearbeitungszeit wird anhand der Parameter eine Zuordnung zu den bestehenden Gruppen durchgeführt. Die Schätzung erfolgt anschließend durch Betrachtung der bisherigen Zeiten der Vorgänge in dieser Gruppe. Die dargestellte Gruppe weist eine mittlere Bearbeitungszeit von 38,4 Min./Stck. mit einer erwarteten Abweichung von ±4,9 Min./Stck. auf.

Einfluss zusätzlicher Informationen

Neben den für alle Vorgänge vorhandenen Informationen sind in den Datensätzen teilweise weitere Informationen angegeben, deren Einfluss hier abschließend aufgezeigt werden soll. Hierbei handelt es sich vornehmlich um die Merkmale „Produktfamilie“ sowie „Werkstoff“.

Für einen Großteil der Vorgänge ist das Merkmal „Produktfamilie“ angegeben, deren kategorische Werte bspw. „Innenlamelle“ oder „Träger“ sind. Während der grundsätzliche Bearbeitungsprozess für alle Produkte identisch ist, unterscheiden sich die Produktfamilien teilweise durch unterschiedliche Rüstvorgänge oder die Größenordnung der Parameter. Innenlamellen zeichnen sich bspw. durch eine geringe Verzahnungsbreite aus und werden in Paketen gespannt bzw. verzahnt. Der Einbezug der Produktfamilie als Parameter ist aufgrund seiner kategorischen Ausprägung nur bei Regression Trees sinnvoll möglich. Eine signifikante Verbesserung der Zeitenschätzung kann allerdings hierdurch nicht erzielt werden. Dies kann bspw. durch die bereits implizite Berücksichtigung der Unterschiede zwischen den Produktfamilien über die Wertebereiche der vorhandenen Modellparameter begründet werden.

Der Werkstoff ist lediglich für 320 Vorgänge bspw. durch Listung des verwendeten Stahls angegeben. In Analogie zur Produktfamilie als ebenso kategorisches Merkmal kann der Werkstoff nur in den Regression Trees berücksichtigt werden. Es zeigt sich dabei eine geringfügige Verbesserung des MdAPE und MAPE um 1 %. Da der Werkstoff nicht für jeden der Vorgänge angegeben ist, kann der Parameter nicht vollständig in die Modellbildung mit einbezogen werden und der Einfluss ist nicht abschließend einschätzbar.

6.3 Generierung der Produktionspläne

Generation of production plans

Übersicht über den Anwendungsfall

Das Demonstrationsszenario umfasst ein Beispiel für Produktionsdaten in der metallverarbeitenden Industrie. In Hinsicht auf die Stückzahlen handelt es sich dabei um die Fertigung kleiner Losgrößen bis hin zur Einzelfertigung, immer in Bezug zu einem spezifischen Kundenauftrag. Innerhalb der Produktion durchlaufen die Teile eine vordefinierte Anzahl an verschiedenen Maschinen als Bearbeitungsschritte, die in den jeweiligen Arbeitsplänen definiert und für die Zeitenschätzung extrahiert werden. Bild 6.19 zeigt das Vorgehen in der Übersicht.

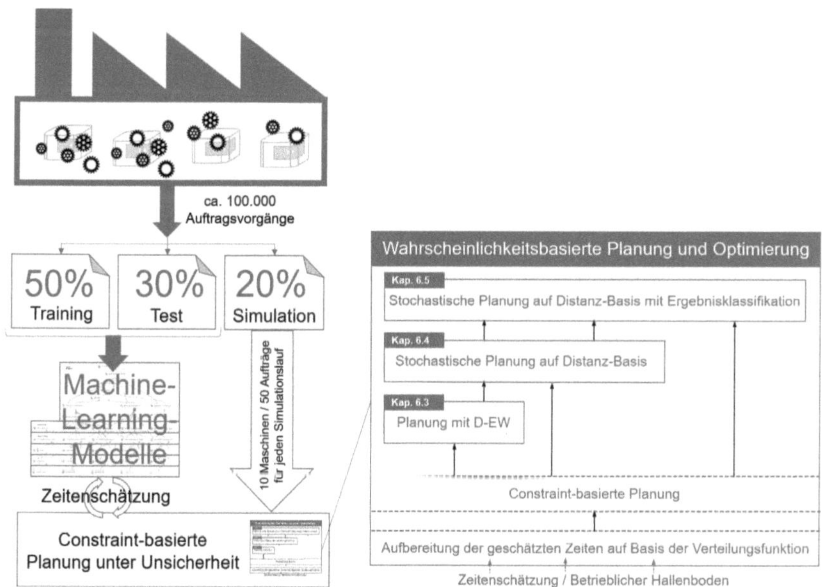

Bild 6.19: Zeitenschätzung und Produktionsplanung im Anwendungsfall

Time estimation and production planning in the use case

Ziel dieses Anwendungsbeispiels ist die Demonstration der Verwendung von geschätzten Produktionszeiten auf einzelne Maschinen zur Optimierung der Produktionsreihenfolge bzw. Einlastungsreihenfolge von Bearbeitungsschritten. Es werden die Auswirkungen einer nicht-optimalen Einlastung sowie einer nicht-optimalen Schätzung der Produktionszeiten in Hinsicht auf die Gesamtbearbeitungsdauer von Teilen verdeutlicht.

6.3.1 Implementierung

Implementation

Aufteilung der Datensätze

Für die Versuchsdurchführung muss ein bestehender Gesamtdatensatz aufgeteilt werden. Hinsichtlich der Arbeitsvorgänge existieren ca. n=100.000 Auftragsvorgänge, d. h. Arbeitsschritte für ein Teil auf einer Maschine. Im Gegensatz zu den vorhergehenden Datensätzen beinhaltet dieser Datensatz die Daten von einer gesamten Fabrik und nicht nur einer einzelnen Maschine. Die Grundannahme ist bei der Auswahl der Datensätze eine zufällige Verteilung der Auftragsvorgänge in der Vergangenheit, sodass eine zufällige Auswahl an Aufträgen ein repräsentatives Bild für die Zukunft erzeugen kann. Der gesamte Datensatz muss für die Versuchsdurchführung in drei Datensätze aufgeteilt werden:

1. Datensatz 1 für das Modell zur Zeitenschätzung auf den Maschinen (ca. 50 %):
   Der größte Anteil des Gesamt-Datensatzes wird zur Erstellung des Modells der Zeitenschätzung verwendet. Wie bereits im vorhergehenden Unterkapitel aufgezeigt, bedingt ein größerer Datensatz eine höhere Qualität der resultierenden Zeitenschätzung.
2. Datensatz 2 für die Evaluierung des Modells zur Zeitenschätzung (ca. 20 %):
   Um die Planzeitenschätzung zu optimieren und geeignete Methoden des Machine Learning auszuwählen, muss das Modell zur Planzeitenschätzung angepasst und parametriert werden. Hierzu wird ein zweiter Datensatz benötigt.
3. Datensatz 3 zur Simulation der resultierenden Pläne (ca. 30 %):
   Der letzte Datensatz dient der Generierung und Evaluierung der resultierenden Pläne des Constraint-Lösers. Der Datensatz muss ebenfalls unabhängig zu den beiden anderen Datensätzen sein. Aus diesem können wiederum einzelne Aufträge extrahiert werden, um die Constraint-Optimierung durchzuführen.

Vorgehen zur Anlernung des Zeitenschätzungsmodells für die Maschinen

Gemäß der Vorgehensweise zur Anlernung des Zeitenschätzungsmodells, ist die Anlernungsphase in mehrere Schritte aufgeteilt. Zunächst werden verschiedene Methoden des Machine Learning mit voreingestellten Parametern angelernt (Datensatz 1) und die Qualität der resultierenden Modelle überprüft.

Das Experiment nutzt für die Erstellung der Zeitenmodelle das Azure Machine Learning Studio (Azure ML Studio). Dieses bietet den Vorteil einer vereinfachten Evaluierung verschiedener Methoden zur Erstellung von Modellen u. a. für die in diesem Falle benötigten überwachten Lernverfahren. Anschließend können die erstellten Modelle durch Generierung eines zugehörigen Web-Services von den einzelnen Maschinen dezentral zur Generierung der geschätzten Zeiten genutzt werden.

Die Auswahl der möglichen Modelle bedingt sich durch den Anwendungsfall, bei dem die Schätzung eines kontinuierlichen Parameters (Bearbeitungszeit) vorgenommen werden muss. Demnach eignen sich Modelle der Regressionsanalyse. Da es sich um Vergangenheitswerte handelt, bei denen die reale Bearbeitungszeit bekannt ist, können die Methoden des überwachten Lernens angewendet werden. Innerhalb des Azure Machine Learning Studio sind daher folgende Methoden zur Modellerstellung grundsätzlich anwendbar:

1. Lineare Regression (engl. linear regression)
2. Bayessche lineare Regression (engl. bayesian linear regression)
3. Regression mit Neuronalen Netzen (neural network regression)
4. Entscheidungswald-Regression (decision forest regression)
5. Beschleunigte Entscheidungsbaum-Regression (engl. boosted decision tree regression)

Im Allgemeinen unterscheiden sich die ersten beiden vom Rest der Methoden dadurch, dass sie für lineare Modelle ausgelegt sind, auch wenn sich durch entsprechenden Einbezug von Parametern auch höherwertige Funktionen schätzen lassen. Die dritte Methode basiert auf Neuronalen Netzen und ist dementsprechend schwer hinsichtlich der einbezogenen Größen, bspw. durch einen Experten im Nachhinein, zu überprüfen. Bei der vierten und fünften Methode handelt es sich jeweils um Arten von Entscheidungsbäumen, die sich durch ihre Implementierungen, bspw. den zur Erstellung genutzten Speicherplatz, unterscheiden.

Nach der initialen Schätzung kann jede der Methoden durch methodenabhängige Parameter optimiert werden. Bei den neuronalen Netzen handelt es sich bspw. um die Anzahl an Knoten innerhalb des Netzes, während für die Entscheidungsbäume die Tiefe der Bäume festgelegt werden kann. Durch die Parametrierung ergeben sich optimierte Schätzmethoden, aus denen maschinenindividuell ein Modell erzeugt wird. Eine Gesamtübersicht über die Modelle bzw. Vorgehensweise in der Trainingsphase zeigt Bild 6.20.

Auf Basis des erzeugten Modells wird anschließend ein zugehöriger Web-Service generiert. Dieser stellt über eine JSON-Schnittstelle die Funktionalität zur Verfügung, mithilfe derer Maschinen unter Angabe der Auftragsdaten die voraussichtliche Bearbeitungszeit ermitteln können. Die Eingangswerte umfassen dabei die zum Planungszeitpunkt bekannten Daten wie die zugehörige Bauteilgruppe, die Nummer des Vorgangs und die vorher durch die Arbeitsvorbereitung abgeschätzte Bearbeitungszeit. Die Ausgangsdaten bilden der Mittelwert der geschätzten Bearbeitungszeit sowie die Standardabweichung. Somit können die nachfolgenden Schritte auch die Wahrscheinlichkeitsverteilung unter Annahme einer Normalverteilung berücksichtigen.

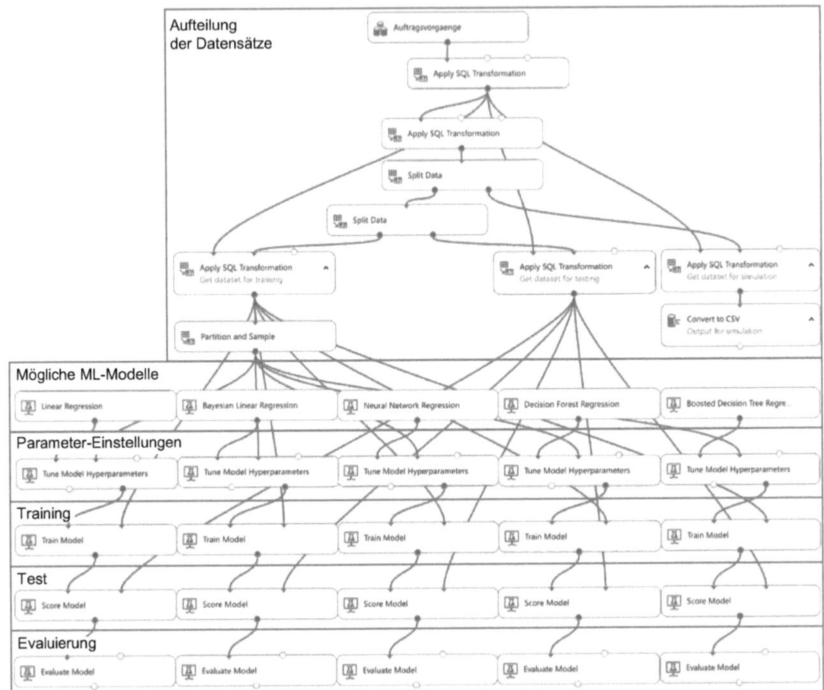

Bild 6.20: Übersicht über das Modell im Azure ML Studio

Overview of the model in Azure ML Studio

Entwicklung der Produktionspläne mithilfe eines Constraint-Lösers

Zur Bestimmung der Produktionspläne und Simulation der Fertigung wird Datensatz 3 verwendet. Aus diesem werden zufällig für eine vordefinierte Anzahl an Maschinen (bspw. 10 zufällig ausgewählte Maschinen) eine ebenfalls vordefinierte Anzahl an Aufträgen (bspw. 50 zufällig ausgewählte Aufträge) extrahiert. Die Aufträge besitzen dabei eine unterschiedliche Anzahl an Bearbeitungsschritten. Die Wahl der Größen zur Vordefinition beeinflusst lediglich die Laufzeit, die der Constraint-Löser zur Ermittlung eines Plans benötigt und entspricht im dargestellten Fall der typischen Planung eines Mehr-Tages-Horizonts.

Die Bedingungen für den Constraint-Löser lauten wie folgt:

- Ein Auftrag muss in seiner durch den Arbeitsplan vorbestimmten Reihenfolge durchlaufen werden, d. h. die Bearbeitungsreihenfolge muss beibehalten werden.
- Auf einer Maschine darf zu jedem Zeitpunkt nur ein einziger Bearbeitungsschritt durchgeführt werden.
- Das Zielkriterium ist die Minimierung der Produktionsdauer.

Das Ergebnis des Constraint-Lösers sind anschließend die Startzeitpunkte für jeden Bearbeitungsschritt auf den betrachteten Maschinen. Es ergibt sich damit eine Sequenz von Bearbeitungsschritten für jede Maschine.

Auf Basis der aus dem Datensatz 3 extrahierten Werte wird zunächst gemäß der vorgestellten Vorgehensweise durch den Constraint-Löser auf Basis der realen Daten der Referenzplan erstellt werden (Schritt 1 – „Realzeiten“ bzw. „Optimalplan“). Hierzu werden als Zeitwerte die realen Vergangenheitswerte extrahiert. Sofern die Zeitwerte vorab bekannt gewesen wären, würde dieser Plan zu der minimalen Bearbeitungsdauer führen. Die anschließend zu bestimmenden Pläne, bspw. auf Basis der geschätzten Zeiten, können mit dem idealen Plan auf Ähnlichkeit verglichen und somit hinsichtlich ihrer Eignung bewertet werden.

Im zweiten Schritt verwendet der Constraint-Löser das gleiche Extrakt aus dem Datensatz 3 mit dem Unterschied, dass die Planung auf Basis der durch die Arbeitsvorbereitung geplanten Werte durchgeführt wird (Schritt 2 – „Planzeiten“ bzw. „Planwerte“). Diese Planung entspricht dem aktuell im Produktionsumfeld bestehenden Ansatz, bei dem auf Basis von Simulationen und Berechnungen der zur Bearbeitung benötigten Zeiten die Abarbeitungsreihenfolge von Aufträgen bzw. Bearbeitungsschritten auf Maschinen ermittelt wird.

Die letzte Planung erfolgt auf Basis der von den Maschinen geschätzten Produktionszeiten (Schritt 3 – „Schätzzeiten“ bzw. „Schätzwerte“). Hierzu kommuniziert das den Constraint-Löser umgebende Programm-Modul mit den einzelnen Maschinen-Modellen zur Zeitenschätzung. Die Eingangsdaten sind dabei die zum Planungszeitpunkt bekannten Daten wie die Auftragsdaten und auch die durch die Arbeitsvorbereitung geschätzten Zeiten. Mithilfe dieser Daten ermitteln die Maschinenmodelle unter Nutzung des bereitgestellten Web-Dienstes innerhalb des Azure-Machine-Learning-Moduls die Wahrscheinlichkeitsverteilung für die von jedem Bearbeitungsschritt benötigte Bearbeitungszeit.

6.3.2 Versuchsdurchführung

Experimental procedure

In der Versuchsdurchführung werden zunächst die verschiedenen Pläne erzeugt und zur Vorprüfung, bspw. durch einen Experten, bereitgestellt. Die Versuchsdurchführung erfolgt beispielhaft für den Fall eines einzelnen Planungsdurchlaufs mit der Auswahl von 50 Aufträgen auf 10 Maschinen. Anschließend erfolgt die Evaluierung durch die Erstellung der Sequenzvergleiche sowie der Vergleiche der Maschinen- und Auftragszeiten.

6.3.3 Ergebnisse in der Planungsphase

Results in the planning phase

Zur Evaluierung wird nach der Planung zunächst für jeden der drei Schritte eine Visualisierung in Form eines Gantt-Charts erstellt, die bereits eine Übersicht über die Pläne liefert. Die Visualisierung basiert auf der Chart-Bibliothek von Google, bei der die einzelnen Bearbeitungsschritte eines Auftrags auf einer Maschine im Browser individuell ausgewählt werden können. Die Maschinen sind anonymisiert mit einer alphabetischen Bezeichnung versehen (vgl. Bild 6.21).

Bild 6.21: Vergleich der Pläne für Real-, Plan- und Schätzzeiten

Comparison of plans based on actual, planned and estimated times

Der obere Teil von Bild 6.21 zeigt den erstellten Plan unter Kenntnis der realen Bearbeitungsdauer. Intuitiv ersichtlich beträgt der notwendige Planungshorizont ca. 4 Tage und bei Maschine A handelt es sich vermutlich um die Engpass-Maschine, gefolgt von Maschine B. Zeitliche Lücken und eine geringe Anzahl von Aufträgen auf einigen Maschinen sind durch die zufällige Auswahl der Maschinen zu erklären.

Für den zweiten Schritt, hinsichtlich der Planung mit den durch die Arbeitsvorbereitung abgeschätzten Zeiten, findet sich der generierte Plan in Bild 6.21 mittig (von oben nach unten). Neben den unterschiedlichen Auftragszeiten fallen dabei der wesentliche höhere notwendige Planungszeitraum (ca. 6,5 Tage) und die mit Abstand höchste Auslastung auf Maschine B auf.

Im unteren Teil von Bild 6.21 findet sich der generierte Plan für die mittels der Zeitenschätzung ermittelten Zeiten. Zwar ist der insgesamt geschätzte Zeitraum für die Bearbeitung etwas geringer (ca. 3,75 Tage), jedoch wesentlich näher am idealen Plan als der Plan des zweiten Schritts. Auch die Engpass-Maschine ist mit Maschine A korrekt bestimmt.

Sequenzvergleich

Zur Generierung der Sequenzen werden die Aufträge zunächst auf den Unicode-Zeichensatz, beginnend beim 48. Unicode-Zeichen, übertragen. Hierbei handelt es sich um üblicherweise in der Textverarbeitung häufig genutzte Zeichen. Beispielhaft ergeben sich für Maschine D folgende Zeichenfolgen:

J???<u>7K</u>@@@AAAB (Schritt 1) vs. J???<u>K7</u>@@@AAAB (Schritt 2)

Die beiden unterstrichenen Zeichen zeigen die sowohl nach Hamming als auch nach Levensthein notwendigen Anpassungen. In diesem Fall gilt daher:

$$d_{Hamming}(\text{J???7K@@@AAAB, J???K7@@@AAAB})$$
$$=d_{Levensthein}(\text{J???7K@@@AAAB, J???K7@@@AAAB})=2$$

Die Durchführung dieser Auswertung für alle Maschinen und der jeweils paarweise Vergleich der Pläne aus Schritt 2 und 3 mit dem Plan aus Schritt 1 führt zu dem in Bild 6.22 dargestellten Ergebnis. Die Abbildung zeigt die gleichgewichtete Kombination aus der Hamming- und der Levensthein-Distanz für die einzelnen Maschinen:

$$d_{gewichtet,\ Maschine\ j}=\sum_{i=1}^{k}\lambda_i{*}d_{i,\ j}\text{, mit:} \qquad (6.1)$$

$$\lambda_1:=\lambda_{Hamming}=0{,}5, \qquad \lambda_2:=\lambda_{Levensthein}=0{,}5,$$
$$d_{1,j}:=d_{Hamming,\ Maschine\ j}, \qquad d_{2,j}:=d_{Levensthein,\ Maschine\ j}$$
$$k:=\text{Anzahl der Distanzmaße}=2.$$

Da es sich sowohl bei den Hamming- als auch bei den Levensthein-Distanzen um Absolutwerte handelt, ist eine große Varianz zwischen der Höhe der Werte auf den einzelnen Maschinen erwartungsgetreu. Für die Maschinen mit vielen Aufträgen und somit vielen möglichen Zeichen ist auch die Möglichkeit des Erreichens höherer Distanzen gegeben. Die höchste gewichtete Distanz ist bspw. in beiden Fällen für Maschine B gegeben, wobei es sich hierbei auch um die Maschine mit der weitaus höchsten Anzahl an notwendigen Bearbeitungsschritten (n=87) handelt.

Bei den gewichteten Distanzen dominieren klar die Resultate der Zeitenschätzung. Lediglich bei einer von 10 Distanzen weisen die Resultate der durch die Arbeitsvorbereitung geplanten Zeiten eine höhere Ähnlichkeit zu den Idealplänen auf. Bemerkenswert ist zudem, dass die Pläne aus den geschätzten Werten auf 3 Maschinen exakt mit den Idealplänen übereinstimmen.

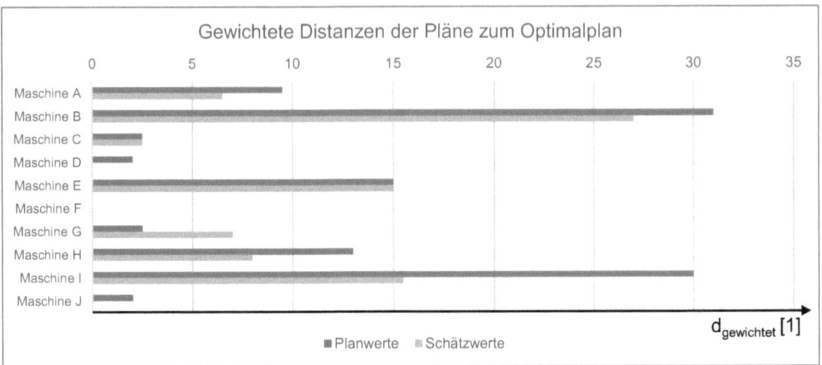

Bild 6.22: Gewichtete Distanzen der Pläne zum Optimalplan

Weighted distances of the plans to the optimal plan

Vergleich der Maschinen- und Auftragszeiten

Bild 6.23 stellt auf der linken Seite den Vergleich der Belegzeiten und auf der rechten Seite den Vergleich der Gesamtlaufzeiten mit den Realzeiten dar.

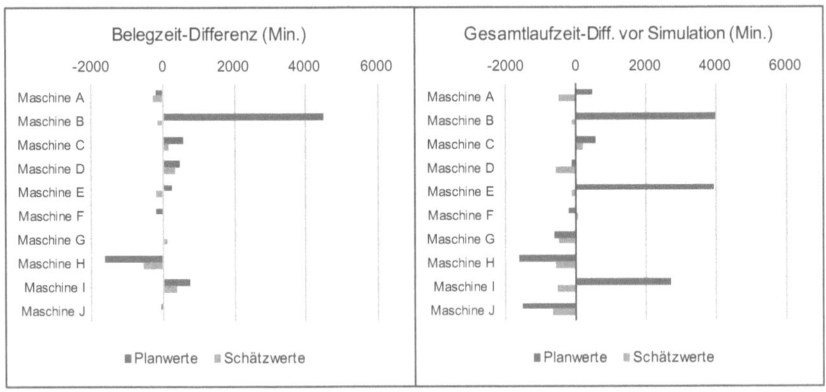

Bild 6.23: Beleg- und Gesamtlaufzeit-Differenz zum Optimalplan

Occupation and on time difference to the optimal plan

In der Abbildung fällt links sofort die teils sehr hohe Abweichung in den Belegzeiten für die Pläne auf Basis der Planwerte auf. Während die Abweichung für die Schätzwerte im Bereich von ca. -500 Min. bis +500 Min. liegt, beträgt diese für die Planwerte ca. -1.500 Min. bis +4.500 Min. Dies erklärt auch den großen Unterschied im benötigten Zeithorizont sowie die unterschiedliche Bestimmung der Engpass-Maschine.

Die Situation stellt sich für die Gesamtlaufzeit-Differenz ähnlich dar, d. h. mit wesentlich höheren Abweichungen bei den Planwerten. Zudem ergibt sich jedoch auch eine häufige Unterschätzung der Gesamtlaufzeit in den Schätzwerten. In 8 von 10 Fällen wird mit einer geringeren Gesamtlaufzeit kalkuliert. Dies erklärt wiederum den insgesamt etwas niedrigeren Planungshorizont von 3,75 versus 4 Tagen im Idealplan.

6.3.4 Ergebnisse nach der simulierten Planausführung

Results after simulated plan execution

Die bisherigen Ergebnisse beziehen sich weitestgehend auf die Planungsphase und haben bis auf die dadurch festgelegte Reihenfolge der Aufträge nur eine Bedeutung für die Maßnahmen, die bspw. durch die Arbeitsvorbereitung getroffen werden. Die Anwendung der ermittelten Pläne führt in der realen Produktion jedoch zu zeitlich veränderten Plänen. Ziel dieser Art von Simulation ist es zu ermitteln, welche realen Laufzeiten sich für Maschinen und Aufträge ergeben. Hierzu werden die Reihenfolgen der jeweiligen Pläne mit den realen Zeiten verknüpft.

Zunächst einmal dient eine Visualisierung der resultierenden Maschinenpläne analog zum Vorgehen in der Planungsphase einer ersten Übersicht (s. Bild 6.24). Die Abbildung zeigt dabei jeweils die Pläne für die Simulation auf Basis der Sequenzen der Schritte 2 (oben) und 3 (unten).

Bild 6.24: Simulationsergebnisse für die Plan- und Schätzzeiten-Reihenfolgen

Simulation results for orders based on planned and estimated times

Der Idealplan besteht unverändert und ist somit Bild 6.21 zu entnehmen. Durch Annahme der realen Zeiten für jeden Bearbeitungsschritt ergeben sich für die Maschinen in jedem Plan jeweils die gleichen Belegzeiten. Die unterschiedlichen Reihenfolgen in der Bearbeitung der Aufträge führen jedoch dazu, dass wesentlich unterschiedliche Gesamtlaufzeiten resultieren. Für die Pläne auf Basis der Daten der Arbeitsvorbereitung ergibt sich hieraus ein notwendiger Planungshorizont von ca. 6 Tagen und auch der notwendige Horizont für die modellbasiert-geschätzten Zeiten erhöht sich auf ca. 4,5 Tage. Beides liegt demnach erwartungsgemäß über dem Idealplan (mit einem Horizont von ca. 4 Tagen).

Da die Sequenzen sich im Vergleich mit dem Zustand zum Planungsbeginn nicht verändern, müssen diese hinsichtlich der Simulation nicht betrachtet werden. Entsprechendes gilt für den Vergleich der Belegzeiten, da sich diese durch Annahme der realen Zeiten für alle Maschinen gleich darstellen.

Vergleich der Maschinen- und Auftragszeiten

Wesentlich unterschiedlich sind die Gesamtlaufzeiten der Maschinen. Bild 6.25 stellt in der Übersicht die sich in der Planungsphase und nach der Simulation ergebenden Differenzen in der Gesamtlaufzeit im Vergleich mit dem Idealplan dar.

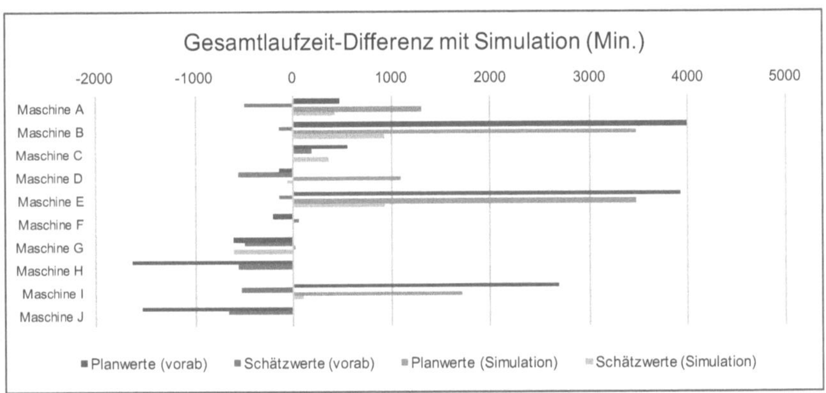

Bild 6.25: Gesamtlaufzeit-Differenz zum Optimalplan mit Simulationswerten

On time difference to the optimal plan with simulated values

Für den Plan aus Schritt 2 ist festzustellen, dass dieser insgesamt wesentlich höhere Gesamtlaufzeiten der Maschinen aufweist. Dies gilt insbesondere bei den Maschinen, die bereits in der Planungsphase einen im Vergleich wesentlich höheren Bedarf an Gesamtlaufzeit aufwiesen. Trotz der in der Planungsphase teilweise wesentlich zu gering geschätzten Zeiten, weist für die Simulation auf Basis der Planwerte keine Maschine eine negative Differenz in der Gesamtlaufzeit auf.

Bei dem Plan der modellbasiert geschätzten Zeiten ändert sich das Bild der vorab zu niedrig geschätzten Gesamtlaufzeiten nun in höhere Zeiten. Während bei den Schätzwerten vorab 8 Maschinen negative Gesamtlaufzeit-Differenzen aufwiesen, sind es nach der Simulation nur noch 2.

Vergleich der Auftragszeiten

Neben dem Vergleich der Maschinen bietet sich vor allem für die aus der Simulation ermittelten Werte ein Vergleich der resultierenden Durchlaufzeiten für einzelne Aufträge an. Bild 6.26 zeigt auf der linken Seite die Abweichung zwischen den aus der Simulation resultierenden Durchlaufzeiten für die beiden Fälle der Ergebnisse aus Schritt 2 und 3 zu den idealen Werten. Auf der rechten Seite ist analog der „interne" Vergleich zwischen den aus der Simulation ermittelten Ergebnissen mit den Ergebnissen der Vorab-Planung dargestellt.

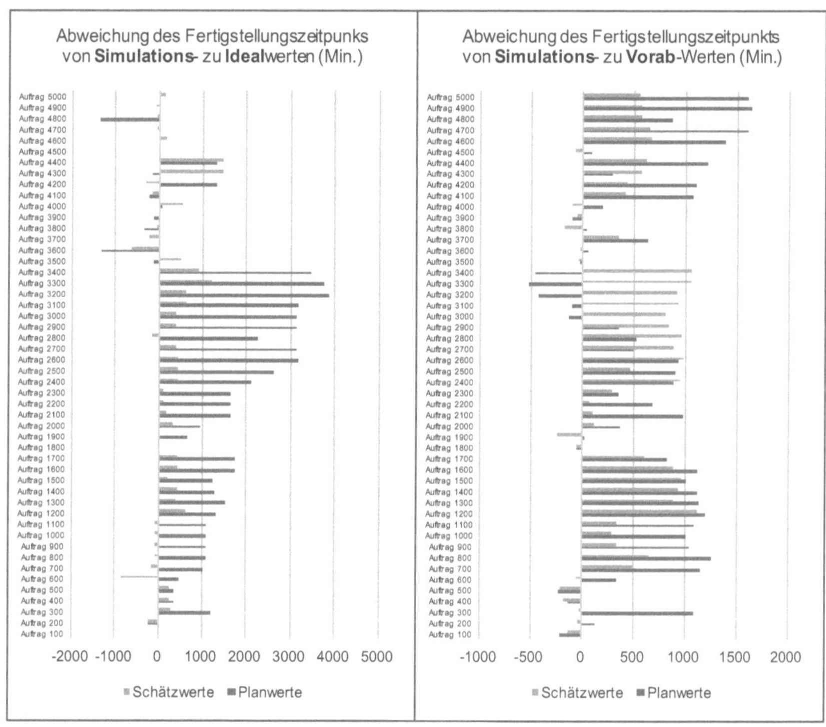

Bild 6.26: Abweichung der Durchlaufzeiten

Deviation between lead times

Die linke Seite zeigt, dass die Schätzwerte wesentlich näher an den Idealwerten liegen, als dies für die Planwerte der Fall ist. Trotzdem existieren bei den Schätzwerten auch einige Aufträge, die eine hohe Abweichung aufweisen. Im Mittel ergibt sich bei einer durchschnittlichen Auftragsdurchlaufzeit von 1220 Min. für die Idealwerte eine ungefähre Abweichung von:

$$\varnothing_{|\text{Diff-DZ-}\mathbf{Plan}\text{-Ideal}|} = 166 \text{ Min.}$$

$$\varnothing_{|\text{Diff-DZ-}\mathbf{Schaetz}\text{-Ideal}|} = 87 \text{ Min.}$$

Damit beträgt die durchschnittliche Abweichung nur ca. 7 % für die Schätzwerte bzw. ca. 14 % für die Planwerte. Während die linke Seite von Bild 6.26 die Performanz im Vergleich mit dem Optimum umreißt, kann die rechte Seite als Maß für die Planungsgüte verwendet werden. Hierbei zeigt sich eine durchschnittliche Abweichung zwischen Planungsphase und Simulationsphase von:

$$\varnothing_{|\text{Diff-DZ-}\mathbf{Plan}\text{-Sim2Vorab}|} = 275 \text{ Min.}$$

$$\varnothing_{|\text{Diff-DZ-}\mathbf{Schaetz}\text{-Sim2Vorab}|} = 215 \text{ Min.}$$

Während die durchschnittliche Abweichung bei den Schätzwerten zwar weiterhin geringer ist, sind beide Abweichungen jedoch mit 18 % bzw. 23 % jeweils recht hoch.

Analog zu den Durchlaufzeiten kann auch die Abweichung des Fertigstellungszeitpunkts für jeden Auftrag ermittelt werden. Hierzu zeigt Bild 6.27 ebenso auf der linken Seite den Vergleich der Simulationswerte mit den Idealwerten für beide Fälle sowie auf der rechten Seite den Vergleich zwischen der Vorab-Planung mit den aus der Simulation resultierenden Werten.

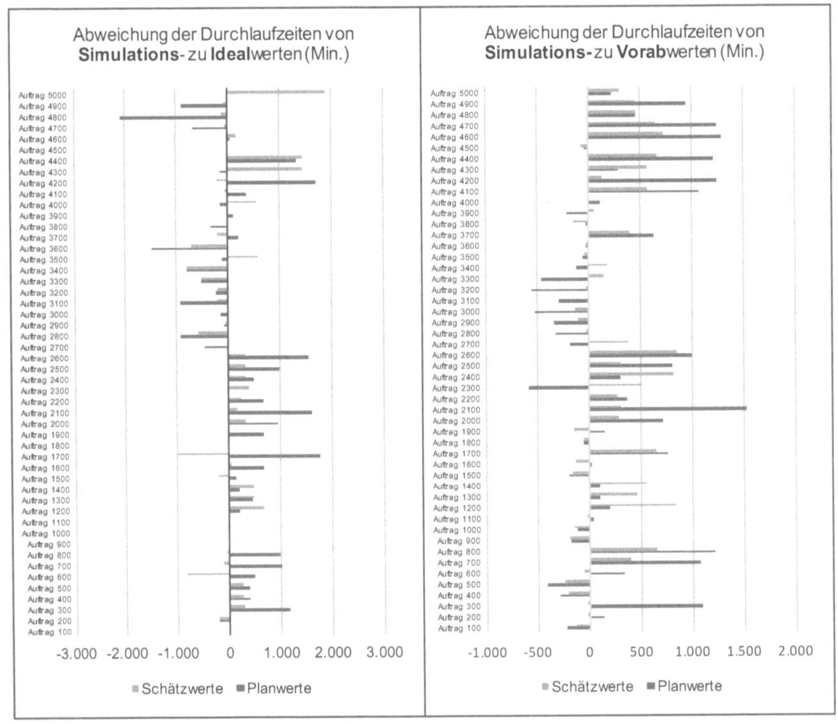

Bild 6.27: Abweichung des Fertigstellungszeitpunkts

Deviation of completion time

Die Ergebnisse auf der linken Seite zeigen die Performanz der jeweiligen Methode hinsichtlich ihrer „Optimalität“. Es ist ersichtlich, dass die Schätzwerte eine wesentlich geringere Abweichung zu den Idealwerten aufweisen als die Planwerte. Sofern davon ausgegangen werden kann, dass sowohl eine positive als auch eine negative Abweichung mit Kosten, bspw. Terminstrafen für den positiven und Lagerkosten für den negativen Fall, verbunden ist, können die betragsmäßigen Durchschnitte der Abweichung als Bewertungskriterium herangezogen werden. Diese ergeben sich als:

$$\varnothing_{|\text{Diff-FZ-}\mathbf{Plan}\text{-Ideal}|}=1272{,}56 \text{ Min.}$$

$$\varnothing_{|\text{Diff-FZ-}\mathbf{Schaetz}\text{-Ideal}|}=342{,}40 \text{ Min.}$$

Es zeigt sich somit erwartungsgemäß für die durchschnittlichen Abweichungen des Fertigstellungszeitpunkts ein ähnliches Bild wie bei den Durchlaufzeiten. Die Abweichungen bei den Planwerten sind hierbei mehr als dreimal so hoch wie bei den Schätzwerten.

Die Qualität des Plans ergibt sich jedoch auch aus den Zusammenhängen, die zwischen den Auftragszeiten zum Planungszeitpunkt und denen nach der Simulation entstehen. Diese bestimmen bspw. inwiefern die vorab berechneten Auftragszeiten auch tatsächlich eingehalten werden können. Hierzu zeigt Bild 6.27 auf der rechten Seite die Abweichungen, die sich zwischen den Durchlaufzeiten vor und nach der Simulation ergeben. Dabei ist das Bild nicht so eindeutig wie das auf der linken Seite. Die durchschnittliche betragsmäßige Abweichung ergibt sich jeweils als:

$$\varnothing_{|\text{Diff-FZ-}\mathbf{Plan}\text{-Sim2Vorab}|}=684{,}00 \text{ Min.}$$

$$\varnothing_{|\text{Diff-FZ-}\mathbf{Schaetz}\text{-Sim2Vorab}|}=494{,}90 \text{ Min.}$$

Es zeigt sich somit eine weiterhin höhere Abweichung bei den Planwerten, jedoch nicht mit einem so signifikanten Unterschied.

6.4 Plangenerierung auf Basis der Verteilungsfunktion

Plan generation utilizing the probabilistic function

6.4.1 Implementierung

Implementation

Hinsichtlich der Umsetzung der Entwicklungen können die bereits für das deterministische Ersatzwertverfahren implementierten Methoden genutzt werden. Initial werden Methoden geschaffen, um die zu betrachtenden Quantile festzulegen. Für jedes der Quantile wird anschließend ein Quantilplan erstellt (vgl. Bild 6.28).

Für die Auswertung werden ebenfalls die bereits implementierten Methoden zum Vergleich von Plänen verwendet. Für den Vergleich der Quantilpläne untereinander werden diese anschließend in eine Matrix-Form unter Nutzung von Arrays gebracht, gewichtet und die Ergebnisse den einzelnen Quantilen zugewiesen. Für den Vergleich der Quantilpläne mit den Idealplänen wird die gleiche Vorgehensweise wie beim D-EW für jeden einzelnen Quantilplan angewandt.

Zur Überprüfung der Hypothese mithilfe des Exakten-Fisher-Tests wird ein in der Programmiersprache R implementiertes Modul zur Berechnung des p-Werts genutzt.

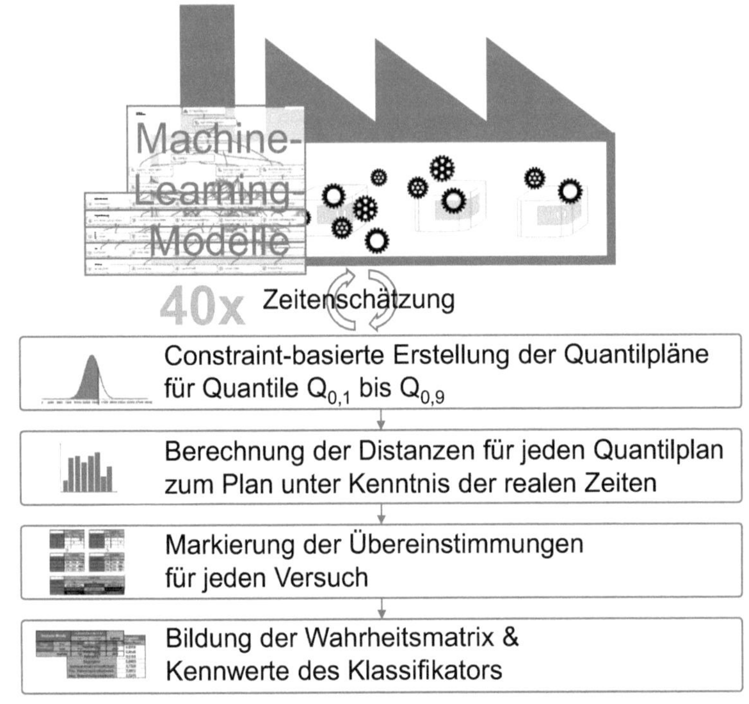

Bild 6.28: Plangenerierung auf Basis der Verteilungsfunktion im Anwendungsfall

Plan generation utilizing the probabilistic function in the use case

6.4.2 Versuchsdurchführung

Experimental procedure

Zur Evaluierung wird der bereits beim D-EW-Verfahren zur Simulation verwendete Datensatz eingesetzt (s. Kap. 6.3.1). Aus diesem werden anschließend Teilmengen – im Weiteren als „Versuch" bezeichnet – entsprechend der bisherigen Vorgehensweise gebildet.

Die Vorgehensweise ist wie folgt:

1. Zufällige Auswahl von 10 Maschinen
2. Zufällige Auswahl von einer zufälligen Anzahl von Tasks für 50 Aufträge, die mindestens 2 Zeitintervalle innerhalb der 10 Maschinen vorweisen

Die Vorgehensweise stellt dabei sicher, dass die notwendigen Zeiten zur Berechnung der Pläne sich nicht wesentlich unterscheiden. Für die Aufträge wird gewährleistet, dass jeder Auftrag in einer vorgegebenen Reihenfolge abgearbeitet werden muss. Sofern ein Auftrag nur ein einziges benötigtes Zeitintervall aufweisen würde, ließe sich dieser flexibler einplanen und würde damit die Ergebnisse verfälschen. Insgesamt ist zu beachten, dass die resultierende Anzahl an betrachteten Maschinen kleiner als 10 sein kann, da durch die zufällige Auswahl der Tasks nicht für jede Maschine ein Task resultieren muss. Maschinen ohne zugewiesene Aufträge werden vor der Planerstellung herausgefiltert.

Anschließend gilt es die zu betrachtenden Quantile zu wählen. Zu beachten ist, dass die Wahl der Schrittgröße je nach präferierter Auflösung der Ergebnisse erfolgen sollte. Das minimal und maximal zu betrachtende Quantil sollte jedoch in jedem Fall symmetrisch zum Mittelwert bzw. Median stehen. Dies gilt selbst in dem Fall, dass vorab eine bevorzugte Strategie in einem höheren Quantil-Bereich bekannt sein sollte. Der Grund hierfür liegt darin, dass durch die sukzessive Steigerung der notwendigen Zeitintervalle zwischen den einzelnen Quantilen die mittleren Werte gegenüber den Randwerten bevorzugt werden. Bei einer asymmetrischen Wahl der Quantile wäre eine repräsentative Darstellung der zugrundeliegenden Verteilungsfunktion nicht gegeben.

In diesem Fall werden die Quantile $Q_{0,1}$ bis $Q_{0,9}$ in Schritten von 0,1 betrachtet. Dies entspricht den genannten Anforderungen und es ergeben sich damit für jeden Versuch neun Quantilpläne.

Mithilfe des in der D-EW-Planung vorgestellten Zeitenschätzungsmoduls werden die benötigten Zeitintervalle bestimmt. Die Anzahl der Gesamtversuche wird dabei vorab auf die vierzigfache Anzahl an zu betrachtenden Quantilen festgelegt. Damit ergeben sich 360 Versuche und somit 9*360=3240 durchzuführende Planungen. In 44 Fällen konnte innerhalb einer vorab festgelegten Planungszeit von maximal 8 Stunden für mindestens eine der Planungen innerhalb des Versuchs kein Plan ermittelt werden. Somit reduziert sich die Anzahl an Ergebnissen auf n=316 und die Anzahl der erfolgreichen Planungen auf 2844.

6.4.3 Ergebnisse

Results

Zur Überprüfung der aufgestellten Hypothese muss zunächst der Exakte-Fisher-Test durchgeführt werden. Hierzu wird die Wahrheitsmatrix für die resultierenden Ergebnisse aufgestellt.

Tabelle 6.4 zeigt die Wahrheitsmatrix für das Ergebnis. Hierbei sind in den Zeilen die Ergebnisse der Versuche auf Basis der Minimierung der durchschnittlichen, gewichteten Distanzen und in den Spalten die Ergebnisse der a-posteriori-Klassifikation hinsichtlich der minimalen, gewichteten Distanzen zum Optimalplan dargestellt. Insgesamt wurden danach 805 Planungsergebnisse als „true“ und 2039 als „false“ klassifiziert. Die Anzahl an übereinstimmenden Ergebnissen der insgesamt 2844 Planungen ergibt sich durch Addition der in beiden Fällen als „true“ (412) mit den in beiden als „false“ (1729) klassifizierten Planungen zu 2141.

Tabelle 6.4: Wahrheitsmatrix für die Ergebnisse des Planungsmoduls

Contingency table for the results of the planning module

Distanz-Basis		Optimal-Klassifikation		
		true	false	Summe
Vorab-Klassifikation	true	412	393	805
	false	310	1729	2039
	Summe	722	2122	2844

Die Überprüfung der Nullhypothese auf stochastische Unabhängigkeit der beiden Merkmale nach dem Exakten-Fisher-Test liefert einen Wert für $p<10^{-5}$. Damit muss die Nullhypothese zugunsten der Alternativhypothese abgelehnt werden und der binäre Klassifikator kann grundsätzlich als geeignet angesehen werden.

Dementsprechend gilt es, anschließend die Performanz des Klassifikators zu überprüfen. Für die definierten Kennwerte ergibt sich Tabelle 6.5.

Tabelle 6.5: Kennwerte des Klassifikators auf Distanz-Basis

KPI for the classification based on distances

Merkmal	Vorgehen Distanz-Basis
Sensititvität	0,5706
Spezifizität	0,8148
Relevanz	0,5118
Segreganz	0,8480
Vertrauenswahrscheinlichkeit	0,7528
Pos. Wahrscheinlichkeitsverh.	3,0812
Neg. Wahrscheinlichkeitsverh.	0,5270

Die Kennwerte lassen sich wie folgt interpretieren:

- **Sensitivität**
  Etwas mehr als die Hälfte der zu markierenden Pläne (d. h. der als „true“ zu klassifizierenden Pläne) wurde auch tatsächlich markiert.
- **Spezifizität**
  Über 80 % der nicht zu markierenden Pläne wurden vorab korrekterweise ebenfalls nicht markiert.
- **Relevanz**
  In etwas mehr als der Hälfte der Fälle ist eine Planung vorab korrekt markiert worden.
- **Segreganz**
  In fast 85 % der Fälle ist eine Planung vorab korrekt nicht markiert worden.
- **Vertrauenswahrscheinlichkeit**
  Die Gesamtwahrscheinlichkeit, dass ein Plan vorab korrekt klassifiziert wurde, d. h. er korrekterweise markiert oder ebenso korrekterweise nicht markiert wurde, liegt bei über 75 %.

- **Positives Wahrscheinlichkeitsverhältnis**
  Das positive Wahrscheinlichkeitsverhältnis liegt mit einem Wert von etwas über 3 wesentlich über dem kritischen Wert von 1. Damit ist der Klassifikator geeignet, um zu markierende Pläne vorab auch tatsächlich zu erkennen.
- **Negatives Wahrscheinlichkeitsverhältnis**
  Das negative Wahrscheinlichkeitsverhältnis liegt mit einem Wert von ca. 0,53 unterhalb des kritischen Werts 1. Damit ist der Klassifikator ebenfalls geeignet, um nicht zu markierende Pläne vorab auch tatsächlich nicht zu markieren.

Das Ergebnis zeigt, dass der Klassifikator geeignet ist, in einigen Kennwerten jedoch verbesserungsfähig bleibt. Insbesondere eine Verbesserung der Relevanz würde einem Entscheider eine höhere Sicherheit bieten, dass ein vorab markierter Plan letztendlich auch korrekt markiert wurde. Neben der Berücksichtigung dieses Ergebnisses für den folgenden Einbezug von maschinellem Lernen, müssen allerdings für den bestehenden Klassifikator die zugrundeliegenden Alternativen betrachtet werden.

Die Alternative zur Wahl des Plans, den der Klassifikator ausgewählt hat, stellt in Analogie zur Planung mit dem D-EW die Vorab-Wahl eines Quantils dar. Das bedeutet, dass wie bei der D-EW-Planung vorab ein Quantil ausgewählt wird – im Falle der D-EW das $Q_{0,5}$ – und dieses beibehalten wird. Hinsichtlich dieser Alternative kann ebenfalls eine Auswertung der Planungsergebnisse erfolgen. Zur Auswertung muss dabei nicht wie bisher betrachtet werden, ob die von der Vorab-Planung ausgewählten Pläne das Minimum zum Optimalplan darstellen. Stattdessen wird betrachtet, ob die Vorab-Planung eine resultierende Distanz zum Optimalplan ergibt, die kleiner als die oder gleich der Distanz eines beliebig festgelegten Quantils ist.

Die Auswertung in Bild 6.29 zeigt, dass die markierten Pläne im Vergleich zur festen Wahl eines Quantils durchschnittlich eine geringere Distanz zum Optimalplan aufweisen. Der Anteil, bei dem der markierte Plan besser oder gleich der festen Wahl des Quantils ist, liegt dabei zwischen 67 % für $QP_{0,4}$ und 91 % für $QP_{0,7}$.

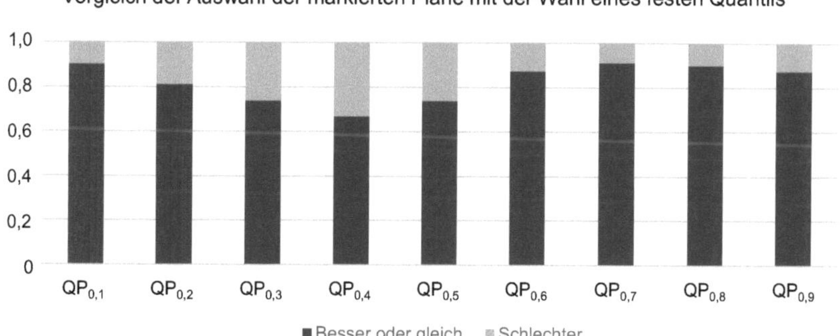

Bild 6.29: Vergleich zwischen Klassifikator und fester Auswahl eines Quantils

Comparison of the classification and predetermined quantiles

6.5 Plangenerierung mittels maschinellen Lernens

Plan generation utilizing machine learning

6.5.1 Implementierung

Implementation

Die Implementierung der Plangenerierung unter Einbezug von maschinellem Lernen baut auf der bestehenden Umsetzung zur Plangenerierung auf. Die (Zwischen-) Ergebnisse der vorhergehenden Klassifizierung bilden dabei die Eingangswerte für die Algorithmen zum maschinellen Lernen (vgl. Bild 6.30).

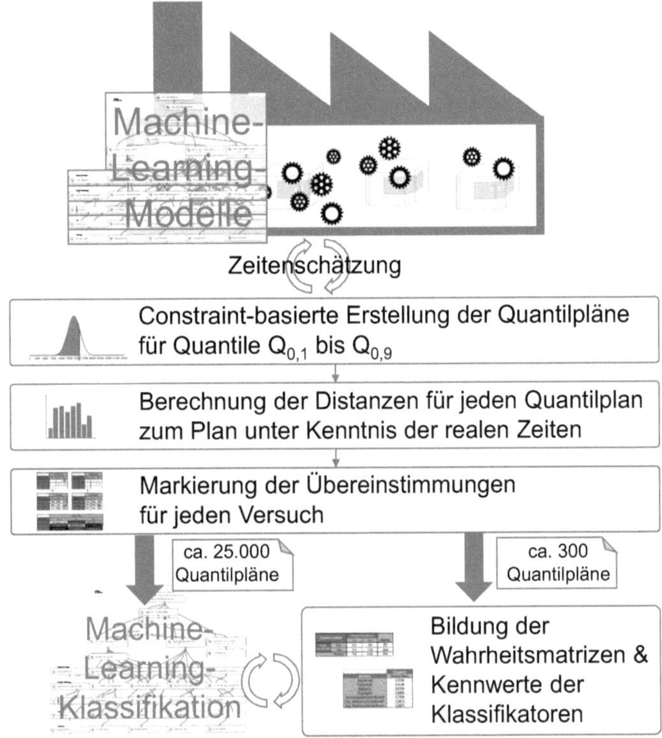

Bild 6.30: Plangenerierung mittels maschinellem Lernen im Anwendungsfall

Plan generation utilizing machine learning in the use case

Die Algorithmen zum maschinellen Lernen sind analog zur Zeitenschätzung auf Basis von Azure ML in einem cloudbasierten Dienst umgesetzt. Da gemäß der dargestellten Vorgehensweise zur Entwicklung die Klassifikation für jeden Quantilplan einzeln durchgeführt wird, entspricht die Anzahl der Klassifikatoren der Anzahl an betrachteten Quantilen (in diesem Fall 9). Auf Basis des gelernten Modells wird ein Web-Dienst generiert, über den die anschließende Schätzung für ein einzelnes Quantil durchgeführt werden kann.

6.5.2 Versuchsdurchführung

Experimental procedure

Vor der eigentlichen Versuchsdurchführung muss der entwickelte Klassifikator trainiert und bewertet werden. Hierfür bedarf es eines weiteren, unabhängigen Datensatzes, mit dem das Training durchgeführt werden kann. Dieser sollte wesentlich größer als der später zur Evaluierung verwendete Datensatz sein. Unter Nutzung der gleichen Vorgehensweise und Randbedingungen wie bei der Generierung der Evaluierungspläne wird die Erstellung von Trainingsdatensätzen durchgeführt. Hierbei wird initial die neunfache Anzahl an Datensätzen (9*316=2844) im Vergleich zu den Evaluierungsdatensätzen generiert. In 30 Fällen konnte dabei mindestens eine der Planungen nicht innerhalb der maximalen Zeit von 8 Stunden durchgeführt werden, weshalb diese Datensätze verworfen wurden. Dementsprechend resultiert der gesamte Trainingsdatensatz mit n=2814 Einzeldatensätzen bzw. -versuchen, die auf Basis von insgesamt 9*2814=25.326 einzelnen Quantilplänen erstellt wurden.

Zur Versuchsdurchführung übersendet die Planungseinheit jedem der 9 Klassifikatoren für jeden Quantilplan die vorab ermittelten durchschnittlichen, gewichteten Distanzen. Als Ergebnis erhält die Planungseinheit von jedem Klassifikator die Wahrscheinlichkeit zurück, mit der ein entsprechender Quantilplan markiert werden sollte und die Entscheidung, die auf Basis eines vorab eingestellten Schwellwerts getroffen wurde. Der Versuch wird auf den bereits ausgewerteten 316 Versuchsdatensätzen durchgeführt.

6.5.3 Ergebnisse

Results

Tabelle 6.6 zeigt das Ergebnis der Klassifikation für 5 Versuche (Zeilen) mit den genannten 9 Quantilplänen (Spalten). Die Zellen zeigen die Wahrscheinlichkeiten, die der jeweilige Klassifikator für die Markierung eines Quantils im jeweiligen Versuch ausgibt. Die schwarz hinterlegten Zellen sind dabei die auf Basis des Schwellwerts von 0,5 markierten Felder. Die Auswahl zeigt damit auch 2 Zeilen, in denen kein Versuch markiert wurde.

Tabelle 6.6: Auszug aus den Ergebnissen der erweiterten Plangenerierung

Extract of the results for the extended plan generation

	Quantilplan								
Versuch	$QP_{0,10}$	$QP_{0,20}$	$QP_{0,30}$	$QP_{0,40}$	$QP_{0,50}$	$QP_{0,60}$	$QP_{0,70}$	$QP_{0,80}$	$QP_{0,90}$
1	0,0068	0,0477	0,1067	0,2115	0,2532	0,1566	0,1050	0,0630	0,660
2	0,2462	0,3439	0,4929	0,5600	0,5381	0,4569	0,3844	0,4114	0,3892
3	0,2127	0,3054	0,3996	0,4867	0,5094	0,4275	0,4190	0,4089	0,3827
4	0,0337	0,0698	0,1714	0,2713	0,2835	0,1133	0,0856	0,0767	0,0695
5	0,1200	0,1852	0,3988	0,5075	0,4835	0,3965	0,3800	0,3342	0,3288

Entsprechend der Markierung wird im Anschluss die Überprüfung der Ergebnisse hinsichtlich der Übereinstimmung mit den minimalen gewichteten Distanzen zum Optimalplan durchgeführt. Analog zur bisherigen Vorgehensweise ergibt sich erneut eine Wahrheitsmatrix (Tabelle 6.7 links).

Tabelle 6.7: Wahrheitsmatrix und Kennwerte des Klassifikators

Contingency table and KPI for the classifier

0,5-Schwellwert		Optimal-Klassifikation true	Optimal-Klassifikation false	Summe
Vorab-Klassifikation	true	74	27	101
	false	648	2095	2743
	Summe	722	2122	2844

Merkmal	Vorgehen: Distanz-Basis	Vorgehen: 0,5-Schwellwert	Diff.
Sensititvität	0,5706	0,1025	-
Spezifizität	0,8148	0,9873	+
Relevanz	0,5118	0,7327	+
Segreganz	0,8480	0,7638	-
Vertrauenswahrscheinlichkeit	0,7528	0,7627	O
Pos. Wahrscheinlichkeitsverh.	3,0812	8,0552	+
Neg. Wahrscheinlichkeitsverh.	0,5270	0,9091	-

Der Exakte-Fisher-Test liefert für die Wahrheitsmatrix ebenso wie beim vorherigen Klassifikator einen Wert für $p<10^{-5}$. Damit kann die Anwendbarkeit des Klassifikators angenommen werden. Bereits aus der Wahrheitsmatrix ist die insgesamt recht geringe Anzahl an markierten Quantilplänen (101) bei den 316 Versuchen und der Möglichkeit zur Auswahl von bis zu 9 Quantilplänen pro Versuch ersichtlich.

Tabelle 6.7 zeigt auf der rechten Seite die Kennwerte des Klassifikators im Vergleich mit den Kennwerten des Klassifikators auf Basis der Minima der durchschnittlichen gewichteten Distanzen. Die rechte Spalte zeigt dabei die positive (+), negative (-) oder neutrale (O) bzw. geringe Veränderung eines Kennwerts. Die geringere Anzahl an markierten Werten spiegelt sich ebenfalls in einer Verschlechterung der Sensitivität wider. Demgegenüber steht jedoch eine Verbesserung des positiven Wahrscheinlichkeitsverhältnisses. Die Wahrscheinlichkeit, dass ein Wert als markiert erkannt wird und dieser auch tatsächlich hätte markiert werden sollen, ist bei diesem Klassifikator höher. Demgegenüber verschlechtert sich allerdings das negative Wahrscheinlichkeitsverhältnis, da dieses mit einem Wert von 0,9 fast den Grenzwert von 1 erreicht. Das bedeutet, dass der Test im Falle des Ergebnisses der Nicht-Markierung eine geringere Aussagekraft hat.

Die übliche Vorgehensweise bei der binären Klassifikation auf Basis des maschinellen Lernens sieht insbesondere die Parametervariation des Schwellwerts vor. Da der Klassifikator bereits eine geringe Anzahl an Markierungen für den Schwellwert 0,5 vornimmt, stellt sich nur die Senkung des Schwellwerts als sinnvolle Maßnahme dar. Der triviale Ansatz hierbei wäre, diesen für alle Quantile gleich zu verändern. Da es sich jedoch um insgesamt neun einzelne Klassifikatoren handelt, können die erzielten Markierungswahrscheinlichkeiten für jeden Klassifikator einzeln betrachtet werden. Bild 6.31 zeigt hierzu für die Klassifikatoren von $QP_{0,1}$ und $QP_{0,6}$ die wiederum in Quantile unterteilten erzielten Markierungs-Wahrscheinlichkeiten.

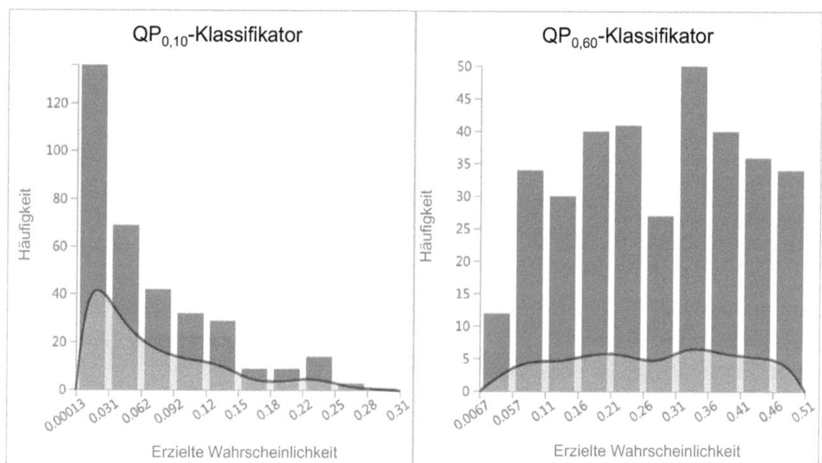

Bild 6.31: Erzielte Wahrscheinlichkeiten zweier Klassifikatoren

Scored probabilities of two classificators

Während die Markierungswahrscheinlichkeiten für den Klassifikator des $QP_{0,1}$ im Bereich bis 0,31 liegen, erstreckt sich Bereich des $QP_{0,6}$-Klassifikators bis zu 0,51. Um für den $QP_{0,1}$ auch nur mindestens eine Markierung vorzunehmen, müsste der Schwellwert somit mindestens auf 0,31 heruntergesetzt werden. Dies führt jedoch vermutlich zu einer hohen Anzahl an Fehl-Markierungen der Klassifikatoren mit größerem Wahrscheinlichkeitsspektrum.

Eine Alternative stellt die individuelle Wahl des Schwellwerts auf Basis eines Anteils der maximal erreichten Wahrscheinlichkeit dar. Hierbei kann für alle Klassifikatoren der gleiche Anteil gewählt werden, da durch die Berücksichtigung der maximalen Wahrscheinlichkeit die individuell erzielten Ergebnisse bereits einfließen. Damit bei einer großen Differenz zwischen den maximalen Schwellwerten der Einfluss sehr kleiner Intervalle nicht zu groß wird, bietet sich eine Kombination mit einem zusätzlichen festen Schwellwert an. Die Parameterkombination 0,8/0,5-Schwellwert legt somit als Grenze für die Klassifizierung das Minimum aus 80 % der maximal erreichten Wahrscheinlichkeit und dem festen Schwellwert 0,5 fest.

Tabelle 6.8 zeigt die Kennwerte bei verschiedenen Parameter-Einstellungen. Bei Einstellung von 77 % der maximalen Wahrscheinlichkeit für das Quantil erreicht der Klassifikator ähnliche Kennwerte wie der auf Distanz-Basis. Da dadurch jedoch immer noch nicht garantiert ist, dass für jeden Versuch mindestens ein Plan markiert ist, kann die 0,77-Grenze als Untergrenze des relevanten Parameterbereichs angesehen werden. Die Obergrenze für die erste Grenze stellt der Wert 1 dar. In diesem Fall werden für die einzelnen Klassifikatoren lediglich die Werte markiert, die das Maximum des jeweiligen Bereichs darstellen, oder in jedem Fall über der zweiten (0,5-)Grenze liegen.

Tabelle 6.8: Vergleich der Kennwerte der betrachteten Klassifikatoren
Comparison of the KPI for the different classifiers

Merkmal	Vorgehen			
	Distanz-Basis	0,5-Schwellwert	0,77/0,5-Schwellwert	1/0,5-Schwellwert
Sensititvität	0,5706	0,1025	0,4044	0,1094
Spezifizität	0,8148	0,9873	0,8709	0,9873
Relevanz	0,5118	0,7327	0,5159	0,7453
Segreganz	0,8480	0,7638	0,8112	0,7652
Vertrauenswahrscheinlichkeit	0,7528	0,7627	0,7525	0,7644
Pos. Wahrscheinlichkeitsverh.	3,0812	8,0552	3,1321	8,5995
Neg. Wahrscheinlichkeitsverh.	0,5270	0,9091	0,6839	0,9021

Die Kennwerte für den 1/0,5-Schwellwert liegen erwartungsgemäß nah an denen des 0,5-Schwellwerts. Bemerkenswert ist jedoch, dass alle Kennwerte des 1/0,5-Klassifikators besser als oder gleich denen des 0,5-Klassifikators sind. Der Einbezug der maximalen Wahrscheinlichkeiten kann somit als klare Verbesserungsmaßnahme für die Klassifikation angesehen werden.

Insgesamt ist festzustellen, dass der Einbezug des maschinellen Lernens nicht in allen Aspekten eine Verbesserung darstellt. Der Einsatz muss also je nach Anwendungsfall und gewünschter Sicherheit individuell bestimmt werden.

6.6 Fazit

Conclusion

Das produktorientierte Fertigungsmanagement stellt Möglichkeiten bereit, die in der Produktion anfallenden produktionstechnischen und logistischen Schritte detaillierter aufzulösen, als dies bei der klassischen Variante gemäß der Arbeitspläne der Fall ist. Insbesondere durch die Interpretation der in [POSS06] aufgezeigten Modellierungsansätze, vor dem Hintergrund eines produktorientierten und semi-heterarchisch strukturierten MES, ergeben sich Möglichkeiten, die zur Herstellung eines Produkts notwendige Zeit besser zu beschreiben.

Die detailliertere Auflösung der Arbeitsschritte erfordert hinsichtlich der Zeitenbestimmung eine gegenüber den Arbeitsplänen veränderte Vorgehensweise. Dies begründet sich primär in dem teilweise nicht vorhandenen Determinismus für bestimmte Zeitintervalle sowie der resultierenden Varianz der zugrundeliegenden Zeiten. Dementsprechend sind Maßnahmen notwendig, um die Zeiten und deren mögliche Varianzen automatisiert zu bestimmen.

Die entwickelten Module zur Zeitenschätzung liefern dabei für verschiedene Auflösungen von vorhandenen Produktdaten zufriedenstellende Ergebnisse. Um eine möglichst genaue Bestimmung der Zeitintervalle zu erreichen, sind sowohl detaillierte als auch umfangreiche Datensätze erforderlich.

Durch die aus der Zeitenschätzung resultierenden Beschreibungen der Zeiten mithilfe von Verteilungsfunktionen lassen sich die klassischerweise auf festen Zeiten operierenden Planungssysteme nur bedingt einsetzten. Unter Nutzung der Quantisierung der Verteilungsfunktion und der entsprechenden Berücksichtigung der resultierenden

Quantile lassen sich jedoch die Verteilungsfunktionen für Planungssysteme aufbereiten. Durch diese Vorgehensweise können insbesondere die in [FAYZ10] aufgezeigten Möglichkeiten der constraint-basierten Planung auch auf den Anwendungsfall der Einzelfertigung mit unsicheren Produktionszeiten übertragen werden.

Für die a-priori-Ermittlung der optimalen Pläne auf Basis der Verteilungsfunktion wurden distanzbasierte Klassifikatoren ermittelt. Deren Anwendbarkeit zeigte sich dabei in verschiedenen Ausprägungsstufen und Parametrierungen. Der Einbezug von maschinellem Lernen in die Bewertung der distanzbasierten Pläne zeigte dabei veränderte, jedoch nicht zwangsweise verbesserte Kennwerte in den resultierenden Klassifikatoren.

Letztendlich stellt die Vorgehensweise ein Planungssystem bereit, mit dessen Hilfe eine automatisierte, wahrscheinlichkeitsbasierte Planung durchgeführt und a priori hinsichtlich ihrer erwarteten Performanz treffend bewertet werden kann. Ein Entscheider hat die Möglichkeit, durch Wahl der zu verwendenden Algorithmen und Strategien, Einfluss auf die Planung hinsichtlich seiner Zielgrößen zu nehmen.

7 Zusammenfassung und Ausblick

Summary and Outlook

7.1 Zusammenfassung

Summary

Die Arbeit geht der zentralen Frage nach den Möglichkeiten zur Erhöhung der Produktorientierung in Fertigungsmanagementsystemen und den zugehörigen Nutzungsmöglichkeiten dieser Informationen nach. Hierzu wurde zunächst eine Reihe an abstrakten Mustern und Vorgehensweisen untersucht, mit denen eine produktorientierte Planung meist in agentenbasierten Systemen realisiert wird. Dabei steht die flexible Einplanung und teils emergente Bestimmung von Produktionsreihenfolgen im Vordergrund. Die Produktagenten interagieren in diesen Systemen mit anderen Agenten, bspw. Maschinen, um die Produktion zu realisieren. Einen Gegensatz zur abstrakten Repräsentation von Produkten als Agenten stellen die im Bereich der Produktinformationssammlung zusammengetragenen, umfangreichen Daten zu den Produkten innerhalb des betrieblichen Hallenbodens dar. Aktuell werden diese Daten vorrangig zur Verbesserung der Produkte oder der Produktionsprozesse eingesetzt.

Die Lösungshypothese sieht durch eine Kombination von einer Produktinformationssammlung mit den zugehörigen Planungs- und Steuerungssystemen einen Übergang von zentralisierten zu semi-heterarchisch strukturierten Fertigungsmanagementsystemen mit einem übergreifenden Informationsmodell vor. Die Kombination der Sammlung von Produktinformationen mit der Produktionsfeinplanung innerhalb des Fertigungsmanagementsystems ermöglicht die Entscheidungsfindung auf verschiedenen Ebenen innerhalb des Produktionssystems. Ziel des Gesamtsystems ist die verbesserte Feinplanung und -steuerung durch Berücksichtigung von Produktinformationen im Planungsprozess.

Zur Entwicklung einer Lösung muss zunächst ein Referenzmodell für die produktorientierte Planung und Steuerung geschaffen werden. Kern dieses Referenzmodells ist dabei das übergreifende Informationsmodell, das alle Prozesse innerhalb des betrieblichen Hallenbodens mit den Teilsystemen des Fertigungsmanagementsystems verknüpft. Hierzu wurden zunächst die Möglichkeiten zur Erfassung von Daten innerhalb der Produktion als Kern der zu betrachtenden Modellierungsaspekte für den betrieblichen Hallenboden untersucht. Die Kernelemente des Informationsmodells stellen die Kommunikationsarchitektur und die Datenmodellierung dar. Hinsichtlich der Kommunikationsarchitektur wurde die OPC Unified Architecture ausgewählt, da hiermit eine objekt- und dienste-orientierte Architektur für verschiedene Komponenten und Systeme geschaffen werden kann. Als grundlegendes Datenmodell wurde die IEC 62264 „Enterprise-Control System Integration" ausgewählt. Diese wurde auf ihre Möglichkeiten zur Produktorientierung untersucht und unter Nutzung der bereits bestehenden Modelle entsprechend angepasst.

Die Nutzung und Umsetzung des entwickelten Referenzmodells ermöglicht die Erstellung eines Feinplanungssystems unter Einbezug von Produktinformationen. Für das Planungssystem sind hierbei insbesondere die detaillierten Abläufe sowie die in der Produktion benötigten Zeiten relevant. Für letztere können im Gegensatz zur klassischen Feinplanung die Verteilungsfunktionen der Zeiten mit einbezogen werden. Hierzu wurde ein wahrscheinlichkeitsbasiertes Feinplanungssystem entwickelt, das die zur Produktion geschätzten Zeiten anhand ihrer Verteilungsfunktion quantisiert und für die resultierenden Szenarien Pläne generiert. Die verschiedenen Szenarien werden anschließend hinsichtlich ihres Erwartungswerts bewertet. Es wurden dabei Metriken entwickelt, mit denen auch die Performanz des Feinplanungssystems evaluiert werden kann.

Die Ergebnisse zeigen, dass der Einbezug von Produktinformationen in den Planungsprozess zu einer Verbesserung des Feinplanungssystems führen kann. Hierzu wurden zunächst die Ergebnisse des wahrscheinlichkeitsbasierten Systems mit denen der klassischen Vorgehensweise in der Arbeitsvorbereitung verglichen. Für die Planung auf Basis der Verteilungsfunktion konnte gezeigt werden, dass die Auswahl auf Basis der internen a-priori-Bewertung der Pläne eine hohe Übereinstimmung mit der a-posteriori-Bewertung in Bezug auf den Optimalplan aufweist. Der entwickelte Klassifikator eignet sich damit zur Auswahl eines Produktionsplans. Die Gesamtperformanz des Systems hängt dabei maßgeblich von der Qualität der zur Verfügung gestellten Daten aus der Produktion ab. Die Erzielung einer dauerhaft hohen Qualität wird bei Umsetzung des produktorientierten Informationsmodells erreicht.

7.2 Ausblick

Outlook

Der Fokus der Arbeit liegt auf der Entwicklung eines produktorientierten Fertigungsmanagementsystems. Hierzu wurden von der theoretischen Seite vor allem klassische Optimierungsansätze und Methoden des maschinellen Lernens untersucht. Insbesondere die Berücksichtigung weiterer Methoden aus dem Bereich der künstlichen Intelligenz stellt jedoch einen Ansatzpunkt dar, mit dem die Performanz des Gesamtsystems weiter gesteigert werden könnte. Hierbei sind vor allem emergente Ansätze zu nennen, bei denen das System neue Möglichkeiten selbstständig und daher auch selbstoptimierend in der klassischen Interpretation aufzeigt.

Um innerhalb des Fertigungsmanagementsystems mehr Informationen nutzen zu können, sind in Zukunft vor allem Methoden zur Schnittstellenbildung bzw. Datentransformation für die bereits bestehenden Systeme zu entwickeln. Als bereits bestehende Systeme müssen dabei sowohl die Systeme des betrieblichen Hallenbodens (Maschinen, Anlagen etc.) als auch die informationstechnischen Systeme eines Unternehmens (PDM-/PLM-Systeme, CRM-Systeme etc.) gesehen werden. Für erstere existiert bereits eine große Anzahl an möglichen Schnittstellen, die auch teils im Stand der Technik aufgezeigt wurden. Für die Schnittstellen gilt es, diese in generisch interpretierbare Modelle – wie bspw. auf Basis des OPC-UA-Standards – zu übertragen. Während in einigen Bereichen, wie AutomationML, in dieser Hinsicht bereits fortgeschrittene Forschungsarbeiten bestehen, ist die Anzahl an existierenden Schnittstellen noch wesentlich höher als die Anzahl an Modelltransformationen.

Für den Bereich der unternehmensinternen IT-Systeme muss die Anbindung aus zweierlei Hinsicht betrachtet werden. Zur Erhöhung der Informationen innerhalb des Fertigungsmanagementsystems gilt es, zu möglichst vielen Systemen Schnittstellen hinsichtlich der Produktinformationen zu bilden. Hierzu stellt die Entwicklung auf Basis des OPC-UA-Standards bereits eine gute Grundlage dar, da die OPC-UA-Anbindung auch von einigen ERP-Systemen von Haus aus mit angeboten wird. Dennoch sind für einen Großteil der bestehenden Systeme weitere Maßnahmen zur Informationsextraktion erforderlich. Hierzu gilt es, das Fertigungsmanagementsystem auf Basis von Algorithmen, bspw. aus dem Bereich der Daten-Akquisition, zu erweitern. Ebenso können IT-Systeme wie PDM-/PLM-Systeme ähnlich wie das Fertigungsmanagementsystem von den erhöhten Produktinformationen profitieren. Für diese Systeme müssen daher Schnittstellen zum Produktinformationsmodell bzw. der Produktdatenanalyse geschaffen werden.

Ein weiterer Ansatz zur Verbesserung stellt das Feinplanungssystem innerhalb des Gesamtsystems dar. Dieses basiert in seiner aktuellen Ausbaustufe auf der klassischen Constraint-Planung. Andere Ansatzmöglichkeiten stellen die im Stand der Technik vorgestellten Planungsalgorithmen zur parametrischen oder chance-constraint-basierten Planung dar. Hierzu müsste die Betrachtung der Wahrscheinlichkeiten vorab in verschiedene Szenarien klassifiziert werden, damit diese bspw. in eine Chance-Constraint-Planung einfließen können. Diese Ansätze können zudem in eine weitergehende Dezentralisierung im Sinne einer semi-heterarchischen Planung und Steuerung einfließen. Somit kann, unter Nutzung von Elementen der Selbstoptimierung, der gesteigerte Produktinformationsgehalt im Gesamtsystem zu einer Verbesserung gegenüber starr festgelegten Plänen genutzt werden.

Eine mögliche Erweiterung des Systems stellt der Einbezug des menschlichen Planers dar. Hierzu werden in aktuellen Forschungsprojekten Ansätze untersucht, mit denen eine verständlichere Visualisierung der Zusammenhänge zwischen den Planungsergebnissen und den Möglichkeiten zur Parametrierung erreicht werden kann.

Letztendlich stellen die vorgestellten Entwicklungen einen Schritt in die Richtung der vollständig produktorientierten Fertigung dar. Die Realisierung dieser Vision kann langfristig die Effizienz innerhalb der Produktionssysteme von Hochlohnländern erhöhen. Insgesamt werden hierdurch vor allem in der diskreten Fertigung durch die höhere Datenintegration stetig neue Optimierungspotenziale erschlossen. Die Weiterführung der Ansätze erhöht damit sowohl die Qualität innerhalb der Produktion als auch die Qualität der menschlichen Arbeit.

Summary and Outlook

Summary

The research question is derived from the identified need to increase product orientation within Manufacturing Execution Systems as described in the state of the art. Regarding the product orientation, two focus areas must be differentiated: The product-oriented planning and control as well as the product information acquisition. For the first area, there exist several abstract patterns and procedures, that can be used to realize product-oriented planning for example as agent-based systems. The focused aspects regarding these developments are the flexible planning as well as the emergent development of production sequences. In these systems, product agents usually interact with other agents – e.g. machine agents – to realize the overall production. In contrast to that view of products as abstract agents, within the area of product information acquisition the approach is to gather as much data as possible within the shop floor environment. These data are afterwards mostly used to improve the product itself or its different production processes.

The solution combines the two areas based on the hypothesis that the combination could enable the transition from centralized planning and control systems to semi-heterarchically structured MES with a comprehensive information model. The combination of the product data acquisition with the detailed planning system within the MES should allow for independent decision-making processes on different levels within the production system. The target of the overall system is an enhanced detailed planning and control system that considers product data within the planning process.

To develop the described solution, a reference model for product-based planning and control must be created. The core of this reference model is the information model, that connects all the different processes at the shop floor level with the different systems in the MES. For this purpose, first, the possibilities for data acquisition within the production was investigated as a core of the modeling aspects to be considered for the shop floor. The main elements of the information model are the communication architecture and the data model. In terms of communication architecture, OPC Unified Architecture was selected, because it incorporates an object- and service-oriented architecture that can be adapted to a variety of components and systems. As the basic data model, the norm IEC 62264 has been investigated regarding its possibilities to realize product orientation and developed further regarding product orientation using the pre-existing models.

The use and implementation of the developed reference model enables the creation of a detailed planning system that includes product information as a central element. For the planning system in this case the detailed processes and the required production times are relevant. For the latter, the distribution functions of the times can be included in contrast to classical detailed planning. For this purpose, a probability-based scheduling system was developed that estimates production times based on their quantized distribution function and generates plans according to the resulting scenarios. The various scenarios are then evaluated regarding their expected value. For this purpose, metrics were developed that can be utilized to measure the performance of the detailed planning system.

The results show, that the inclusion of product information can result in an improved detailed planning system. For this purpose, first, the results of the probability-based system were compared to those of the classical approach in the planning department. For the planning process based on the distribution function it could be shown, that the selection based on an internal a priori assessment of the plans has a high correlation with the a posteriori assessment regarding the optimal plan. The overall performance of the system depends largely on the quality of data provided by the production environment. Achieving consistently high quality is realized by implementing the product-oriented information model.

Outlook

The focus of this work was to develop a product-based Manufacturing Execution System. For this purpose, from the theoretical side especially classical optimization approaches and machine learning methods were investigated. However, particularly the consideration of other methods from the field of artificial intelligence represents a starting point to further increase the performance of the overall system. Here, especially emergent approaches must be mentioned, in which the system develops new opportunities independently and therefore can be interpreted as self-optimizing even from a conservative point-of-view.

To increase the information within the MES in the future, methods for interfacing and data transformation in regard to existing systems have to be developed. Regarding the existing systems, both the systems on the shop floor (machinery, equipment etc.) as well as the IT systems of a company (PDM/PLM systems, CRM systems etc.) must be considered. For the former, there are currently many possible interfaces that were also partly shown in the state of the art. It is important for these interfaces to be transferred or transformed to generically interpretable models such as those in the OPC UA standard. While in some areas these transformations already exist as advanced research projects, e.g. AutomationML, the number of existing interfaces is much higher than the number of currently existing model transformations.

In internal corporate IT systems, the connectivity must be considered in two ways. To increase the information within the MES it is necessary to create interfaces to as many systems as possible in respect to the product. To this end, the demonstrated development based on the OPC UA standards already represents a good foundation because some systems, e.g. major ERP systems, already utilize the OPC UA interface in their out-of-the-box solutions. But further action for extracting information is necessary for most the existing systems. This could be achieved, for example, based on the algorithms developed in the field of data acquisition. Also, IT systems such as PDM/PLM systems might benefit from the increased product information as much as the MES does. Therefore, interfaces to the product information model and the product data analysis must be established for these systems.

Another approach for further improvement represents the detailed planning system within the overall system. This system is in its current stage based on the classical constraint planning. Other possible approaches are the described scheduling algorithms from the state of the art, e.g. parametric or chance-constraint-based planning. To realize such a system, the consideration of probabilities would have to be previously classified into different scenarios, so that they can be included, for example, in a chance-constraint planning. These approaches can also be combined with a further decentralization in terms of a semi-heterarchical planning and control. Thus, the increased product information in the entire system can be used to strengthen against rigidly fixed plans utilizing elements of self-optimization.

A possible expansion of the system is the inclusion of human planners. For this purpose, approaches are currently being investigated in several research projects. This could result in a more comprehensible visualization of the relationships between the planning results and a better understanding of possible parameterizations.

Ultimately, the featured developments are a step in the direction of the general product-oriented production. The realization of this long-term vision can increase the efficiency within the production systems of high-wage countries. Overall, steady optimization potentials are thereby opened up especially in discrete manufacturing through higher data integration. The continuation of the approaches thus increases both the quality within the production and the quality of human labor.

8 Literaturverzeichnis

References

[AAMO94] Aamodt, A.; Plaza, E.: Case-based reasoning: Foundational issues, methodological variations, and system approaches. In: AI Communications, Vol. 7, No. 1, 1994, S. 39–59

[ADOL15] Adolphs, P.; Bedenbender, H.; Dirzus, D.; Ehlich, M.; Epple, U.; Hankel, M.; Heidel, R.; Hoffmeister, M.; Huhle, H.; Kärcher, B.; Koziolek, H.; Pichler, R.; Pollmeier, S.; Schewe, F.; Walter, A.; Waser, B.; Wollschlaeger, B.: Statusreport Referenzarchitekturmodell Industrie 4.0 (RAMI4.0). In: VDI und ZVEI, 2015

[ALBE09] Albers, S.: Methodik der empirischen Forschung. Wiesbaden: Gabler, 2009

[ALEX12] Alexakos, C.; Georgoudakis, M.; Kalogeras, A. P.; Likothanassis, S.: Adaptive manufacturing utilizing ontology-driven multi-agent systems: Extending Pabadis' Promise approach. In: IEEE ICIT, 2012, S. 42–47

[ALNO10] Alnounou, Y.; Haidar, M.; Paulik, M.; Al-Holou, N.: Service-oriented architecture: On the suitability for mobile robots. In: IEEE International Conference on EIT, 2010

[ANDR99] Andrade, M. C.; Pessanha Filho, R. C.; Espozel, A. M.; Maia, L. O. A.; Qassim, R. Y.: Activity-based costing for production learning. In: International Journal of Production Economics, Vol. 62, No. 3, 1999, S. 175–180

[ARMS92] Armstrong, J. S.; Collopy, F.: Error measures for generalizing about forecasting methods: Empirical comparisons. In: International Journal of Forecasting, Vol. 8, No. 1, 1992, S. 69–80

[AZIZ15] Aziz, K. A. A.; Kadir, A.; Hamzah, R. A.; Basari, A. A.: Product Identification Using Image Processing and Radial Basis Function Neural Networks. In Applied Mechanics and Materials, Vol. 761, 2015, S. 120–124

[BAIN06] Baïna, S.; Panetto, H.; Benali, K.: A Product Oriented Modelling Concept: Holons for systems synchronisation and interoperability. In: 8th Int. Conf. on Enterprise Information Systems, 2006

[BAIN08] Baïna, S.; Panetto, H.; Morel, G.: New paradigms for a product oriented modelling: Case study for traceability. In: Computers in Industry, Vol. 60, No. 3, 2008, S. 172–183

[BAPT06] Baptiste, P.; Laborie, P.; Le Pape, C.; Nuijten, W.: Constraint-based scheduling and planning. In: Handbook of Constraint Programming. In: Rossi et al. (Hrsg.): Amsterdam: Elsevier, 2006, S. 759–798

[BARA03] Barata, J.; Camarinha-Matos, L. M.: Coalitions of manufacturing components for shop floor agility – the CoBASA architecture. Int. Journ. of Netw. and Virt. Org., Vol. 2, No. 1, 2003, S. 50–77

[BARB12] Barbati, M.; Bruno, G.; Genovese, A.: Applications of agent-based models for optimization problems: A literature review. In: Expert Systems with Applications, Vol. 39, No. 5, 2012, S. 6020–6028

[BARE14] Barenji, R. V.; Barenji, A. V.; Hashemipour, M.: A multi-agent RFID-enabled distributed control system for a flexible manufacturing shop. In: The International Journal of Advanced Manufacturing Technology, Vol. 71, 2014, S. 1773–1791

[BARG15] Barga, R.; Fontama, V.; Tok, W. H.: Predictive analytics with Microsoft Azure machine learning. NewYork: Apress, 2015

[BEER62] Beer, S.: Kybernetik und Management, Frankfurt: S. Fischer Verlag, 1962

[BEGE05] Begemann, C.: Terminorientierte Kapazitätssteuerung in der Fertigung. Hannover: PZH, 2005

[BISH06] Bishop, C. M.: Pattern recognition and machine learning. New York: Springer Science+Business Media, 2006

[BLAN08] Blanc, P.; Demongodin, I.; Castagna, P.: A holonic approach for manufacturing execution system design: An industrial application. In: Engineering Applications of Artificial Intelligence, Vol. 21, No. 3, 2008, S. 315–330

[BODE00] Bode, J.: Neural networks for cost estimation: Simulations and pilot application. In: International Journal of Production Research, Vol. 38, No. 6, 2000, S. 1231–1254

[BOHN06] Bohn, H.; Bobek, A.; Golatowski, F.: SIRENA-Service Infrastructure for Real-time Embedded Networked Devices: A service oriented framework for different domains. In: International Conference on Networking, 2006

[BONG00] Bongaerts, L.; Monostori, L.; McFarlane, D.; Kádár, B.: Hierarchy in Distributed Shop Floor Control. In: Computers in Industry, Vol. 43, No. 2, 2000, S. 123–137

[BORA09] Borangiu, T.; A service-orientated arhitecture for holonic manufacturing control. In: Towards Intelligent Engineering and Information Technology. Berlin: Springer, 2009, S. 489–503

[BREC13] Brecher, C.; Müller, S.; Breitbach, T.; Lohse, W.: Viable System Model for Manufacturing Execution Systems. In: Procedia CIRP, 2013, S. 461–466

[BREC15] Brecher, C.; Corves, B.; Schmitt, R.; Özdemir, D.; Bertelsmeier, F.; Detert, T.; Herfs, W.; Lohse, W.; Müller, S.: Kybernetische Ansätze in der Produktionstechnik. In: Jeschke et al. (Hrsg): Exploring Cybernetics. Wiesbaden: Springer Fachmedien, 2015, S. 85–108

[BREI84] Breiman, L.; Friedman, J.; Stone, C. J.; Olshen, R. A.: Classification and regression trees. Boca Raton: CRC press, 1984

[BROW88] Browne, J.: Production activity control – a key aspect of production control. In: The International Journal of Production Research, Vol. 26, No. 3, 1988, S. 415–427

[BRUS98] Van Brussel, H.; Wyns, J.; Valckenaers, P.; Bongaerts, L.; Peeters, P.: Reference architecture for holonic manufacturing systems: PROSA. In: Computers in Industry, Vol. 37, No. 3, 1998, S. 255–274

[BRUS99] Van Brussel, H.; Bongaerts, L.; Wyns, J.; Valckenaers, P.; Van Ginderachter, T.: A conceptual framework for holonic manufacturing: identification of manufacturing holons. In: Journal of Manufacturing systems, Vol. 18, No. 1, 1999

[BUCH08] Buchner, T.: Virtuelles Engineering von Fertigungsleitsystemen. Aachen: Apprimus-Verlag, 2008

[BUER14] Bürger, T.; Tragl, K.: SPS-Automatisierung mit den Technologien der IT-Welt verbinden. In: Industrie 4.0 in Produktion, Automatisierung und Logistik. Wiesbaden: Springer Fachmedien, 2014, S. 559–569

[BUFA13] Bufardi, A.; Kiritsis, D.: On the Development of a Reference Framework for ICT for Manufacturing Skills. In: Advances in Production Management Systems, Berlin: Springer, 2013, S. 443–451

[CABR11] Cabri, G.; Puviani, M.; Zambonelli, F.: Towards a taxonomy of adaptive agent-based collaboration patterns for autonomic service ensembles. In: IEEE CTS, 2011, S. 508–515

[CAND09] Cândido, G.; Barata, J.; Colombo, A. W.; Jammes, F.: SOA in reconfigurable supply chains: A research roadmap. In: Engineering applications of artificial intelligence, Vol. 22, No. 6, 2009, S. 939–949

[CAST11] Castellini, P.; Cristalli, C.; Foehr, M.; Leitão, P.; Paone, N.; Schjolberg, I.; Tjønnås, J.; Turrin, C.; Wagner, T.: Towards the integration of process and quality control using multi-agent technology. In: IEEE IECON, 2011, S. 421–426

[CAST13] Castells, M.: Communication power. Oxford: Oxford University Press, 2013

[CANN08] Cannata, A.; Gerosa, M.; Taisch, M.: A Technology Roadmap on SOA for Smart Embedded Devices: Towards Intelligent Systems in Manufacturing. In: IEEE Inter. Conf. on Ind. Eng. and Eng. Mgmt., 2008, S. 762–767

[CAVA04] Cavalieri, S.; Maccarrone, P.; Pinto, R.: Parametric vs. neural network models for the estimation of production costs: A case study in the automotive industry. In: International Journal of Production Economics, Vol. 91, No. 2, 2004, S. 165–177

[CERR14] Cerrone, A.; Hochhalter, J.; Heber, G.; Ingraffea, A.: On the Effects of Modeling As-Manufactured Geometry: Toward Digital Twin. In: International Journal of Aerospace Engineering, 2014

[CHEN07] Chen, Z.; Wang, L.: A generic activity-dictionary-based method for product costing in mass customization. In: Journal of Manufacturing Technology Management, Vol. 18, No. 6, 2007, S. 678–700

[CHIR00] Chirn, J. L.; McFarlane, D. C.: A holonic component-based approach to reconfigurable manufacturing control architecture. In: 11th Int. Works. on Datab. and Exp. Sys. Appl., 2000, S. 219–223

[COLO14] Colombo, A. W.; Karnouskos, S.; Bangemann, T.: IMC-AESOP outcomes: Paving the way to collaborative manufacturing systems. In: 12th IEEE Int. Conf. on Ind. Informatics, 2014, S. 255–260

[DASI01] Da Silveira, G.; Borenstein, D.; Fogliatto, F.S.: Mass customization: Literature review and research directions. In: International Journal of Production Economics, Vol. 72, No. 1, 2001

[DEIS15] Deisenroth, R.; Diesner, M.; Kletti, J.; Kletti, W.; Lübbert, J. P.; Schumacher, J.; Strebel, T.: Das MES für die Zukunft. In: MES-Manufacturing Execution System. Berlin: Springer, 2015, S. 269–277

[DELS12] Delsing, J.; Rosenqvist, F.; Carlsson, O.; Colombo, A. W.; Bangemann, T.: Migration of industrial process control systems into service oriented architecture. In: 38th Ann. Conf. on IEEE Ind. Electr. Soc., 2012, S. 5786–5792

[DENG11] Deng, S.; Yeh, T.-H.: Using least squares support vector machines for the airframe structures manufacturing cost estimation. In: International Journal of Production Economics, Vol. 131, No. 2, 2011, S. 701–708

[DENN13] Dennert, A.; Krause, J.; Garcia Izaguirre Montemayor, J. A.; Hesse, S.; Martinez Lastra, J. L. and Wollschlaeger, M.: Advanced Concepts for Flexible Data Integration in Heterogeneous Production Environments. In: Intelligent Manufacturing Systems, Vol. 11, No. 1, 2013, S. 348–353

[DIEP07] Diep, D.; Alexakos, C.; Wagner, T.: An ontology-based interoperability framework for distributed manufacturing control. In: IEEE ETFA, 2007, S. 855–862

[DILT91] Dilts, D. M.; Boyd, N. P.; Whorms, H. H.: The evolution of control architectures for automated manufacturing systems. In: Journal of Manufacturing Systems, Vol. 10, No. 1, S. 79–93, 1991

[DOMI12] Dominici, G.: The holonic approach for flexible production: a theoretical framework. In: Elixir Production, Vol. 42, 2012, S. 6106–6110

[DORM13] Dormann, C. F.: Parametrische Statistik: Verteilungen, maximum likelihood und GLM in R. Berlin: Springer Spektrum, 2013

[DUBO03] Dubois, D.; Fargier, H.; Fortemps, P.: Fuzzy scheduling: Modelling flexible constraints vs. coping with incomplete knowledge. In: Fuzzy Sets in Scheduling and Planning, Vol. 147, No. 2, 2003, S. 231–252

[DUEM16] Dümbgen, L.: Numerische Merkmale: Verteilungsfunktionen und Quantile. In: Einführung in die Statistik. Basel: Springer, 2016, S. 57–75

[DURA09] Duran, O.; Rodriguez, N.; Consalter, L. A.: Neural networks for cost estimation of shell and tube heat exchangers. In: Expert Systems with Applications, Vol. 36, No. 4, 2009, S. 7435–7440

[DURA12] Duran, O.; Maciel, J.; Rodriguez, N.: Comparisons between two types of neural networks for manufacturing cost estimation of piping elements. In: Expert Systems with Applications, Vol. 39, No. 9, 2012, S. 7788–7795

[DYCK06] Dyckhoff, H.: Produktionstheorie – Grundzüge industrieller Produktionswirtschaft. Berlin: Springer, 5. Aufl., 2006

[EDST14] Edstrom, D.: MTConnect. In: Zurawski (Hrsg.): Industrial communication technology handbook. Boca Raton: CRC Press, 2014

[EVER96] Eversheim, W.: Hütte – Produktion und Management. Berlin: Springer, 1996

[EVER02] Eversheim, W.: Arbeitsablaufplanung. In: Organisation in der Produktionstechnik 3: Arbeitsvorbereitung, Berlin: Springer, 2002, S. 17–96

[FACC95] Facchi, C.: Methodik zur formalen Spezifikation des ISO-OSI-Schichtenmodells. München: Herbert Utz Verlag, 1995

[FAHR09] Fahrmeir, L.; Kneib, T.; Lang, S.: Regression: Modelle, Methoden und Anwendungen. Berlin: Springer, 2009

[FALT12] Faltinski, S.; Niggemann, O.; Moriz, N.; Mankowski, A.: AutomationML: From data exchange to system planning and simulation. In: IEEE ICIT, 2012, S. 378–383

[FARN11] Farnham, B.; Barillere, R.: Migration from OPC-DA to OPC-UA. In: International Conference on Accelerator and Large Experimental Physics Control Systems, 2011, S. 374–377

[FAYZ10] Fayzullin, K.: Autonome Planung und Entscheidungsoptimierung in der Ablaufsteuerung flexibel automatisierter Fertigungssysteme. Aachen: Apprimus-Verlag, 2010

[FICK05] Ficko, M.; Drstvenšek, I.; Brezočnik, M.; Balič, J.; Vaupotic, B.: Prediction of total manufacturing costs for stamping tool on the basis of CAD-model of finished product. In: AMPT/AMME, 2005, S. 1327–1335

[FLOR12] Florjanič, B.; Kuzman, K.: Estimation of Time for Manufacturing of Injection Moulds Using Artificial Neural Networks-based Model. In: Polimeri: časopis za plastiku i gumu, Vol. 33, No. 1, 2012, S. 1–21

[FLOR13] Florjanič, B.; Govekar, E.; Kuzman, K.: Neural Network-Based Model for Supporting the Expert Driven Project Estimation Process in Mold Manufacturing. In: Strojniški vestnik-Journal of Mechanical Engineering, Vol. 59, No. 1, 2013, S. 3–13

[FOST13] Foster, A.; Hamelink, I.; Jonkers, L.: Artemis Book of Successes. Veldhoven: Verhagen Grafische media, 2013

[FRUE09] Früh, K. F.; Ahrens, W.: Handbuch der Prozessautomatisierung. Prozessleittechnik für verfahrenstechnische Anlagen. München: Oldenbourg Industrieverlag, 2009

[FUJI08] Fujisawa, H.: Forty years of research in character and document recognition – an industrial perspective. In: Pattern Recognition, Vol. 41, No. 8, 2008, S. 2435–2446

[GAMB13] Gamboa Quintanilla, F.; Cardin, O.; Castagna, P.: Evolution of a Flexible Manufacturing System: From Communicating to Autonomous Product. In: Borangiu (Hrsg.): Service Orientation in Holonic and Multi Agent Manufacturing and Robotics. Berlin: Springer, 2013, S. 167–180

[GAST11] Gastermann, B.; Stopper, M.: Agent-based services using WCF technology and RFID for autonomous control in continuous flow production. In: Int. Multiconf. of Eng. And Comp. Scient., 2011

[GAUS03] Gausemeier, J.; Fruend, J.; Matysczok, C.; Bruederlin, B.; Beier, D.: Development of a real time image based object recognition method for mobile AR-devices. In: Proc. of the 2nd Int. Conf. on Comp. Graph., Virt. Real., Vis. and Interact, 2003, S. 133–139

[GEBH09] Gebhard, M.: Hierarchische Produktionsplanung bei Unsicherheit. Wiesbaden: Gabler, 2009

[GIEH10] Giehler, F.: Erhöhung der Planungsproduktivität am Beispiel der Auftragsabwicklung im Werkzeugbau. Aachen: Apprimus-Verlag, 2010

[GLAE12] Glaessgen, E. H.; Stargel, D.: The Digital Twin paradigm for future NASA and US Air Force vehicles. In: 53rd Struct. Dyn. Mater. Conf., 2012

[GOEB12] Göbel, M.: Verfahren zur intuitiven Programmierung von Industrierobotern durch Demonstration. Aachen: Apprimus Verlag, 2012

[GOLL11] Goll, J.: Methoden und Architekturen der Softwareentwicklung. Heidelberg: Vieweg+Teubner Verlag, 2011

[GORG13] Gorgoi, M.; Gurau, A.; Oae, S.: Stigmergy in Scheduling Process of Holonic Manufacturing Systems. In: Advanced Materials Research, Vol. 680, 2013, S. 275–283

[GUEN06] Günthner, W. A.; Wilke, M.; Zäh, M. F.; Aull, F.; Rudolf, H.: Produktion individualisierter Produkte. In: Lindemann et al. (Hrsg.): Individualisierte Produkte – Komplexität beherrschen in Entwicklung und Produktion. Berlin: Springer, 2006, S. 63–87

[GUIN11] Guinard, D.; Ion, I.; Mayer, S.: In search of an internet of things service architecture: REST or WS-*? A developers' perspective. In: Puiatti et al. (Hrsg.): Mobile and Ubiquitous Systems: Computing, Networking, and Services. Berlin: Springer, 2011, S. 326-337

[GUPT13] Gupta, N.: Inside Bluetooth low energy. Boston: Artech House, 2013

[HACK96] Hackstein, R.: Produktionsplanung und -steuerung (PPS). Ein Handbuch für die Betriebspraxis. Düsseldorf: VDI-Verlag, 1989

[HANN08] Hannelius, T.; Salmenperä, M.; Kuikka, S.: Roadmap to adopting OPC UA. In: IEEE INDIN, 2008, S. 756–761

[HART12] Hart, C. G.; He, Z.; Sbragio, R.; Vlahopoulos, N.: An advanced cost estimation methodology for engineering systems. In: Systems Engineering, Vol. 15, No. 1, 2012, S. 28–40

[HAST09] Hastie, T.; Tibshirani, R.; Friedman, J.: The Elements of Statistical Learning: Data Mining, Inference, and Prediction. Berlin: Springer, 2009

[HEAT08] Heaton, J.: Introduction to Neural Networks with Java, Chesterfield: Heaton Research, 2008

[HEHE11] Hehenberger, P.: Qualitätsmanagement in der Fertigung. In: Computerunterstützte Fertigung: Eine kompakte Einführung. Berlin: Springer, 2011, S. 195–228

[HENS14] Henßen, R.; Schleipen, M.; Interoperability between OPC UA and AutomationML. In: 8th Internation Conference on DET, 2014, S. 297–304

[HERR11] Herrera, C.; Thomas, A.; Belmokhtar, S.; Pannequin, R.: A viable system model for product-driven systems. In: IESM, 2011

[HRIB13] Hribernik, K.; Wuest, T.; Thoben, K. D.: Towards Product Avatars Representing Middle-of-Life Information for Improving Design, Development and Manufacturing Processes. In: Kovács et al. (Hrsg.): Digital Product and Process Development Systems. Berlin: Springer, 2013, S. 85–96

[IEC61131] IEC 61131-3: Programmable controllers – Part 3: Programming languages. 2013

[IEC61499] IEC 61499-1: Function blocks – Part 1: Architecture. 2012

[IEC62264] IEC 62264: Integration von Unternehmensführungs- und Leitsystemen. 2008

[ISA95] ANSI/ISA-95.00.01-2000 Enterprise-Control System Integration – Part 1: Models and Terminology, 2000

[ISO22400] ISO 22400: Automation systems and integration – Key performance indicators for manufacturing operations management, 2012

[IVAN12] Ivanescu, N. A.; Parlea, M.; Rosu, A.: Different Approaches Regarding the Operational Control of Production in a Flexible Manufacturing Cell. In: Service Orientation in Holonic and Multi-Agent Manufacturing Control. Berlin: Springer, 2012, S. 241–254

[JABE07] Jaber, A. Q.; Hidehiko, Y.; Ramli, R.: Machine Learning in Production Systems Design Using Genetic Algorithms. In: International Journal of Computational Intelligence, Vol. 4, No. 1, 2007

[JAMM12] Jammes, F.; Bony, B.; Nappey, P.; Colombo, A. W.; Delsing, J.; Eliasson, J.; Kyusakov, R.; Karnouskos, S.; Stluka, P.; Tilly, M.: Technologies for SOA-based distributed large scale process monitoring and control systems. In: 38th Ann. Conf. on IEEE Ind. Electr. Soc., 2012, S. 5799–5804

[JAMM14] Jammes, F.; Karnouskos, S.; Bony, B.; Nappey, P.; Colombo, A. W.; Delsing, J.; Eliasson, J.; Kyusakov, R.; Stluka, P.; Tilly, M.; Bangemann, T.: Promising technologies for soa-based industrial automation systems. In: Colombo et al. (Hrsg.), Industrial Cloud-Based Cyber-Physical Systems. Cham: Springer, 2014, S. 89–109

[JANA07] Janak, S. L.; Lin, X.; Floudas, C. A.: A new robust optimization approach for scheduling under uncertainty: Uncertainty with known probability distribution. In: Computers & Chemical Engineering, Vol. 31, No. 3, 2007, S. 171–195

[JONE86] Jones, A. T.; McLean, C. R.: A proposed hierarchical control model for automated manufacturing systems. Journal of Manufacturing Systems, Vol. 5, No. 1, 1986, S. 15–25

[JUNG02] Jung, J.-Y.: Manufacturing cost estimation for machined parts based on manufacturing features. In: Journal of Intelligent Manufacturing, Vol. 13, No. 4, 2002, S. 227–238

[JUZI14] Juziuk, J.; Weyns, D.; Holvoet, T.: Design Patterns for Multi-agent Systems: A Systematic Literature Review. In: Shehory et al. (Hrsg.): Agent-Oriented Software Engineering. Berlin: Springer, 2014, S. 79–99

[KAER03] Kärkkäinen, M.; Ala-Risku, T.: Automatic identification – applications and technologies. In: 8th Ann. Conf. Logist. Resear. Netw., 2003

[KEMP10] Kempf, T. A.: Ein kognitives Steuerungsframework für robotergestützte Handhabungsaufgaben. Aachen: Apprimus-Verlag, 2010

[KIMG13] Kim, G.-H.; Shin, J.-M.; Kim, S.; Shin, Y.: Comparison of School Building Construction Costs Estimation Methods Using Regression Analysis, Neural Network, and Support Vector Machine. In: Journal of Building Construction and Planning Research, Vol. 1, 2013, S. 1–7

[KLET15] Kletti, J.; Bindi, A.: MES Marktspiegel. In: MES D.A.CH (Hrsg.): MES im Fokus, 2015, S. 12–19

[KLOC07] Klocke, F.; König, W.: Fertigungsverfahren 1: Drehen, Fräsen, Bohren. Berlin: Springer, 2007

[KOHL12] Kohlborn, T; La Rosa, M.: SOA approaches. In: Handbook of service description, New York: Springer Science+Business Media, 2012, S. 111–133

[KOES01] Koestler, A.: Beyond atomism and holism – the concept of the holon. In: Shanin (Hrsg.): The Rules of the Game: Cross-disciplinary Essays on Models in Scholarly Thought, Abingdon: Routledge, 2001

[KOMO06] Komoda, N.: Service Oriented Architecture (SOA) in Industrial Systems. In: IEEE International Conference on Industrial Informatics, 2006

[KOVA13] Kovatsch, M.: CoAP for the web of things: from tiny resource-constrained devices to the web browser. In Proc. of the 2013 ACM Conf. on Pervasive and Ubiqu. Comp., 2013, S. 1495–1504

[KUTS08] Kutschenreiter-Praszkiewicz, I.: Application of artificial neural network for determination of standard time in machining. In: Journal of Intelligent Manufacturing, Vol. 19, No. 2, 2008, S. 233–240

[LAYE02] Layer, A.; Brinke, E. T.; van Houten, F.; Kals, H.; Haasis, S.: Recent and future trends in cost estimation. In: International Journal of Computer Integrated Manufacturing 15, Vol. 6, 2002, S. 499–510

[LEIT06] Leitão, P.; Restivo, F.: ADACOR: A holonic architecture for agile and adaptive manufacturing control. In: Computers in Industry, Vol. 57, No. 2, 2006, S. 121–130

[LEIT09] Leitão, P.: Agent-based distributed manufacturing control: A state-of-the-art survey. In: Engineering Applications of Artificial Intelligence, Vol. 22, No. 7, 2009, S. 979–991

[LINX04] Lin, X.; Janak, S L.; Floudas, C. A.: A new robust optimization approach for scheduling under uncertainty: Bounded uncertainty. In: Computers & Chemical Engineering, Vol. 28, No. 6, 2004, S. 1069–1085

[LINZ12] Lin, Z.: Research on Product Cost Estimation Method of Machine Tool Based on Principal Component Analysis and Artificial Neural Network. In: Advances in Intelligent and Soft Computing, Vol. 114, 2012, S. 531–537

[LIZU08] Li, Z.; Ierapetritou, M.: Process scheduling under uncertainty: Review and challenges. In: Computers & Chemical Engineering, Vol. 32, No. 4, 2008, S. 715–727

[LOHS14] Lohse, W.: Evaluationsassistenz für die NC-Bearbeitungsplanung komplexer Fräsprozesse. Aachen: Apprimus Verlag, 2014

[LOWE04] Lowe, D.: Distinctive image features from scale-invariant keypoints. In: International Journal of Computer Vision, Vol. 60, No. 2, 2004, S. 91–110

[LUED08] Lüder, A.: Das PABADIS'PROMISE Projekt – Ergebnisse und Lessons Learned. In: Expertenforum „Agenten in der Automatisierungstechnik", 2008

[MADE09] Madeyski, L.: Test-driven development: An empirical evaluation of agile practice. Berlin: Springer, 2009

[MAHA16] Mahanty, W. H.: Die automatische Mess- und Anwesenheitskontrolle für Bauteile. In: Future Manufacturing: Automatisierung + Mess- und Prüftechnik. Frankfurt a. M.: VDMA Verlag, 2016

[MCFA12] McFarlane, D. C.; Giannikas, V.; Wong, A.; Harrison, M.G.: Intelligent products in the supply chain – 10 years on. In: Information Control Problems in Manufacturing, Vol. 14, No. 1, 2012, S. 655–660

[MCFA13] McFarlane, D.; Giannikas, V.; Wong, A. C.; Harrison, M.: Product intelligence in industrial control: Theory and practice. In: Annual Reviews in Control, Vol. 37, No. 1, 2013, S. 69–88

[MEHR12] Mehrsai, A.; Alla, A. A.: Centralized Rescheduling Approach against Autonomous Control Approach in Dynamic Flexible Flow Shop in the Presence of Machine Breakdowns. In: 1st Joint International Symposium on System-Integrated Intelligence, 2012, S. 162–166

[MELI95] Melichar, B.: Approximate string matching by finite automata. In: Computer Analysis of Images and Patterns. Berlin: Springer, 1995, S. 342–349

[MEYE09] Meyer, G. G.; Främling, K.; Holmström, J.: Intelligent products: A survey. In: Computers in Industry, Vol. 60, No. 3, 2009, S. 137–148

[MONO03] Monostori, La.: AI and machine learning techniques for managing complexity, changes and uncertainties in manufacturing. In: Intelligent Manufacturing, Vol. 16, No. 4, 2003, S. 277–291

[MOSE10] Moser, T.; Merdan, M.; Biffl, S.: A pattern-based coordination and test framework for multi-agent simulation of production automation systems. In: IEEE CISIS, 2010, S. 526–533

[NA94] NAMUR-Arbeitsblatt 94: MES: Funktionen und Lösungsbeispiele der Betriebsleitebene, 2003

[NA110] NAMUR-Arbeitsblatt 110: Planung und Einsatz von MES, 2006

[NAUM15] Naumann, M.; Fechter, M.: Robots as enablers for changeability in assembly applications. In 15. Internationales Stuttgarter Symposium. Wiesbaden: Springer Fachmedien, 2015, S. 1155–1171

[NE141] NAMUR-Empfehlung 141: Schnittstelle zwischen Batch- und MES-Systemen, 2012

[NIAZ06] Niazi, A.; Dai, J. S.; Balabani, S.; Seneviratne, L.: Product cost estimation: technique classification and methodology review. In: Journal of Manufacturing Science and Engineering, Vol. 128, 2006

[NICO05] Nicolai, T.; Resatsch, F.; Michelis, D.: The web of augmented physical objects. In: IEEE ICMB, S. 340–348

[NORT14] North, M. J.; Macal, C. M.: Product and process patterns for agent-based modelling and simulation. In: Journal of Simulation, Vol. 8, No. 1, 2014, S. 25–36

[OJED14] Ojeda, T.; Murphy, S. P.; Bengfort, B.; Dasgupta, A.: Practical Data Science Cookbook. Birmingham: Packt Publishing Ltd., 2014

[ONOR12] Onori, M.; Lohse, N.; Barata, J.; Hanisch, C.: The IDEAS project: plug & produce at shop-floor level. In: Assembly automation, Vol. 32, No. 2, 2012, S. 124–134

[OSTG12] Ostgathe, M.: System zur produktbasierten Steuerung von Abläufen in der auftragsbezogenen Fertigung und Montage. München: Herbert Utz Verlag, 2012

[OUNN12] Ounnar, F.; Pujo, P.: Pull control for Job Shop: Holonic Manufacturing System approach using multicriteria decision-making. In: Journal of Intelligent Manufacturing, Vol. 23, No. 1, 2012, S. 141–153

[OUYA97] Ou-Yang, C.; Lin, T. S.: Developing an integrated framework for feature-based early manufacturing cost estimation. In: The International Journal of Advanced Manufacturing Technology, Vol. 13, No. 9, 1997, S. 618–629

[PACH11] Pach, C.; Zambrano, G.; Adam, E.; Berger, T.; Trentesaux, D.: Roles-based MAS applied to the control of intelligent products in FMS. In: Mařík et al. (Hrsg.): Holonic and Multi-Agent Systems for Manufacturing. Berlin: Springer, 2011, S. 185–194

[PACH14] Pach, C.; Berger, T.; Bonte, T.; Trentesaux, D.: ORCA-FMS: a dynamic architecture for the optimized and reactive control of flexible manufacturing scheduling. In: Computers in Industry, Vol. 65, No. 4, 2014, S. 706–720

[PANN12] Pannequin, R.; Thomas, A.: Another interpretation of stigmergy for product-driven systems architecture. Journal of Intelligent Manufacturing, Vol. 23, No. 6, 2012, S. 2587–2599

[PARN01] Parnas, D. L.: On a 'Buzzword': Hierarchical Structure. In: In Pioneers and Their Contributions to Software Engineering. Berlin: Springer, 2009, S. 499–513

[PAUT08] Pautasso, C.; Zimmermann, O.; Leymann, F.: Restful web services vs. big web services: making the right architectural decision. In: Proceedings of the 17th International Conference on World Wide Web, 2008, S. 805–814

[PEIN09] Peintner, D.; Kosch, H.; Heuer, J.: Efficient XML Interchange for rich internet applications. In IEEE ICME, 2009, S. 149–152

[PFIN07] Pfingsten, Jens T.: Machine Learning for Mass Production and Industrial Engineering, Berlin: Logos Verlag, 2007

[POSL00] Poslad, S.; Buckle, P.; Hadingham, R.: The FIPA-OS agent platform: Open source for open standards. In Proc. 5th Int. Conf. Exhib. Practical Appl. Intell. Agents, 2000, S. 355–368

[POSS06] Possel-Dölken, F.: Projektierbares Multiagentensystem für die Ablaufsteuerung in der flexibel automatisierten Fertigung. Aachen: Shaker, 2006

[PROT15] Protzman, C.; McNamara, J.; Protzman, D.: One-Piece Flow vs. Batching: A Guide to Understanding How Continuous Flow Maximizes Productivity and Customer Value. Boca Raton: CRC Press, 2015

[QIAN08] Qian, L.; Ben-Arieh, D.: Parametric cost estimation based on activity-based costing: A case study for design and development of rotational parts. In: Special Section on Advanced Modeling and Innovative Design of Supply Chain, Vol. 113, No. 2, 2008, S. 805–818

[RAZI05] Razi, M. A.; Athappilly, K.: A comparative predictive analysis of neural networks (NNs), nonlinear regression and classification and regression tree (CART) models. In: Expert Systems with Applications, Vol. 29, No. 1, 2005, S. 65–74

[REFA95] REFA: Planung und Steuerung: Teil 1. München: Hanser, 1995

[REIN11] Reinhart, G.; Geiger, F.: Adaptive scheduling by means of product-specific emergence data. In IEEE IEEM, 2011, S. 347–351

[REYG14] Rey, G. Z.; Bonte, T.; Prabhu, V.; Trentesaux, D.: Reducing myopic behavior in FMS control: A semi-heterarchical simulation-optimization approach. In: Simulation Modelling Practice and Theory, Vol. 46, 2014, S. 53–75

[RITT12] Rittstieg, M.: Methodik zur Prozesssynchronisierung in der Auftragsabwicklung des industriellen Werkzeugbaus. Aachen: Apprimus-Verlag, 2012

[RODR13] Rodriguez, N.; Duran, O.: Reduced Multivariate Polynomial Model for Manufacturing Costs Estimation of Piping Elements. In: Mathematical Problems in Engineering, 2013

[ROME12] Romero, D.; Rabelo, R. J.; Molina, A.: On the Management of Virtual Enterprise's Inheritance between Virtual Manufacturing & Service Enterprises. In: Proc. of 18th Int. Conf. on Conc. Eng., 2012

[RUST15] Rustinov, V.; Sorokin, A.: Selection of technology for building an indoor localization and tracking system. In: IEEE CADSM, 2015, S. 178–181

[SAKA00] Sakawa, M.; Kubota, R.: Fuzzy programming for multiobjective job shop scheduling with fuzzy processing time and fuzzy duedate through genetic algorithms. In: European Journal of Operational Research, Vol. 120, No. 2, 2000, S. 393–407

[SALL10] Sallez, Y.; Berger, T.; Raileanu, S.; Chaabane, S.; Trentesaux, D.: Semi-heterarchical control of FMS: From theory to application. In: Engineering Applications of Artificial Intelligence, Vol. 23, No. 8, 2010, S. 1314–1326

[SAUT14] Sauter, F.: Linking Factory Floor and the Internet. In: Zurawski (ed.): Industrial Communication Technology Handbook. Boca Raton: CRC Press, 2015

[SCHE13] Scheer, A.-W.: Industrie 4.0. Saarbrücken: Satzweiss, 1. Aufl., 2013

[SCHL08] Schleipen, M.: OPC UA supporting the automated engineering of production monitoring and control systems. In: IEEE ETFA, 2008, S. 640–647

[SCHL09] Schleipen, M.; Drath, R.: Three-View-Concept for modeling process or manufacturing plants with AutomationML. In: IEEE ETFA, 2009

[SCHL12] Schleipen, M.; Gutting, D.; Sauerwein, F.: Domain dependant matching of MES knowledge and domain independent mapping of AutomationML models. In: IEEE ETFA, 2012

[SCHN97] Schneeweiss, C.: Einführung in die Produktionswirtschaft. Berlin: Springer, 6. Aufl., 1997

[SCHO01] Scholl, A.: Robuste Planung und Optimierung: Grundlagen – Konzepte und Methoden – Experimentelle Untersuchungen. Heidelberg: Physica, 2001

[SCHO06] Schönherr, M.: Enterprise architecture frameworks. In: Aier und Schönherr (Hrsg.): Enterprise Application Integration – Serviceorientierung und nachhaltige Architekturen, Berlin: GITO-Verlag, 2006, S. 3–48

[SCHU04] Schumacher, H.; Johnsson, C.: Communication through B2MML. In: The World Batch Forum North American Conference, 2004

[SCHU14] Schuh, G.; Potente, T.; Thomas, C.; Brambring, F.: Approach for Reducing Data Inconsistencies in Production Control. In: Enabling Manufacturing Competitiveness and Economic Sustainability. Cham: Springer, 2014, S. 347–351

[SENE94] Senehi, M. K.; Kramer, T. R.; Ray, S. R.; Quintero, R.; Albus, J. S.: Hierarchical control architectures from shop level to end effectors. In: Computer Control of Flexible Manufacturing Systems, 1994, S. 31–62

[SETH12] Sethi, S. P.; Zhang, Q.: Hierarchical decision making in stochastic manufacturing systems. New York: Springer Science+Business Media, 2012

[SHEN00] Shen, W.; Maturana, F.; Norrie, D. H.: MetaMorph II: an agent-based architecture for distributed intelligent design and manufacturing. In: Journal of Intelligent Manufacturing, Vol. 11, No. 3, 2000, S. 237–251

[SHIN14] Shin, S.J.; Woo, J.; Rachuri, S.: Predictive analytics model for power consumption in manufacturing. In: CIRP LCE, 2014, S. 153–158

[SILV14] Silva, B.; Pang, Z.; Akerberg, J.; Neander, J.; Hancke, G.: Experimental study of UWB-based high precision localization for industrial applications. In: IEEE ICUWB, 2014, S. 280–285

[SMIT97] Smith, A. E.; Mason, A. K.: Cost Estimation Predictive Modeling: Regression versus Neural Network. In: The Engineering Economist, Vol. 42, No. 2, 1997, S. 137–161

[SOON08] Soon, T. J.: QR code. In: Synthesis Journal, 2008, S. 59–78

[SOUZ14] Souza, C. R.: The Accord.Net Framework. Sao Carlos: http://accord-framework.net, 2014

[SOYS73] Soyster, A. L.: Convex Programming with Set-Inclusive Constraints and Applications to Inexact Linear Programming. In: Operations research Vol. 21, No. 5, 1973, S. 1154–1157

[SUKT05] Sukthomya, W.; Tannock, J.: The training of neural networks to model manufacturing processes. In: Journal of Intelligent Manufacturing, Vol. 16, No. 1, 2005, S. 39–51

[TEIX12] Teixeira, M. A.; Miani, R. S.; Breda, G. D.; Zarpelão, B. B.; de Souza Mendes, L.: New Approaches for XML Data Compression. In: WEBIST, 2012, S. 233–237

[THEM13] The Math Works: Statistics Toolbox User's Guide. Natick: The Math Works, Inc., 2013

[THIE08] Thiel, K.; Meyer, H.; Fuchs, F.: MES-Grundlage der Produktion von morgen. München: Oldenbourg Industrieverlag, 2008

[THOM13] Thomas, P.; Thomas, A.: An Approach to Data Mining for Product-driven Systems. In: Boangiu et al. (Hrsg.): Service Orientation in Holonic and Multi Agent Manufacturing and Robotics. Berlin: Springer, 2013, S. 181–194

[TORO00] Torokhti, A.; Howlett, P.: Theory of hierarchical, multilevel, systems. New York: Academic Press, 2000

[TOUN12] Tounsi, J.; Habchi, G.; Boissière, J.; Azaiez, S.: A multi-agent knowledge model for SMEs mechatronic supply chains. In: Journal of Intelligent Manufacturing, Vol. 23, No. 6, 2012, S. 2647–2665

[TREN09] Trentesaux, D.: Distributed control of production systems. In: Engineering Applications of Artificial Intelligence, Vol. 22, No. 7, 2009, S. 971–978

[TSEN00] Tseng, Y.-J.; Jiang, B. C.: Evaluating Multiple Feature-Based Machining Methods Using an Activity-Based Cost Analysis Model. In: The International Journal of Advanced Manufacturing Technology, Vol. 16, No. 9, 2000, S. 617–623

[TUNC16] Tunc, L. T.: Rapid extraction of machined surface data through inverse geometrical solution of tool path information. The International Journal of Advanced Manufacturing Technology, 2016

[UYSA99] Uysal, I.; Güvenir, H. A.: An overview of regression techniques for knowledge discovery. In: The Knowledge Engineering Review, Vol. 14, No. 4, 1999, S. 319–340

[VOGE09] Vogel-Heuser, B.; Kegel, G.; Bender, K.; Wucherer, K.: Global Information Architecture for Industrial Automation. In: atp, Vol. 1/09, 2009, S. 108–116

[VDI5600] VDI-Richtlinie 5600 Blatt 1, Fertigungsmanagementsysteme. Berlin: Beuth Verlag, 2007

[VERD09] Verderame, P. M.; Floudas, C. A.: Operational Planning of Large-Scale Industrial Batch Plants under Demand Due Date and Amount Uncertainty. In: Industrial & Engineering Chemistry Research, Vol. 48, No. 15, 2009, S. 7214–7231

[VERD10] Verderame, P. M.; Elia, J. A.; Li, J.; Floudas, C. A.: Planning and Scheduling under Uncertainty: A Review Across Multiple Sectors. In: Industrial & Engineering Chemistry Research, Vol. 49, No. 9, 2010, S. 3993–4017

[VERL08] Verlinden, B.; Duflou, J. R.; Collin, P.; Cattrysse, D.: Cost estimation for sheet metal parts using multiple regression and artificial neural networks: A case study. In: Special Section on Sustainable Supply Chain, Vol. 111, No. 2, 2008, S. 484–492

[VILA10] Vilalta, R.; Giraud-Carrier, C.; Brazdil, P.: Meta- Learning-Concepts and Techniques. In: Maimon et al. (Hrsg.): Data mining and knowledge discovery handbook. New York: Springer Science+Business Media, 2010, S. 717–731

[VITR12] Vitr, M.: CAM-NC-Kopplung für einen durchgängigen, bidirektionalen Informationsfluss zwischen Planung und Fertigung. Aachen: Apprimus-Verlag, 2012

[WAHL13] Wahlster, W.: The semantic product memory: an interactive black box for smart objects. In: Wahlster (Hrsg.): SemProM. Berlin: Springer, 2013, S. 3–21

[WANG13] Wang, W.; De, S.; Cassar, G.; Moessner, K.: Knowledge representation in the internet of things: semantic modelling and its applications. In: Automatika – Journal for Control, Measurement, Electronics, Computing and Communications, Vol. 54, No. 4, 2013

[WAUT12] Wauters, T.; Verbeeck, K.; Verstraete, P.; Vanden Berghe, G.; Causmaecker, P. de: Real-world production scheduling for the food industry: An integrated approach. In: Engineering Applications of Artificial Intelligence, Vol. 25, No. 2, 2012, S. 222–228

[WEID10] Weidemann, D.; Drath, R.: Einleitung. In: Drath (Hrsg.): Datenaustausch in der Anlagenplanung mit AutomationML, Berlin: Springer, 2010, S. 1–43

[WILD13] Wildemann, H.: Entwicklungslinien der Produktionssysteme in der Automobilindustrie. In: Göpfert et al. (Hrsg.): Automobillogistik. Wiesbaden: Springer Fachmedien, 2013

[WONG02] Wong, C.; McFarlane, D.; Zaharudin, A.; Agarwal, V.: The intelligent product driven supply chain. In: IEEE International Conference on Systems, Man and Cybernetics, Vol. 4, 2002, S. 6

[YOON12] Yoon, J. S.; Shin, S. J.; Suh, S. H.: A conceptual framework for the ubiquitous factory. In: International Journal of Production Research, Vol. 50, No. 8, 2012, S. 2174–2189

[ZHOU14] Zhou, W.; Wang, C.; Xiao, B.; Zhang, Z.: SLD: A Novel Robust Descriptor for Image Matching. IN: IEEE Signal Processing Letters, Vol. 21, No. 3, 2014, S. 339–342

[ZADE65] Zadeh, L. A.: Fuzzy sets. In: Information and control. Vol. 8, No. 3, 1965, S. 338–353

[ZLOB00] Zlobec, S.: Parametric programming: An illustrative mini encyclopedia. In: Mathematical Communications, Vol. 5, No. 1, 2000

[ZVEI16] ZVEI: Beispiele zur Verwaltungsschale der Industrie 4.0-Komponente – Basisteil. Frankfurt am Main: ZVEI, 2016

9 Anhang

Appendix

Lineare Regression

Die einfache lineare Regression stellt die simpelste Form der Regression dar. Der Zusammenhang zwischen y und dem Regressor x_1 wird durch eine Regressionsgerade entsprechend Gl. 9.1 beschrieben.

$$y=\lambda_0+\lambda_1 x_1+\varepsilon \tag{9.1}$$

Unter Nutzung der Methode der kleinsten Fehlerquadrate werden die unbekannten Parameter λ_0 und λ_1 so geschätzt, dass das Resultat die Summe der quadratischen Abweichungen zwischen der Regressionsgeraden und den Observationen minimiert. Die Fehlervariable ε wird hierbei meist als unabhängig und normalverteilt mit $E(\varepsilon)=0$ und $Var(\varepsilon)=\sigma_\varepsilon^2$ angenommen [FAHR09].

Für den Fall, dass mehr als ein Regressor zur Modellbildung Verwendung findet, wird die Methodik auch als multiple lineare Regression bezeichnet, teilweise jedoch abgekürzt ebenso als lineare Regression. Die Ermittlung der Parameter $\lambda_0..\lambda_n$ erfolgt analog mithilfe der kleinsten Fehler-Quadrate. Für das resultierende Modell ergibt sich die Form entsprechend Gl. 9.2.

$$y=\lambda_0+\sum_{i=1}^{n}(\lambda_i x_i)+\varepsilon \tag{9.2}$$

Eine Regression wird dann als linear bezeichnet, wenn die Parameter $\lambda_0..\lambda_n$ linear in das Modell eingehen. Dementsprechend wird hierdurch keine Aussage darüber getroffen, in welcher Form die Regressoren eingehen. Daher handelt es sich auch bei dem Modell nach Gl. 9.3 um ein lineares Regressionsmodell. Hierbei gehen die Regressoren sowohl linear als auch quadriert durch die neue erklärende Variable $\tilde{x}_i$ in das Modell ein (siehe Gl. 9.4) [FAHR09].

$$y=\lambda_0+\sum_{i=1}^{2n}(\lambda_i \tilde{x}_i)+\varepsilon \tag{9.3}$$

$$\tilde{x}_i=\begin{cases} x_i, & i=1..n \\ x_i^2, & i=(n+1)..2n \end{cases} \tag{9.4}$$

Als Variablen können grundsätzlich beliebig höhere Ordnungen sowie Multiplikationen – sog. Interaktionsterme – der ursprünglichen Regressoren in das Modell eingehen. Die Anzahl an Interaktionstermen bis zur Ordnung k bei einem Modell mit n Regressoren entspricht dem Binomialkoeffizienten „n über k“. Für das Beispiel von 12 Regressoren und einer Ordnung von 3 ($\tilde{x}=x_i \cdot x_{i+1} \cdot x_{i+2}$), entspricht dies 220 weiteren Regressoren und 220 Parametern $\lambda_1..\lambda_{220}$.

Interaktionsregression$_k$

Bei der Interaktionsregression$_3$ werden bspw. alle Kombinationen zwischen p_a, p_b und p_c gebildet – inklusive quadratischer und kubischer Terme des gleichen Parameters. Die resultierende Anzahl an Interaktionstermen $M_{P,k}$ für P Parameter und die Ordnung k berechnet sich nach Gl. 9.5. Die Anzahl an Interaktionstermen wächst daher mit der Fakultät der Anzahl der Ausgangsparameter und der Ordnung. Die Gesamtanzahl an Parametern P_K^* berechnet sich entsprechend Gl. 9.6.

$$M_{P,k}=\frac{(P+k-1)!}{(P-1)!k!} \tag{9.5}$$

$$P_k^*=\sum_{i=1}^{k} M_{P,i} \tag{9.6}$$

Tabelle 9.1 verdeutlicht die starke Steigerung der Gesamtzahl an Parametern bei einer größeren Anzahl von Ausgangsparametern und höheren Ordnungen.

Tabelle 9.1: Parameteranzahl für die Interaktionsregression
Number of parameters for interaction regression

Anzahl Parameter P	Ordnung k	Neue Parameter $M_{P,k}$
8	2	36
8	3	120
8	4	330
12	2	78
12	3	364
12	4	1365

Regression Trees

Bei Regression Trees handelt es sich um eine Methode aus dem Bereich der Datenwissenschaften. Diese ist vor allem dann erfolgreich einsetzbar, wenn eine größere Trainings-Datenmenge zur Verfügung steht. Als erster Algorithmus dieser Art gilt CART [BREI84], Erweiterungen erfolgten durch die Algorithmen ID3, C4.5 und die sog. Regression Forests [UYSA99].

Statistische Größen zur Bewertung von Schätzungsmethoden

Zur Bewertung der Abweichung von Schätzungsergebnissen, bspw. der geschätzten Zeit, zu der realen Werten, bspw. der tatsächlichen Zeit, stehen die im Folgenden beschriebenen statistischen Größen zur Verfügung [ALBE09]. Die mittlere betragsmäßige prozentuale Abweichung (engl. Mean Absolute Percentage Error, MAPE) berechnet sich entsprechend Gl. 9.7 und ist eine dimensionslose Größe:

$$\text{MAPE}=\frac{1}{n}\sum_{i=1}^{n}\left|\frac{(x_{i,Schätzung}-x_{i,real})}{x_{i,real}}\right| \tag{9.7}$$

Der Median Absolute Percentage Error (MdAPE) ist der Zentralwert der nach Größe geordneten betragsmäßigen prozentualen Abweichungen und ist ebenfalls dimensionslos. Der mittlere quadratische Fehler (engl. Root Mean Squared Error, RMSE) wird nach Gl. 9.8 berechnet und besitzt die Einheit der Ausgangsgröße:

$$\text{RMSE}=\sqrt{\frac{1}{n}\sum_{i=1}^{n}(x_{i,\text{Schätzung}}-x_{i,\text{real}})^2} \tag{9.8}$$

Bei einer Fokussierung auf den RMSE werden solche Modelle bevorzugt, die den Bearbeitungszeitraum zeitintensiver Aufträge richtig schätzen. Der Vorteil des MAPE und des MdAPE liegt in ihrer Dimensionslosigkeit, die es im Gegensatz zum RMSE erlaubt, die Ergebnisse von unterschiedlich großen Datensätzen zu vergleichen. Aus diesen Gründen wird im Folgenden der RMSE nicht berücksichtigt.

In der Literatur wird der MdAPE als Größe zur Auswahl zwischen verschiedenen Vorhersagemodellen empfohlen [ARMS92]. Dessen höhere Robustheit gegen Ausreißer ist insbesondere dann vorteilhaft, wenn eine potenziell fehlerbehaftete Datenbasis vorliegt. Bei der Evaluierung der Methoden in Kapitel 6 wird zusätzlich der MAPE angegeben.

Beschreibung von Unsicherheiten

Obere/Untere Grenze

Im einfachsten Fall kann die Unsicherheit über den Wert einer Größe ϕ durch eine untere und eine obere Grenze beschrieben werden, innerhalb derer ϕ liegen kann (vgl. Gl. 9.9).

$$\phi \in [\phi_{min}, \phi_{max}] \tag{9.9}$$

Äquivalent hierzu ist die Darstellung eines Mittelwerts $\bar{\phi}$, von dem der reale Wert von ϕ maximal um ε abweicht (vgl. Gl. 9.10).

$$|\phi-\bar{\phi}| \leq \varepsilon\ |\phi| \tag{9.10}$$

Die Wahl einer derartigen Form erfolgt meist dann, wenn die Wahrscheinlichkeitsdichte der Größe ϕ nicht bekannt ist. Dies kann z. B. dann der Fall sein, wenn zu geringe Datenmengen in Bezug auf ϕ vorliegen [LIZU08]. Insgesamt nachteilig ist die unzureichende Information über den tatsächlich zu erwartenden Wert von ϕ vor allem dann, wenn Ausreißer die Grenzen bestimmen.

Allgemeine statistische Parameter

Zu den allgemeinen statischen Parametern gehören der Mittelwert, der Median, die Varianz und die Standardabweichung [DORM13]. Während der Mittelwert sich als gewichtete Summe der Stichprobenwerte berechnet, bezeichnet der Median den Wert, bei dem die Hälfte aller Werte der Stichprobe kleiner und die andere Hälfte größer ist. Der Median ergibt sich daher leicht durch die größenmäßige Ordnung der Werte und ist weniger sensitiv gegenüber Ausreißern als der Mittelwert. Die Varianz ist definiert als die quadrierte Abweichung der Stichprobenwerte zum Mittelwert. Die Quadratwurzel aus der Varianz ergibt die Standardabweichung σ mit der gleichen Einheit wie die ursprüngliche Größe bzw. der Mittelwert.

Die Bestimmung der beschriebenen Parameter kann ohne a-priori-Annahmen über die Verteilung erfolgen. Die Interpretierbarkeit der jeweiligen Parameter ergibt sich allerdings erst durch die Annahme einer zugehörigen Verteilungsfunktion. Hierbei gilt zudem zu beachten, dass die Beschreibung durch Varianz oder Standardabweichung insbesondere für asymmetrische Verteilungen ungeeignet ist [DORM13].

Verteilungsfunktion

Bei Annahme eines zufälligen Prozesses können zur Beschreibung von Unsicherheiten die Methoden der Wahrscheinlichkeitstheorie verwendet werden. Dies eignet sich vor allem dann, wenn eine große Anzahl an Beobachtungen für eine bestimmte Größe vorliegt. Hinsichtlich der Verteilungsfunktion lässt sich eine Variable X durch die kumulative Verteilungsfunktion F(x) beschreiben als

$$F(x)=P(X\leq x),\quad x\in\mathbb{R} \tag{9.11}$$

Hierbei kann es sich bei der Variablen X sowohl um eine diskrete als auch um eine kontinuierliche Variable handeln. Bei einer kontinuierlichen Variable mit einer absolut stetigen Verteilungsfunktion kann die Verteilungsdichtefunktion f(x) durch die Gl. 9.12 beschrieben werden. Die Wahrscheinlichkeit, dass X in einem Intervall [a, b] liegt, ergibt sich dann durch Integration über f(x) von a nach b [LIZU08].

$$f(x)=\frac{d}{dx}F(x) \tag{9.12}$$

Zur Beschreibung der in verschiedenen Wissenschaftsgebieten auftretenden Verteilungen hat sich eine Reihe von Standardverteilungen etabliert. Die bekannteste dieser Verteilungen ist die Normalverteilung – für eine Übersicht verschiedener Verteilungen sei an dieser Stelle auf [DORM13] verwiesen. Die Verteilungsdichtefunktion wird hierbei vollständig über ihre Parameter beschrieben – für die Normalverteilung sind dies der Mittelwert μ und die Standardabweichung σ.

Für eine vorliegende Stichprobe existieren drei grundsätzliche Möglichkeiten, um die zugrundeliegende Verteilung zu bestimmen:

- **Bestimmung der Parameter einer festgelegten Standardverteilung:** Hierbei wird eine vorab definierte Standardverteilung angenommen, nach der die Daten der Stichprobe modelliert werden können. Die Parameter der Verteilung werden bspw. nach der Maximum-Likelihood-Methode aufgrund der vorliegenden Daten bestimmt [DORM13]. Die Vorgehensweise kann vor allem dann sinnvoll angewendet werden, wenn die Eigenschaften des zugrundeliegenden Prozesses und damit auch die Art der resultierenden Verteilung bekannt sind.
- **Bestimmung der Verteilung (Standardverteilung):** Im Falle einer größeren Anzahl an Datenpunkten (n = 20..100) in der Stichprobe kann mit dem Kolmogorov-Smirnov-Test eine Überprüfung auf die Ähnlichkeit zu den verschiedenen Standardverteilungen erfolgen [DORM13]. So kann ohne a-priori-Wissen die Verteilung bestimmt werden, deren Nutzung die Daten der Stichprobe am besten erklärt.
- **Bestimmung einer allgemeinen Verteilungsdichtefunktion:** Mithilfe eines Kerndichteschätzers kann aus der Stichprobe eine Verteilungsdichtefunktion abgeleitet werden [DORM13]. Die Funktionsweise dieses Schätzers entspricht dabei annähernd einer Umwandlung des diskreten Histogramms in eine kontinuierliche Funktion.

Fuzzy-Logik

Die theoretischen Grundlagen zur sog. Fuzzy-Logik wurden durch die Definition der unscharfen Mengen (engl. fuzzy sets) von [ZADE65] gelegt. Die unscharfen Mengen stehen im Kontrast zur klassischen Mengenlehre, bei der ein Element entweder Teil oder nicht Teil einer Menge ist. Mithilfe einer Zugehörigkeitsfunktion kann dies entsprechend ausgedrückt werden als:

$$\mu_A(x)=\begin{cases} 1, & \text{wenn } x \in A \\ 0, & \text{wenn } x \notin A \end{cases} \tag{9.13}$$

Die unscharfen Mengen hingegen erlauben eine teilweise Zugehörigkeit zu einer Menge [LIZU08]:

$$\mu_A(x)=\begin{cases} 1 & \text{wenn } x\in A \\ 0 & \text{wenn } x\notin A \\ p;\ 0<p<1 & \text{wenn x teilweise zugehörig zu A} \end{cases} \tag{9.14}$$

Aufbauend auf der Theorie der unscharfen Mengen können Wertebereiche von unsicheren Parametern bzw. Toleranzbereiche für Zielgrößen angegeben werden. Die Modellierung der Zugehörigkeitsfunktion durch Formen wie Trapeze oder Dreiecke ist dann vorteilhaft, wenn nur wenig über die Verteilung eines Parameters bekannt ist. Bei genaueren Informationen über die Verteilung des Parameters ist eine vereinfachende Modellierung jedoch meist von Nachteil.

Angepasster Levenstein-Algorithmus

Gegeben seien zwei gleich lange Zeichenketten $a=a_1...a_n$ *und* $b=b_1...b_n$ *über dem gleichen Alphabet* $\mathbb{A}$, *dann ergibt sich die Levenshtein-Distanz mit folgendem Algorithmus nach [MELI95]:*

1. *Erstellung einer quadratischen Matrix der Dimensionalität n+1*
2. *Setze Distanz in der Zelle [0,0] auf 0*
3. *Setze die Distanzen der restlichen Elemente durch:*

```
Für jede Spalte i von 0 bis n
  Für jede Zeile j von 0 bis n
   Setze die Distanz von Element [i, j] auf
          Min(Distanz[i-1, j] + Einfüge-Kosten(b_i),
               Distanz[i-1, j-1] + Austausch-Kosten(a_i, b_i),
               Distanz[i-1, j] + Lösch-Kosten(a_i) )
```